# 网络爬虫技术与应用
# (微课版)

郑淑晖　张正球　主　编

清華大学出版社
北　京

## 内 容 简 介

在大数据的时代背景下，使用网络爬虫是获取数据的一种重要手段，它可以减少我们生活中不必要的工作量。但是，千万不能乱用，因为涉及数据安全法，建议大家了解相关资料，合理规划爬虫。

本书介绍爬虫相关的常用工具及类库，基于 Web、App 的采集及项目的部署，不使用框架的普通爬虫脚本及使用两种爬虫框架的项目级爬虫。在实际工作中，feapder、scrapy 这两个爬虫框架比较热门，企业使用得也比较多。掌握了爬虫框架，会让我们的开发工作事半功倍。本书主要包含 requests、HTML、lxml、MySQL、JSON、JavaScript、Redis、jadx、pycharm、feappder、scrapy 等内容，具体包含 7 个爬虫案例：基于 requests+xpath 采集网站文本数据、使用 feapder 爬虫框架爬取房屋租售数据、使用分布式爬虫采集金融数据、使用批次分布式爬虫采集天气数据、使用 scrapy 爬虫爬取电影数据、App 爬虫的实践、企业项目部署与应用。

本书入门门槛低，为便于上手操作，从所需技术和基础理论出发，再到每个步骤都经过验证，帮助读者创建开发环境。本书既可以作为高等院校大数据及其相关专业学生的教材，又可以作为对数据类工作感兴趣、有一定 Python 基础的人员的参考书。



图书在版编目(CIP)数据

网络爬虫技术与应用：微课版/郑淑晖，张正球主编. —北京：清华大学出版社，2023.8
ISBN 978-7-302-64442-2

Ⅰ. ①网… Ⅱ. ①郑… ②张… Ⅲ. ①软件工具—程序设计 Ⅳ. ①TP311.561

中国国家版本馆 CIP 数据核字(2023)第 146329 号

**责任编辑：**梁媛媛
**封面设计：**李 坤
**责任校对：**徐彩虹
**责任印制：**宋 林
**出版发行：**清华大学出版社
网 址：http://www.tup.com.cn, http://www.wqbook.com
地 址：北京清华大学学研大厦 A 座 邮 编：100084
社 总 机：010-83470000 邮 购：010-62786544
投稿与读者服务：010-62776969, c-service@tup.tsinghua.edu.cn
质量反馈：010-62772015, zhiliang@tup.tsinghua.edu.cn
课件下载：http://www.tup.com.cn, 010-62791865
**印 装 者：**三河市君旺印务有限公司
**经 销：**全国新华书店
**开 本：**185mm×260mm **印 张：**13 **字 数：**316 千字
**版 次：**2023 年 8 月第 1 版 **印 次：**2023 年 8 月第 1 次印刷
**定 价：**43.00 元

---

产品编号：099180-01

# 前　言

随着互联网的发展，人们经常通过网络获取信息。在互联网发展初期，人们主要通过浏览门户网站的方式获取所需信息，但是随着 Web 的急速发展，用这种方式寻找所需的信息变得越来越困难。目前，人们大多通过搜索引擎获取有用信息，因此搜索引擎技术的发展将直接影响人们获取信息的速度和质量。

1994 年，世界上第一个网络检索工具 Web Crawler 问世，目前较流行的搜索引擎有 Baidu、Google、Yahoo、Infoseek、Inktomi、Teoma、Live Search 等。出于保护商业机密的考虑，现在各个搜索引擎使用的 Crawler 系统的技术内幕一般都不公开，现有的文献资料也仅限于概要性介绍。随着网络信息资源呈指数级增长及网络信息资源的动态变化，传统的搜索引擎提供的信息检索已无法满足人们日益增长的对个性化服务的需求。以何种策略访问网络，提高搜索效率，已成为近年来专业搜索引擎网络爬虫研究的主要问题之一。

网络爬虫源自 Spider(或 Crawler、robots、wanderer)等的意译。网络爬虫的定义有广义和狭义之分。狭义的网络爬虫定义认为：网络爬虫是指利用标准的 HTTP 协议，根据超级链接和 Web 文档检索的方法遍历万维网信息空间的软件程序。广义的网络爬虫定义认为：所有能利用 HTTP 协议检索 Web 文档的软件都可称为网络爬虫。

网络爬虫是一个功能强大的自动提取网页的程序，它为搜索引擎从万维网下载网页，是搜索引擎的重要组成部分。它通过请求站点上的 HTML 文档访问某一站点。网络爬虫遍历 Web 空间，不断地从一个站点移动到另一个站点，自动建立索引，并加入到网页数据库中。当它进入某个超级文本时，利用 HTML 的标记结构来搜索信息并获取指向其他超级文本的 URL 地址，可以完全不依赖用户干预实现网络上的自动“爬行”和搜索。网络爬虫在搜索时往往采用一定的搜索策略。

那么，网络爬虫如何爬取数据呢？它又有哪些种类呢？本书分 7 个项目进行了详细的介绍：基于 requests+xpath 采集网站文本数据、使用 feapder 爬虫框架爬取房屋租售数据、使用分布式爬虫采集金融数据、使用批次分布式爬虫采集天气数据、使用 Scrapy 爬虫爬取电影数据、App 爬虫的实践、企业项目部署与应用。

本书由郑淑晖、张正球担任主编，其中郑淑晖负责项目一至项目四的编写，张正球负责项目五至项目七的编写。

由于时间紧迫和编者的水平所限，书中难免有疏漏之处，敬请读者批评指正。

编　者

# 目　录


项目一　基于 requests+xpath 采集网站文本数据 ........ 1

任务一　开发环境的准备和搭建 ........ 1

职业能力目标 ........ 1

任务描述与要求 ........ 2

知识储备 ........ 2

一、Python 和 PyCharm 程序编辑器 ........ 2

二、原生类库 requests ........ 10

三、原生类库 lxml ........ 12

四、原生类库 pymysql ........ 12

任务计划与决策 ........ 13

任务实施 ........ 13

任务检查与评价 ........ 20

任务小结 ........ 21

任务拓展 ........ 21

任务二　爬虫程序实践 ........ 21

职业能力目标 ........ 21

任务描述与要求 ........ 21

知识储备 ........ 21

一、认识 HTML ........ 21

二、网页代码结构 ........ 23

三、通过浏览器查看网页源代码 ........ 23

任务计划与决策 ........ 24

任务实施 ........ 24

任务检查与评价 ........ 32

任务小结 ........ 32

任务拓展 ........ 33

项目二　使用 feapder 爬虫框架爬取房屋租售数据 ........ 35

任务一　开发环境的准备和搭建 ........ 35

职业能力目标 ........ 35

任务描述与要求 ........ 36

知识储备 ........ 36

任务计划与决策......36
任务实施......37
任务检查与评价......42
任务小结......42
任务拓展......43

任务二　爬虫程序实践......43

职业能力目标......43
任务描述与要求......43
知识储备......43
任务计划与决策......46
任务实施......46
任务检查与评价......56
任务小结......57
任务拓展......57

项目三　使用分布式爬虫采集金融数据......59

任务一　开发环境的准备和搭建......59

职业能力目标......59
任务描述与要求......59
知识储备......60
一、redis......60
二、Another Redis Desktop Manager......63
任务计划与决策......66
任务实施......66
任务检查与评价......71
任务小结......72
任务拓展......72

任务二　Spider 爬虫程序实践......72

职业能力目标......72
任务描述与要求......72
知识储备......72
一、分布式爬虫 Spider......72
二、Spider 进阶......74
三、Spider 的方法......76
任务计划与决策......78
任务实施......78

任务检查与评价......90

任务小结......91

任务拓展......91

项目四　使用批次分布式爬虫采集天气数据......93

任务一　学习 feapder 架构设计......93

职业能力目标......93

任务描述与要求......93

知识储备......94

任务计划与决策......95

任务实施......95

任务检查与评价......100

任务小结......101

任务拓展......101

任务二　爬虫程序实践......102

职业能力目标......102

任务描述与要求......102

知识储备......102

任务计划与决策......106

任务实施......106

任务检查与评价......121

任务小结......122

任务拓展......122

项目五　使用 Scrapy 爬虫爬取电影数据......125

任务一　开发环境的准备和搭建......125

职业能力目标......125

任务描述与要求......126

知识储备......126

一、Scrapy......126

二、JavaScript......128

任务计划与决策......129

任务实施......129

任务检查与评价......132

任务小结......133

任务拓展......133

任务二　爬虫程序实践........133
职业能力目标........133
任务描述与要求........133
知识储备........133
一、JSON 简介........133
二、JSON 使用场景........134
三、在 Python 中使用 JSON........136
任务计划与决策........137
任务实施........138
任务检查与评价........153
任务小结........154
任务拓展........154

项目六　App 爬虫的实践........157

任务一　开发环境的准备和搭建........157
职业能力目标........157
任务描述与要求........157
知识储备........158
一、Charles........158
二、Jadx........159
任务计划与决策........159
任务实施........159
任务检查与评价........164
任务小结........165
任务拓展........165

任务二　爬虫程序实践........166
职业能力目标........166
任务描述与要求........166
知识储备........166
任务计划与决策........166
任务实施........166
任务检查与评价........174
任务小结........175
任务拓展........175

## 项目七 企业项目部署与应用 ········· 179

### 任务一 开发环境的准备和搭建 ········· 179

职业能力目标 ········· 179
任务描述与要求 ········· 180
知识储备 ········· 180
一、Linux 系统 ········· 180
二、Docker 简介 ········· 181
三、FEAPLAT 简介 ········· 182
任务计划与决策 ········· 183
任务实施 ········· 183
任务检查与评价 ········· 187
任务小结 ········· 188
任务拓展 ········· 188

### 任务二 爬虫管理和部署 ········· 188

职业能力目标 ········· 188
任务描述与要求 ········· 188
知识储备 ········· 189
一、使用说明 ········· 189
二、项目运行 ········· 189
三、示例演示 ········· 189
任务计划与决策 ········· 191
任务实施 ········· 191
任务检查与评价 ········· 196
任务小结 ········· 197
任务拓展 ········· 197

# 项目一 基于 requests+xpath 采集网站文本数据

在线阅读越来越普及的今天，很多小说网站越来越受大家的追捧，为了得到有价值的小说以及作者信息，往往需要对小说网站进行数据爬取，以收集、分析相关信息，从而采取版权购买或者作者签约等商业手段，提高网站的知名度和点击量。

## 任务一　开发环境的准备和搭建

1.1 开发环境的准备和搭建

### 职业能力目标

通过本任务的教学，学生理解相关知识之后，应达成以下能力目标。

(1)　根据需求，使用 PyCharm 创建项目工程。

根据程序开发的需要，使用合适的编辑器开发程序。

(2)　根据开发需求，在 PyCharm 中导入程序依赖包。

根据程序开发需求和逻辑，完成 request、pymysql 和 lxml 依赖包的导入，并以正确的方式使用。

## 任务描述与要求

### 任务描述

在在线阅读(也称线上阅读或网上阅读，多使用智能手机或联网的电脑)越来越普及的今天，很多小说网站越来越受大家的追捧，为了得到有价值的小说以及作者信息，往往需要对小说网站进行数据爬取，以收集、分析相关信息，从而采取版权购买或者作者签约等商业手段，提高网站的知名度和点击量。本任务为该项目的前置任务，将完成基础开发环境的准备和搭建工作。

### 任务要求

(1) 能使用 PyCharm 编辑器创建 Python 项目。

(2) 能正确导入 Python 的原生类库。

## 知识储备

## 一、Python 和 PyCharm 程序编辑器

### 1. Python

Python 由荷兰数学和计算机科学研究学会(CWI)的吉多・范罗苏姆于 20 世纪 90 年代初设计，作为一门叫作 ABC 语言的替代品。Python 提供了高效的高级数据结构，还能简单有效地面向对象编程。Python 的基础语法和动态类型，以及解释型语言的本质，使它成为多数平台上写脚本和快速开发应用的编程语言，随着版本的不断更新和语言新功能的添加，逐渐被用于独立的、大型项目的开发。

Python 的解释器易于扩展，可以使用 C 语言或 C++(或者其他可以通过 C 调用的语言)扩展新的功能和数据类型。Python 也可用于可定制化软件中的扩展程序语言。Python 丰富的标准库提供了适用于各个主要系统平台的源码或机器码。

2021 年 10 月，语言流行指数的编译器 Tiobe 将 Python 加冕为最受欢迎的编程语言，20 年来首次将其置于 Java、C 和 JavaScript 之上。Python 作为极简主义的程序语言代表，有如下特点：①简单。Python 是一种代表简单主义思想的语言。阅读一个良好的 Python 程序就感觉像是在读英语一样，它使你能够专注于解决问题而不是去搞明白语言本身。②易学。Python 很容易上手，因为 Python 有极其简单的说明文档。③易读、易维护。风格清晰化，强制缩进。④速度快。Python 的底层是用 C 语言代码编写的，很多标准库和第三方库也都是用 C 语言代码编写的，运行速度非常快。⑤免费、开源。Python 是 FLOSS(自由/开放源码软件)之一。使用者可以自由地发布这个软件的拷贝(也称副本)、阅读它的源代码、对它做改动、把它的一部分用于新的自由软件中。FLOSS 是基于一个团体分享知识的概念。⑥高层语言。用 Python 语言编写程序的时候无须考虑诸如如何管理你的程序使用的内存一类的底层细节。⑦可移植性。由于 Python 的开源本质，它已经被移植在许多平台上(经过改动使它能够工作在不同平台上)。这些平台包括 Linux、Windows、FreeBSD、macOS、Solaris、OS/2、Amiga、AROS、AS/400、BeOS、OS/390、z/OS、Palm OS、QNX、VMS、Psion、

OAcom RISC OS、VxWorks、PlayStation、Sharp Zaurus、Windows CE、PocketPC、Symbian 以及 Google 基于 Linux 开发的 Android 平台。⑧丰富的库。Python 的标准库确实很庞大。它可以帮助处理各种工作，包括正则表达式、文档生成、单元测试、线程、数据库、网页浏览、CGI 运行、FTP 运行、电子邮件、XML 文件管理、XML-RPC、HTML 文件管理、WAV 文件、密码系统、GUI(图形用户界面)运行、Tk 和其他与系统有关的操作。这被称作 Python 的"功能齐全"理念。除了标准库以外，还有许多其他高质量的库，如 wxPython、Twisted 和 Python 图像库等。⑨解释性、面向对象、可扩展、可嵌入、程序规范、动态编程和能做科学计算等。

Python 的应用方向有很多，如 Web 开发、大数据、网络爬虫、人工智能、运维等。用 Python 来写网络爬虫，会比用其他网络编程语言写要简单得多，因为 Python 本身就是一门简洁的语言。如果想要编写 Python 网络爬虫，就需要先对 Python 进行安装。下面介绍 Python 的安装步骤。

(1)　下载安装包。下载地址为 https://www.python.org/downloads/windows/。由于一些库的兼容性问题，本书推荐安装 Python 3.6 或者 Python 3.7，而非最新版本。打开网页后请查找 3.7 的版本，如图 1-1 所示。

图 1-1　下载页选项

(2)　安装。双击下载的 exe 文件，在弹出的界面中选中 Add Python 3.7 to PATH 复选框，单击 Customize installation(用户自定义安装)选项，如图 1-2 所示。

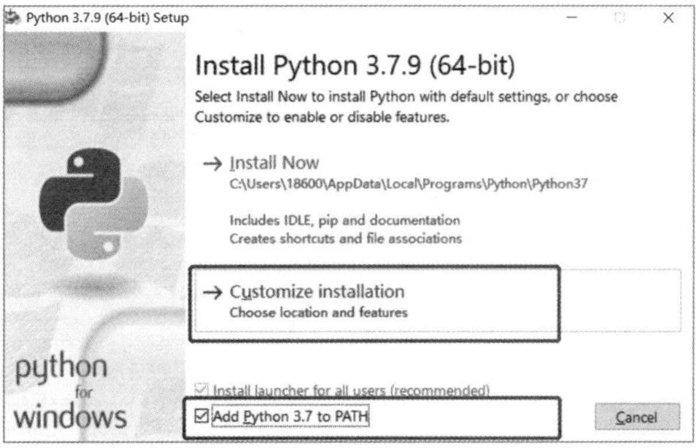


图 1-2　自定义安装

(3) 在弹出的 Optional Features(可选特征)界面中默认选中各个复选框(见图 1-3)，单击 Next 按钮。

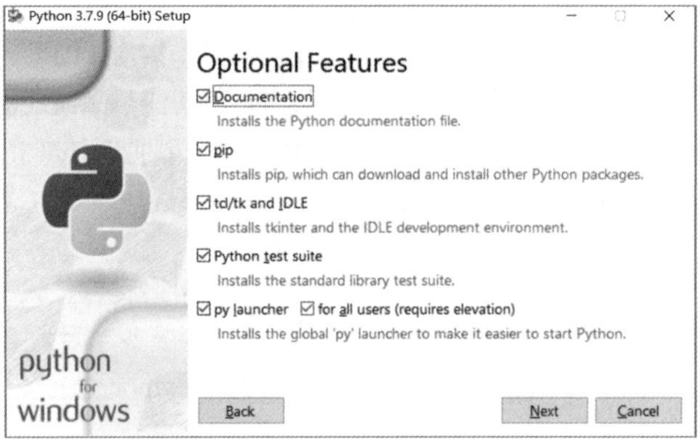


图 1-3 安装确认

(4) 在弹出的 Advanced Options(高级选项)界面中选中 Install for all users 复选框，选择 Python 的安装目录，这里选择的是“D:\py3”，如图 1-4 所示，单击 Install 按钮。

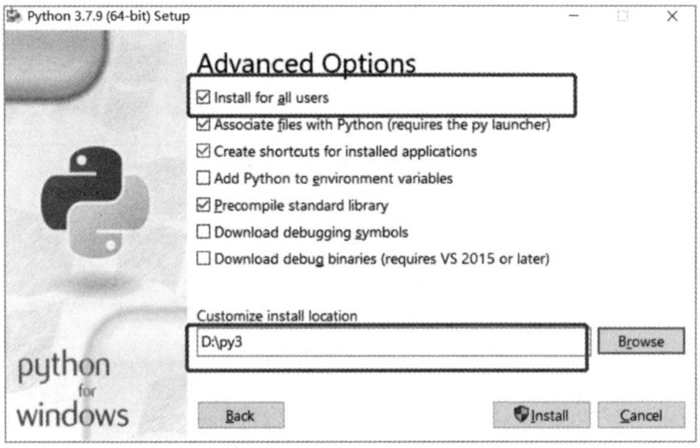


图 1-4 选择安装目录

(5) 在如图 1-5 所示的 Setup was successful(安装成功)界面中单击 Close 按钮。

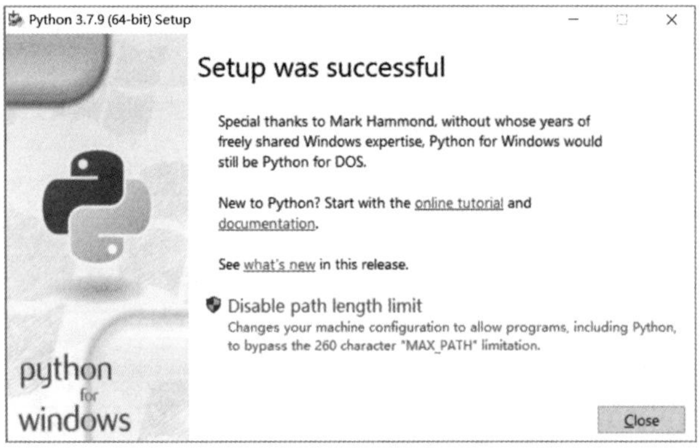


图 1-5 安装完成

(6) 按 Win+R 组合键，在弹出的“运行”对话框中输入“cmd”(见图 1-6)，然后单击“确定”按钮。

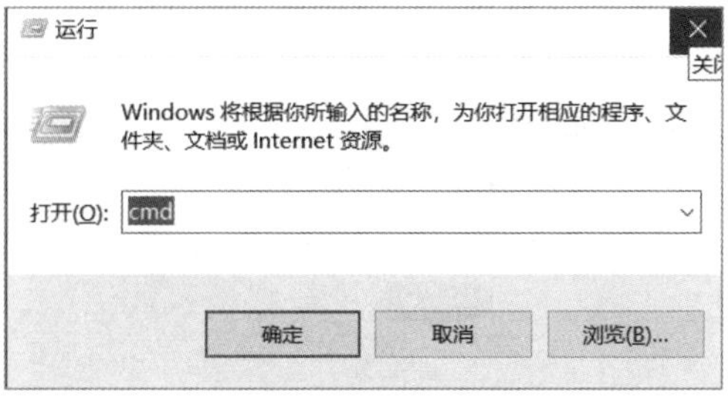


图 1-6　“运行”对话框

(7) 在打开命令窗口中输入“python”，如图 1-7 所示。至此，Python 就安装好了。

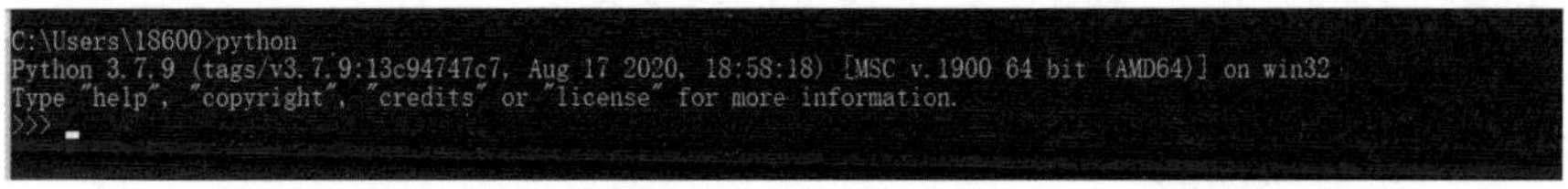
C:\Users\18600>python
Python 3.7.9 (tags/v3.7.9:13c94747c7, Aug 17 2020, 18:58:18) [MSC v.1900 64 bit (AMD64)] on win32
Type "help", "copyright", "credits" or "license" for more information.
>>>

图 1-7　查看 Python

### 2. PyCharm 编辑器

PyCharm 是由 JetBrains 打造的一款 Python IDE (Integrated Development Environment，集成开发环境)，带有一整套可以帮助用户在使用 Python 语言时能提高其效率的工具，比如调试、语法高亮、项目管理、代码跳转、智能提示、自动完成、单元测试和版本控制等，在国内拥有大量的用户。PyCharm 编辑器的图标如图 1-8 所示。

图 1-8　PyCharm 编辑器的图标

Pycharm 的主要功能如下：①编码协助。其提供了一个带编码补全、代码片段，支持代码折叠和分割窗口的智能、可配置的编辑器，可帮助用户更快更轻松地完成编码工作。②项目代码导航。该 IDE 可帮助用户即时从一个文件导航至另一个，从一个方法至其声明或者用法甚至可以穿过类的层次。若用户学会使用其提供的快捷键的话甚至能更快。③代码分析。用户可使用其编码语法、错误高亮、智能检测以及一键式代码快速补全建议，使得编码更优化。④Python 重构。有了该功能，用户便能在项目范围内轻松进行重命名、提取方法/超类、导入域/变量/常量、移动和前推/后退重构。⑤支持 Django。有了它自带的 HTML、CSS 和 JavaScript 编辑器，用户可以更快速地通过 Django 框架进行 Web 开发。⑥支持 Google App 引擎。用户可选择使用 Python 2.5 或者 2.7 运行环境，为 Google App 引擎进行应用程序的开发，并执行例行程序部署工作。⑦图形页面调试器。用户可以用其自带的功能全面的调试器对 Python 或者 Django 应用程序以及测试单元进行调整，该调试器带断点、步进、多画面视图、窗口以及评估表达式。⑧集成的单元测试。用户可以在一个文件夹运行一个测试文件地、单个测试类、一个方法或者所有测试项目。⑨可扩展。可绑定 TextMate、NetBeans、Eclipse 以及 vi/vim 仿真插件。

下面介绍 PyCharm 的安装步骤。登录 PyCharm 官方网站(https://www.jetbrains.com/pycharm)进行下载，将安装包下载到本地后进行安装，步骤如下。

(1) 在 PyCharm 官方网站的主页中单击 DOWNLOAD 按钮，如图 1-9 所示。

图 1-9　下载页

(2) 在弹出的界面中选择 Windows 版本，在 Professional(专业的)选项组中单击 Download 按钮下载，如图 1-10 所示。

图 1-10　下载 Windows 版的 Pycharm

(3) 安装。双击下载的应用程序，如图 1-11 所示。

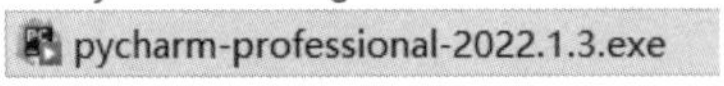


图 1-11　下载好的 exe 文件

(4) 在弹出的欢迎安装 PyCharm 界面中单击 Next 按钮，如图 1-12 所示。

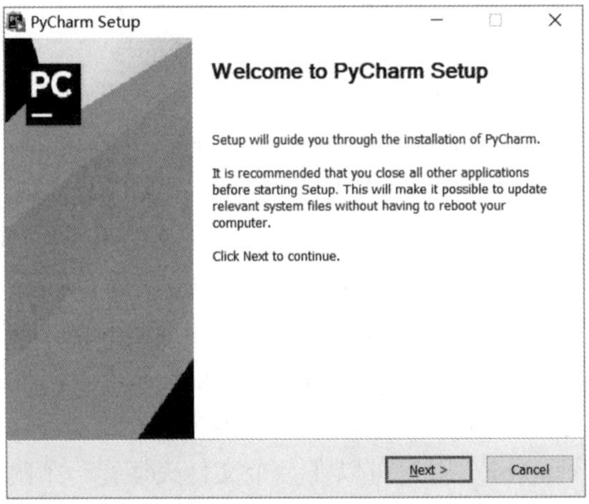


图 1-12　安装界面

(5) 在弹出的选择安装位置的界面中单击 Browse 按钮，自定义安装目录，如图 1-13 所示，也可以默认安装，然后单击 Next 按钮。

(6) 如图 1-14 所示，在设置安装选项界面中选中三个复选框，然后单击 Next 按钮。

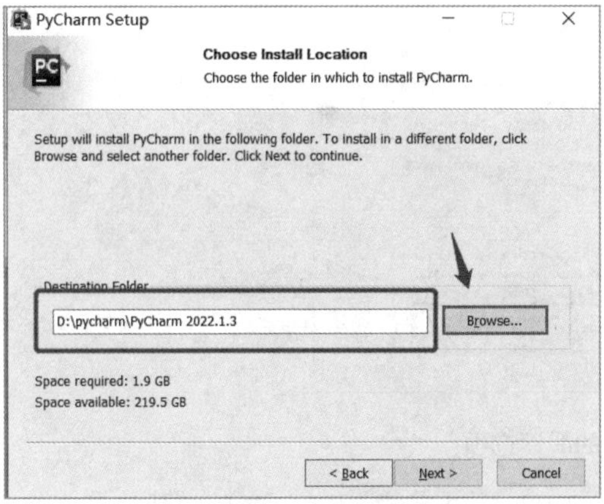


图 1-13　选择安装目录

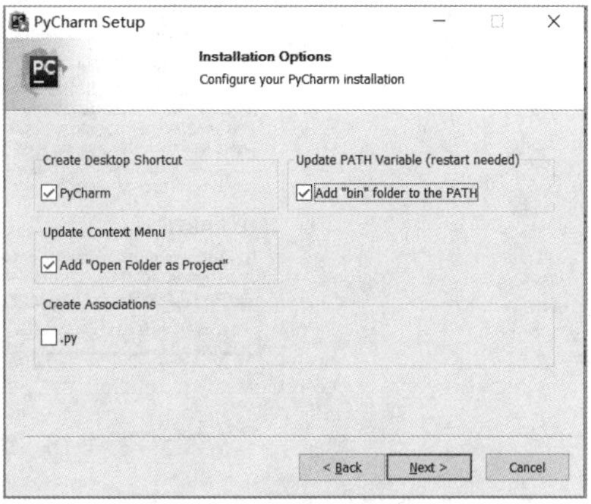


图 1-14　添加环境变量

(7) 在弹出的选择开始菜单文件夹的界面中单击 Install 按钮，如图 1-15 所示。

(8) 在结束安装的界面中单击 Finish 按钮，表示安装完成，如图 1-16 所示。

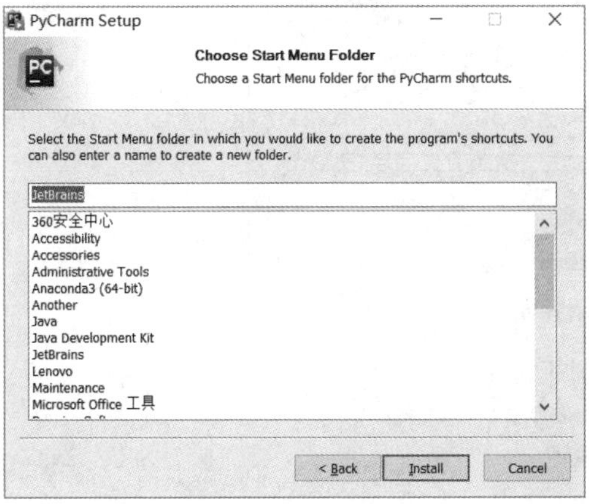


图 1-15　安装确认

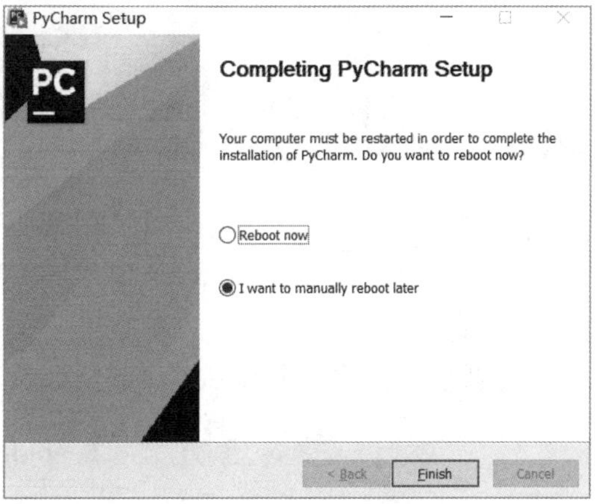


图 1-16　安装完成界面

(9) 双击打开安装好的 PyCharm(其程序图标见图 1-17)。

图 1-17　桌面图标

(10) 在弹出的用户协议界面中选中我已阅读并接受协议条款的选项，单击 Continue 按钮，如图 1-18 所示。

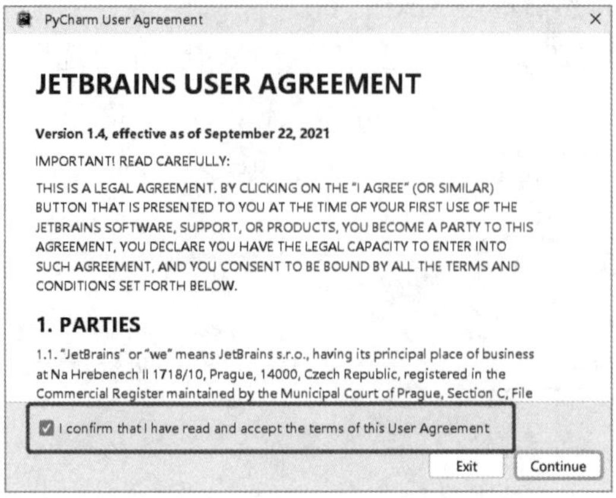


图 1-18　选择的阅读选项

(11) 这时会弹出激活或者选择试用的界面，如图 1-19 所示，网上有激活教材可参考。

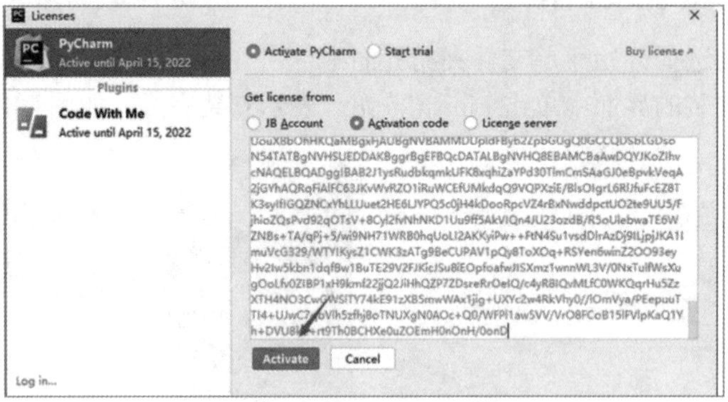


图 1-19　激活界面

(12) 我们先创建一个 spider_case 空目录，如图 1-20 所示。

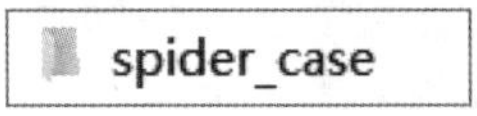


图 1-20　新建的目录

(13) 在 PyCharm 打开后的页面的右上方单击 Open 按钮，在弹出的界面中选择 spider_case 目录，如图 1-21 所示。

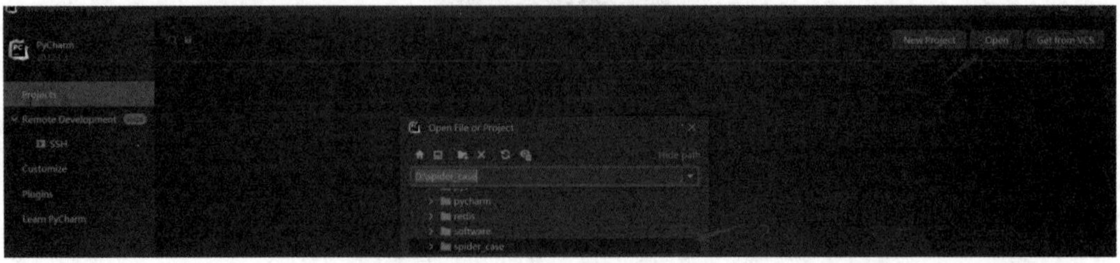

图 1-21　选择新建的目录

(14) 在 PyCharm 的运行界面中选择 File→Settings 菜单命令，如图 1-22 所示。

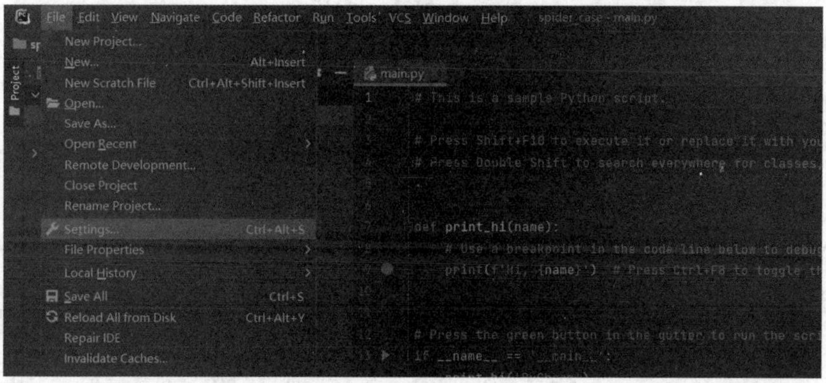


图 1-22　选择 Settings 命令

(15) 在弹出的 Settings 界面左边选择 Python Interpreter 选项后再单击设置 Python 环境的按钮，如图 1-23 所示。

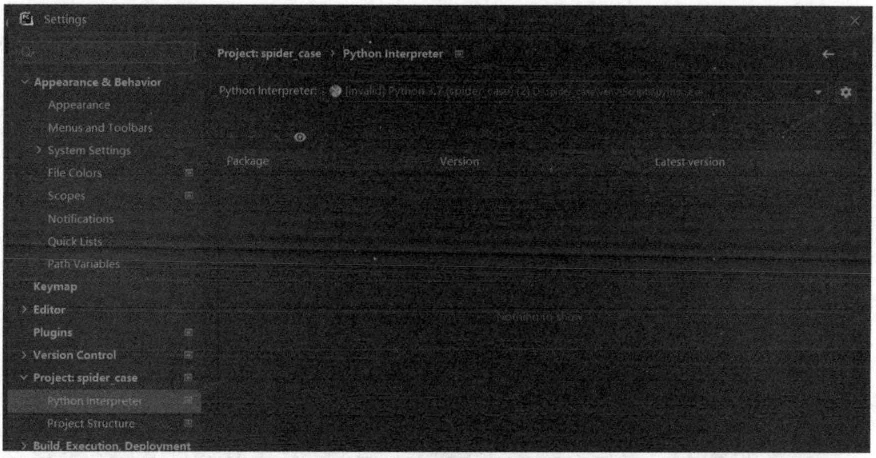


图 1-23　配置项目环境

(16) 在打开的界面中单击 Add 按钮，如图 1-24 所示。

图 1-24　添加环境

(17) 在 Add Python Interpreter 对话框的左侧选择 System Interpreter 选项，在右侧的下拉列表框中选择 Python 的安装目录，单击 OK 按钮，如图 1-25 所示。

图 1-25　选择安装好的 Python 目录

(18) 这时就能看到我们刚刚安装的包了，说明环境已经没有问题。单击 OK 按钮就可以了，如图 1-26 所示。

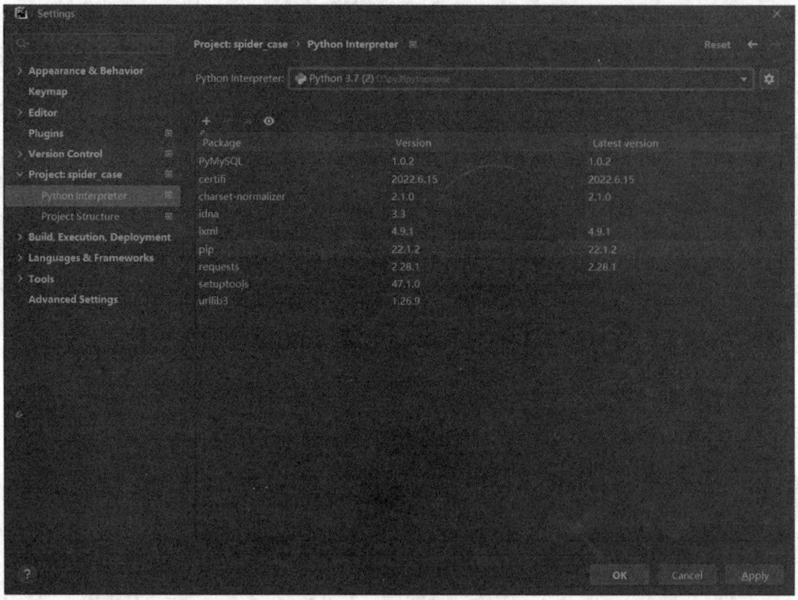


图 1-26　查看当前安装包

## 二、原生类库 requests

Python 中有多种库可以用来处理 HTTP 请求，比如 Python 的原生库，如 urllib 包、requests 类库等。urllib 和 urllib2 是相互独立的模块，Python 3.0 以上把 urllib 和 urllib2 合并成一个库了。requests 库使用了 urllib3。requests 库的口号是“HTTP For Humans”(为人类使用 HTTP 而生)，用起来不知道要比 Python 原生库好用多少呢！比起 urllib 包的烦琐，requests 库特别简洁并容易理解。

本地环境是没有 requests 类库的，如想使用需要从网上下载 requests 类库到本地环境。Python 开发者通常使用 pip 工具进行类库的下载。pip 是一个现代的、通用的 Python 包管理工具，提供了对 Python 包进行查找、下载、安装和卸载等功能。下面，先来对 pip 进行安装，步骤如下。

(1) 按 Win+R 组合键，在弹出的“运行”对话框中输入“cmd”，单击“确定”按钮，键打开一个命令行窗口，输入“pip list”，如图 1-27 所示。

图 1-27　查看 pip 版本

(2) 提示更新 pip，根据提示输入“d:\py3\python.exe -m pip install --upgrade pip”进行升级，如图 1-28 所示。

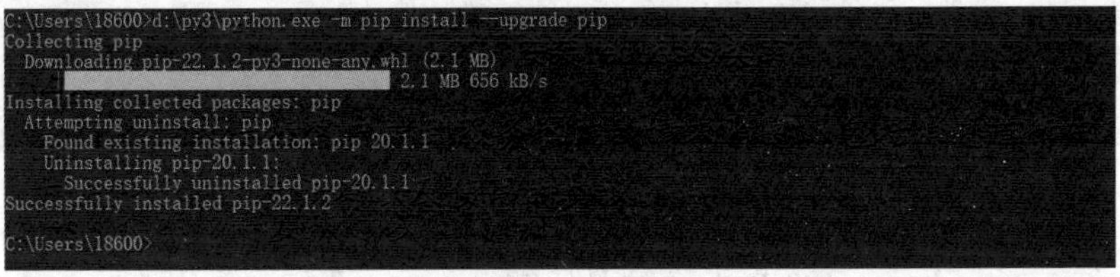


图 1-28　更新 pip

到这里，pip 已安装到我们的本地环境，现在可以使用 pip 管道下载 requests 类库了。pip 的基本语法如下：

```
pip install 类库名
```

下载 requests 类库，需要执行以下代码：

```
pip install requests
```

执行结果如图 1-29 所示。

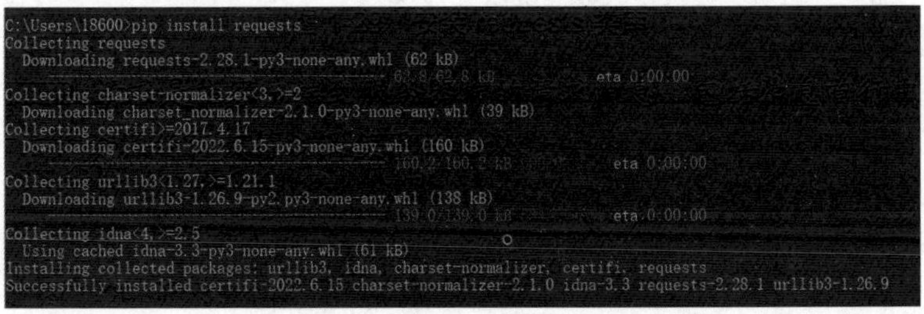


图 1-29　安装 requests 类库

**提示**　HTTP 请求是指客户端到服务器端的请求消息，包括消息首行中对资源的请求方法、资源的标识符以及使用的协议。

urllib包：Python自带的类库，用来模拟HTTP发送请求消息的类库。常用的有以下三个。

urllib.request：模拟浏览器发送请求。

urllib.parse：一般情况下用来处理url或者处理参数。

urllib.error：用来处理发送请求碰到的异常。

## 三、原生类库lxml

lxml是XML和HTML的解析器，其主要功能是解析和提取XML和HTML中的数据；lxml和正则表达式一样，也是用C语言实现的，是一款高性能Python的HTML、XML解析器，也可以利用XPath语法，来定位特定的元素及节点信息。

HTML主要用于显示数据，其焦点是数据的外观。

XML主要用于传输和存储数据，其焦点是数据的内容。

lxml的安装如图1-30所示。

```
pip install lxml
```

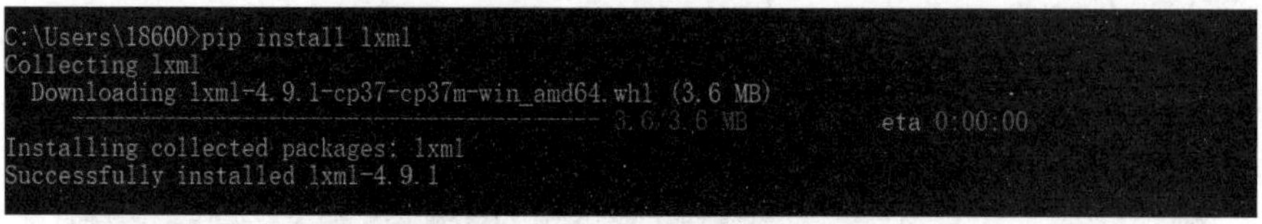
C:\Users\18600>pip install lxml
Collecting lxml
Downloading lxml-4.9.1-cp37-cp37m-win_amd64.whl (3.6 MB)
3.6/3.6 MB
eta 0:00:00
Installing collected packages: lxml
Successfully installed lxml-4.9.1

图1-30　安装lxml

lxml支持XPath语法，而XPath语法是比较简单的，我们也是用XPath来解析XPath。如图1-31所示是XPath常用的一些语法，后面我们将会用到。

| 表达式 | 描述 |
|---|---|
| nodename | 选取此节点的所有子节点 |
| / | 从当前节点选取直接子节点 |
| // | 从当前节点选取子孙节点 |
| . | 选取当前节点 |
| .. | 选取当前节点的父节点 |
| @ | 选取属性 |
| * | 通配符，选择所有元素节点与元素名 |
| @* | 选取所有属性 |
| [@attrib] | 选取具有给定属性的所有元素 |
| [@attrib='value'] | 选取给定属性具有给定值的所有元素 |
| [tag] | 选取所有具有指定元素的直接子节点 |
| [tag='text'] | 选取所有具有指定元素并且文本内容是text的节点 |

图1-31　XPath语法

## 四、原生类库pymysql

pymysql是Python 3.x版本中用于连接MySQL服务器的一个库，Python 2中使用mysqldb。pymysql的安装如图1-32所示。

```
pip install pymysql
```

C:\Users\18600>Pip install pymysql
Collecting pymysql
Using cached PyMySQL-1.0.2-py3-none-any.whl (43 kB)
Installing collected packages: pymysql
Successfully installed pymysql-1.0.2


图 1-32　安装 pymysql 类库

## 任务计划与决策

### 请求测试及 db 插入测试

Python 的 requests、lxml 以及 pymysql 依赖库的使用，在爬虫开发中是比较重要的一部分，只有配置好这些对应的依赖，爬取的数据才能顺利存储到数据库。程序的实践需要有以下几个阶段：①编辑器的安装；②MySQL 数据库的预安装；③依赖库的引入以及请求测试和数据库的插入测试。

根据所学相关知识，请制订完成本次任务的实施计划。

## 任务实施

### 1. 编辑器的安装

具体可参考知识储备中有关 PyCharm 安装的步骤。

### 2. MySQL 数据库的预安装

MySQL 的安装可自行上网参考有关安装说明，这里就不多叙述。

### 3. MySQL 数据库可视化工具 Navicat Premium 的安装

Navicat Premium 是一款数据库管理工具，是一个可多重连接数据库的管理工具，它可以让你以单一程序同时连接到 MySQL、SQLite、Oracle、MariaDB、Mssql 及 PostgreSQL 数据库，让管理不同类型的数据库更加方便。

(1)　下载地址为 http://www.navicat.com.cn/download/navicat-premium#win，本书下载的是 Windows 试用版本 64 位，如图 1-33 所示。

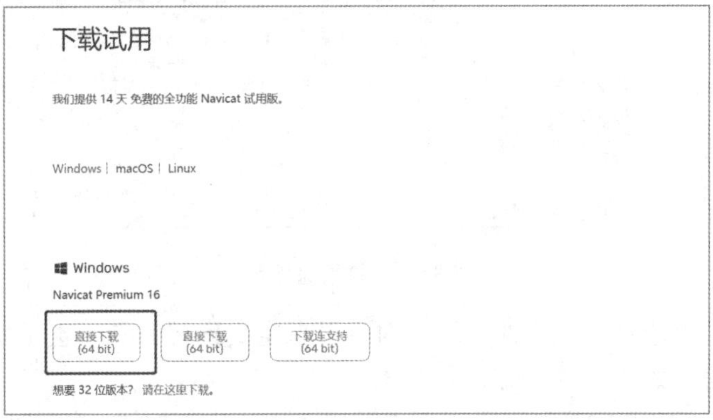


图 1-33　下载 64 位版本

下载完成后如图 1-34 所示。

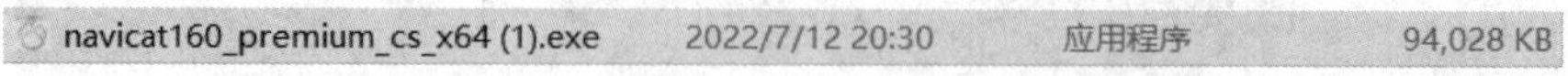


图 1-34 下载好的 exe 文件

(2) 安装。双击下载的上述可执行文件，在弹出的欢迎安装界面中单击“下一步”按钮，如图 1-35 所示。

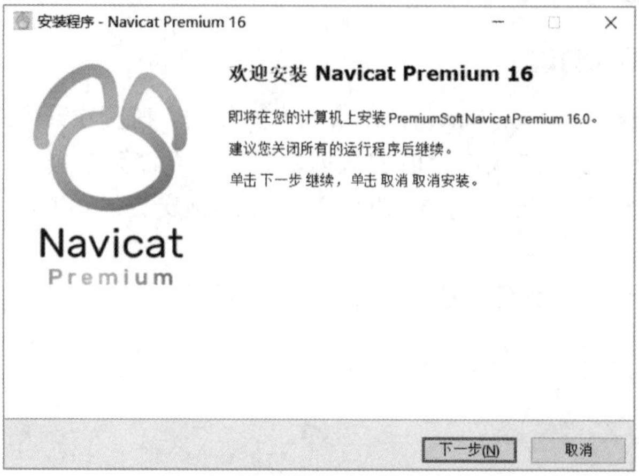


图 1-35 安装界面

(3) 在弹出的“许可证”界面中选中“我同意”单选按钮，然后单击“下一步”按钮，如图 1-36 所示。

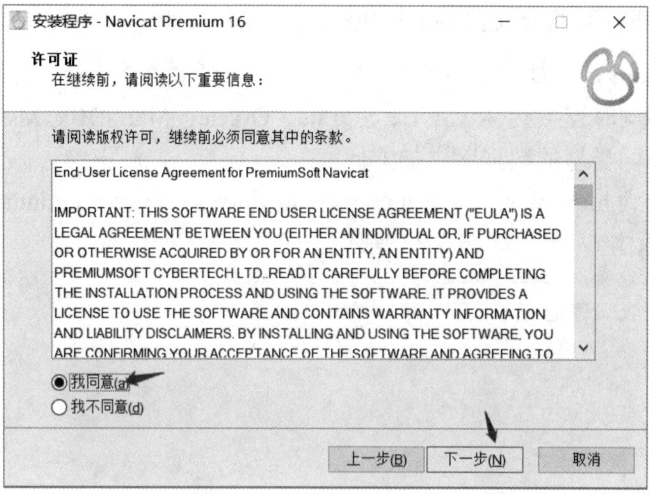


图 1-36 “许可证”界面

(4) 在弹出的“选择安装文件夹”界面中可自定义安装目录，也可默认安装，然后单击“下一步”按钮，如图 1-37 所示。

(5) 在弹出的“选择额外任务”界面中单击“下一步”按钮，如图 1-38 所示。

(6) 在弹出的“准备安装”界面中单击“安装”按钮，如图 1-39 所示。

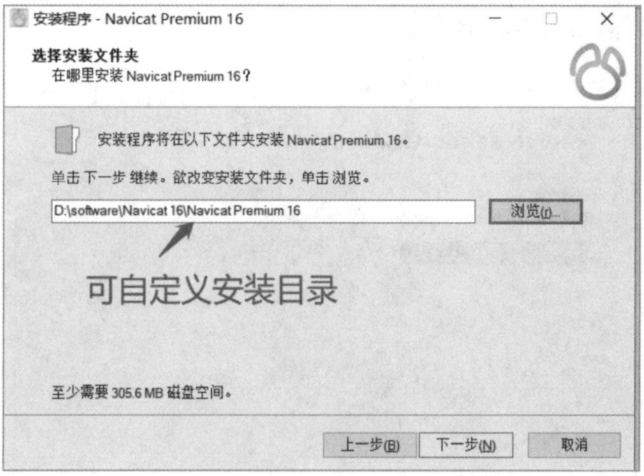


图 1-37　自定义安装目录

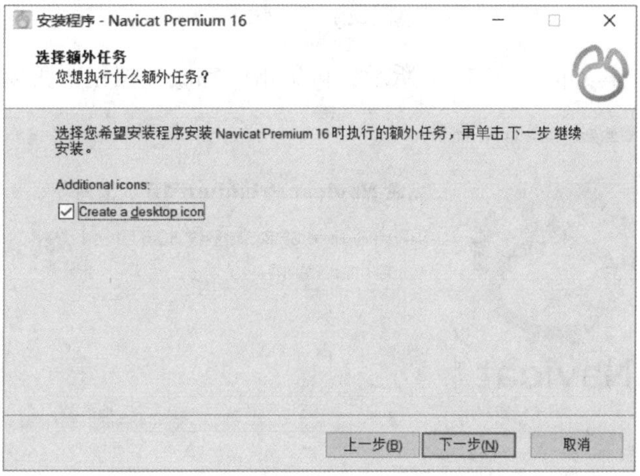


图 1-38　执行额外任务

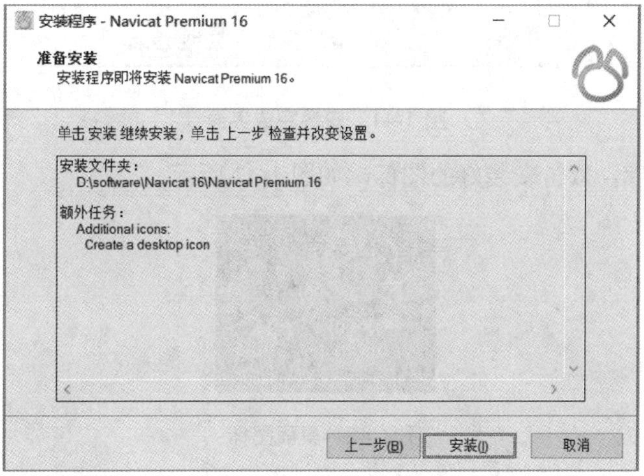


图 1-39　安装确认界面

(7) 安装中的界面如图 1-40 所示。

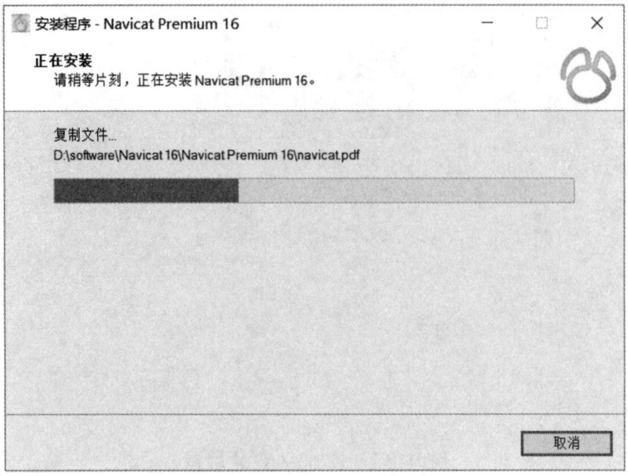


图 1-40 安装中

(8) 安装完成，其界面如图 1-41 所示。可单击“完成”按钮，关闭安装界面。

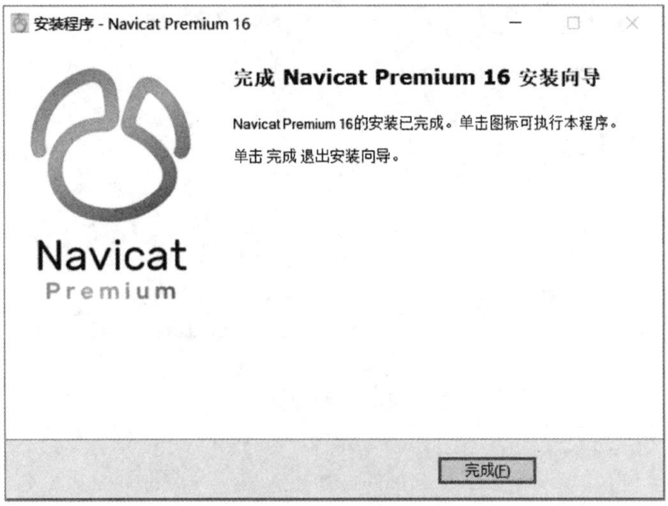


图 1-41 安装完成界面

(9) 连接数据库，双击安装好的图标，如图 1-42 所示。

图 1-42 桌面图标

(10) 由于此软件是收费软件，这里我们可以先单击“试用”按钮，如图 1-43 所示。需要正版软件的可以去购买，这里就不多叙述。

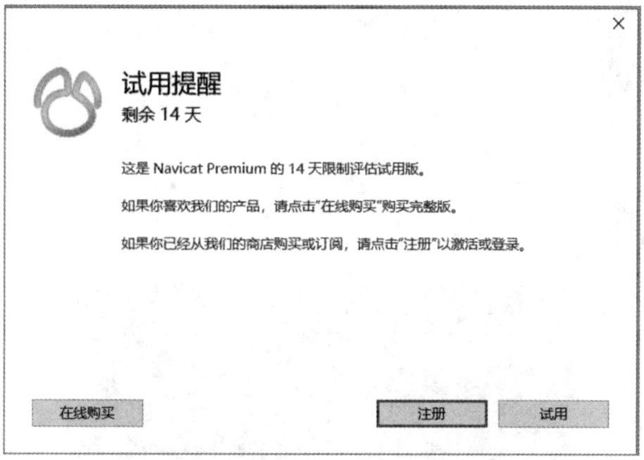


图 1-43　试用提醒

(11) 打开应用程序后，选择“文件”→“新建连接”→MySQL 菜单命令，如图 1-44 所示，创建一个数据库连接。

(12) 连接名可以随意起个名字，主机是本地连接的话默认就行，如果是远程则需要输入对应的 IP，端口默认为 3306，输入你的 MySQL 用户名和密码就可以连接，如图 1-45 所示。

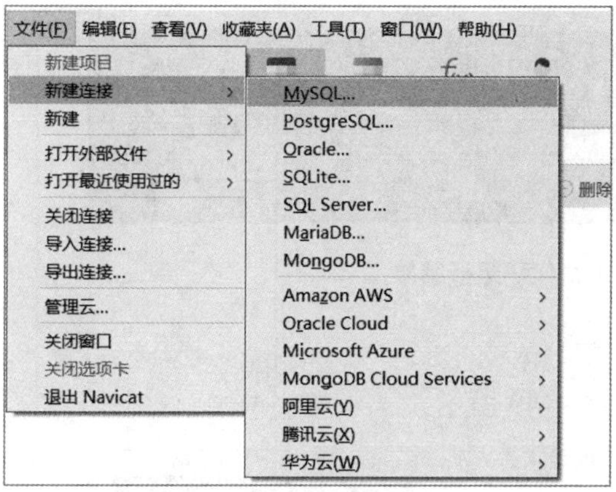


图 1-44　建立 MySQL 连接

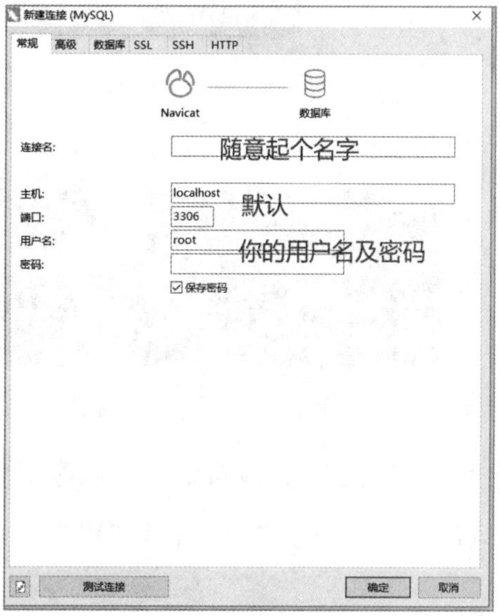


图 1-45　配置连接信息

### 4. 依赖库的引入以及请求测试

(1) 使用 Python，右击目录，在弹出的快捷菜单中选择 New→Python File 命令，如图 1-46 所示，创建一个名叫 test_request 的 Python 文件来进行测试。

(2) 编写请求代码，具体如图 1-47 所示。

```
# -*- coding: utf-8 -*-
import requests
```

```
# 请求测试
def get_utl():
    url="https://www.shuquge.com/top.html"
    response = requests.get(url)  # 发起请求
    print(response.text) # 打印返回值

if __name__ == '__main__':
    get_utl()
```

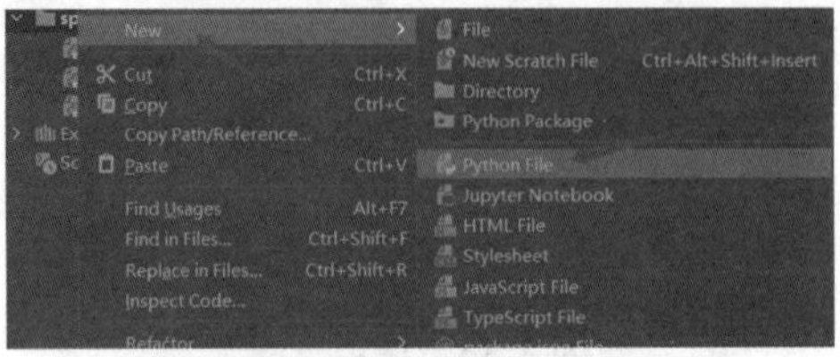


图 1-46　创建 Python 文件

图 1-47　requests 测试代码

(3) 运行结果如图 1-48 所示。

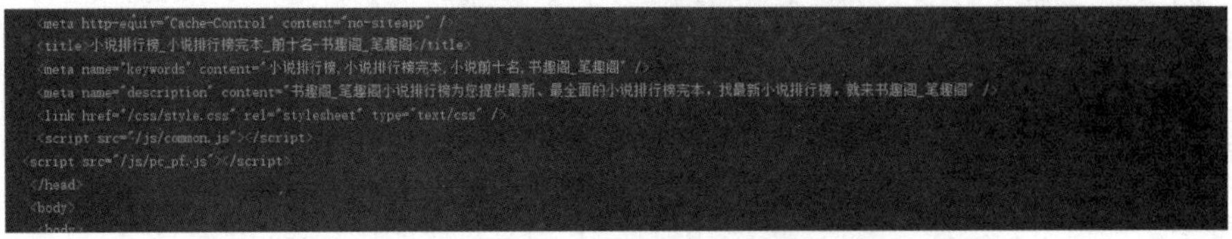


图 1-48　requests 测试代码运行结果

### 5. 依赖库的引入以及数据库的插入测试

(1) 创建一个表用来测试数据库插入，如图 1-49 所示。

| 名 | 类型 | 长度 | 小数点 | 不是 null | 虚拟 | 键 | 注释 |
|---|---|---|---|---|---|---|---|
| id | int | 255 | 0 | ☑ | ☐ | 🔑1 | |
| name | varchar | 25 | 0 | ☑ | ☐ | | 姓名 |
| sex | varchar | 25 | 0 | ☐ | ☐ | | 性别 |
| age | int | 25 | 0 | ☐ | ☐ | | 年龄 |

图 1-49　建立 MySQL

SQL 语句如下：

```
CREATE TABLE 'user'  (
  'id' int(255) NOT NULL AUTO_INCREMENT,
  'name' varchar(25) CHARACTER SET utf8mb4 COLLATE utf8mb4_general_ci NOT NULL
COMMENT '姓名',
  'sex' varchar(25) CHARACTER SET utf8mb4 COLLATE utf8mb4_general_ci NULL
DEFAULT NULL COMMENT '性别',
```

```
  'age' int(25) NULL DEFAULT NULL COMMENT '年龄',
  PRIMARY KEY ('id') USING BTREE
) ENGINE = InnoDB AUTO_INCREMENT = 1 CHARACTER SET = utf8mb4 COLLATE =
utf8mb4_general_ci ROW_FORMAT = Dynamic;

SET FOREIGN_KEY_CHECKS = 1;
```

(2) 创建入库方法，代码如下(参见图 1-50)。

```
# -*- coding: utf-8 -*-
import pymysql

db = pymysql.connect(host="localhost", user="root", password="123",
database="spider_case") # 数据库地址
cur = db.cursor()         # 声明一个游标

# 传入姓名、性别、年龄
def insert_db(name, sex, age) :
   sqlQuery = " INSERT INTO user (name, sex, age) VALUE (%s,%s,%s) " # sql
   value = (name, sex, age)  # 值
   try:
      cur.execute(sqlQuery, value)
      db.commit()
      print('book_name:%s 数据插入成功! ' % (name))
   except pymysql.Error as e:
      print("数据插入失败: " + e)
      db.rollback()
   finally:
      db.close()  # 关闭

if __name__ == '__main__':
   insert_db("张三", "男", "18")
```

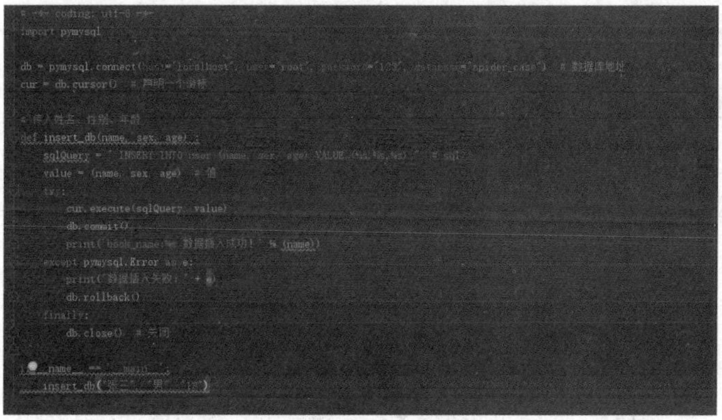

图 1-50　入库代码

运行结果如图 1-51 所示。

图 1-51　入库运行结果

数据库结果如图 1-52 所示。

| id | name | sex | age |
|---|---|---|---|
| 1 | 张三 | 男 | 18 |

图 1-52　存入到数据库的数据

## 任务检查与评价

完成任务实施后，进行任务检查与评价，具体检查评价表如表 1-1 所示。

表 1-1　任务检查评价表

<table>
<tr><td colspan="2">项目名称</td><td colspan="3">基于 requests+xpath 采集网站文本数据</td></tr>
<tr><td colspan="2">任务名称</td><td colspan="3">开发环境的准备和搭建</td></tr>
<tr><td colspan="2">评价方式</td><td colspan="3">可采用自评、互评、老师评价等方式</td></tr>
<tr><td colspan="2">说　明</td><td colspan="3">主要评价学生在学习项目过程中的操作技能、理论知识、学习态度、课堂表现、学习能力等</td></tr>
<tr><td colspan="5">评价内容与评价标准</td></tr>
<tr><td>序号</td><td>评价内容</td><td>评价标准</td><td>分值</td><td>得分</td></tr>
<tr><td rowspan="4">1</td><td rowspan="4">知识运用<br>(20%)</td><td>掌握相关理论知识；理解本次任务要求；制订详细计划，计划条理清晰、逻辑正确(20 分)</td><td rowspan="4">20 分</td><td rowspan="4"></td></tr>
<tr><td>理解相关理论知识，能根据本次任务要求制订合理计划(15 分)</td></tr>
<tr><td>了解相关理论知识，有制订计划(10 分)</td></tr>
<tr><td>没有制订计划(0 分)</td></tr>
<tr><td rowspan="4">2</td><td rowspan="4">专业技能<br>(40%)</td><td>结果验证全部满足(40 分)</td><td rowspan="4">40 分</td><td rowspan="4"></td></tr>
<tr><td>结果验证只有一个功能不能实现，其他功能全部实现(30 分)</td></tr>
<tr><td>结果验证只有一个功能实现，其他功能全部没有实现(20 分)</td></tr>
<tr><td>结果验证功能均未实现(0 分)</td></tr>
<tr><td rowspan="4">3</td><td rowspan="4">核心素养<br>(20%)</td><td>具有良好的自主学习能力和分析解决问题的能力，任务过程中有指导他人(20 分)</td><td rowspan="4">20 分</td><td rowspan="4"></td></tr>
<tr><td>具有较好的学习能力和分析解决问题的能力，任务过程中没有指导他人(15 分)</td></tr>
<tr><td>能够主动学习并收集信息，有请教他人帮助解决问题的能力(10 分)</td></tr>
<tr><td>不主动学习(0 分)</td></tr>
<tr><td rowspan="3">4</td><td rowspan="3">课堂纪律<br>(20%)</td><td>设备无损坏，无干扰课堂秩序言行(20 分)</td><td rowspan="3">20 分</td><td rowspan="3"></td></tr>
<tr><td>无干扰课堂秩序言行(10 分)</td></tr>
<tr><td>有干扰课堂秩序言行(0 分)</td></tr>
</table>

## 任务小结

本次任务中，学生需要使用 Python 的 requests、lxml 和 pymysql 依赖库进行请求测试及数据库的插入测试，过程中学习到了 MySQL 数据库的安装部署过程，最终在 MySQL 中呈现目标数据。通过该任务，学生可以了解这些依赖库的下载、引入方式，以及 MySQL 的安装和部署，并掌握通过 Python 将数据存入 MySQL 的技能。

## 任务拓展

本次任务写入了一条数据，请尝试以下功能。

(1) 使用 requests 请求别的网站。

(2) 使用 for 写入多条数据到数据库。

# 任务二　爬虫程序实践

1.2 爬虫程序实践

## 职业能力目标

根据需求，使用 Python 依赖库从互联网爬取数据并存储到 MySQL 数据库。

## 任务描述与要求

**爬取在线阅读网站小说数据**

经过任务一的学习，我们已经对 Python 依赖库有了初步的认识。在本任务中，我们将把所学到的知识应用到爬虫开发中，根据我们的需求，对网络数据进行爬取，并存储到 MySQL 数据库。

## 知识储备

### 一、认识 HTML

HTML(超文本标记语言)是构成大多数网页和在线应用程序的计算机语言。超文本是用于引用其他文本片段的文本，而标记语言是告诉 Web 服务器文档的样式和结构的一系列标记。HTML 的应用场景如下。

(1) 网页开发。开发人员使用 HTML 代码来设计浏览器如何显示网页元素，例如文本、超链接或媒体文件。

(2) 互联网导航。由于 HTML 使用了大量超链接，因此用户可以轻松地在相关网页和网站之间导航及插入超链接。

(3) 网络文档。HTML 使组织和格式化文档成为可能，类似于 World 文档。值得注意的是，HTML 现在被看成官方的 Web 标准，由万维网联盟维护和开发 HTML 规范，同时提供定期更新。

### 1. HTML 元素的标签与属性

所有的 HTML 页面都有一系列的 HTML 元素，由一组标签(有的书中将其称为标记)和属性组成。HTML 元素是网页的构建块。标签告诉浏览器元素在哪里开始和结束，而属性描述元素的特征。元素的三个主要部分如下。

① 开始标签。用于说明元素开始生效的位置。标签用左尖括号和右尖括号包裹。例如，使用开始标签<p>创建一个段落。

② 内容。这是其他用户看到的输出。

③ 结束标签。与开始标签相同，但是在元素名称前有个正斜杠。例如</p>结束一个段落。

这三个部分的组合将创建一个 HTML 元素：

```
<p>这是在 HTML 中添加段落的方法</p>
```

HTML 元素另一个关键部分是它的属性，它有两个部分——名称和属性值。名称标识用户想要添加的附加信息，而属性值给出进一步说明。例如，添加紫色 font-family verdana 的样式元素如下：

```
<p style="color:purple;font-family verdana">这是在 HTML 中添加段落的方法</p>
```

另一个属性是 HTML 中的类，这对于开发和编程来说是最重要的。class 属性添加了可以作用于具有相同类值的不同元素的样式信息。例如，我们将对标题<h1>和段落<p>使用相同的样式。样式包括背景颜色、文本颜色、边框、边距和填充，在.important 类中定义。要在<h1>和<p>之间实现相同样式，需要在每个开始标签中添加 class="important"。

```
<html>
<head>
<style>
.important{
background-color:blue;
color:white;
border:2px solid black;
margin:2px;
padding:2px;
}
</style>
</head>
<body>
<h1 class="important">this is a heading</h1>
<p class="important">this is a paragraph.</p>
</body>
</html>
```

大多数元素都有一个开始标签和一个结束标签，但有些元素不需要结束标签也可以工作，例如空元素。这些元素不使用结束标签，因为它们没有内容。例如：

```
<img src="/" alt="图像">
```

这个图像标签有两个属性：一个是 src 属性，描述图像路径；另一个是 alt 属性，描述替代性文本。但是，它没有内容，也没有结束标签。

每个 HTML 文档都必须以<!DOCTYPE>声明开头，以告知浏览器 Web 文本类型。使用 HTML5，doctype HTML public 的声明如下：

```
<! DOCTYPE html>
```

**提示**　HTML 和 HTML5 的主要区别在于 HTML5 支持新类型的表单控件。HTML5 还引入了几个语义标签，可以清楚地描述内容，例如<article>、<header>和<footer>。

### 2. HTML 语言的优点和缺点

就像任何其他计算机语言一样，HTML 有其优点和缺点。

(1)　HTML 的优点。

①　对初学者友好：HTML 具有干净且一致的标记，以及较浅的学习曲线。

②　支持领域广：该语言被广泛使用，拥有大量资源和庞大的社区。

③　无障碍：它是开源的并且完全免费。HTML 可在所有装有 Web 浏览器的计算机中运行。

④　灵活性：HTML 很容易与 PHP、node.js 等后端语言集成使用。

(2)　HTML 的缺点。

①　静止的：该语言主要用于静态网页。对于动态功能，你可能需要使用 JavaScript 或 PHP 等后端语言。

②　单独的 HTML 页面：用户必须为 HTML 创建单独的网页，即使元素相同。

③　浏览器兼容性：一些浏览器采用新特性的速度很慢，有时较旧的浏览器并不总是能呈现较新的标签。

## 二、网页代码结构

了解了什么是 HTML 之后，并没有形象地看到它的程序结构，我们可以通过如图 1-53 所示的结构图来形象地认识 HTML 代码。

```
<!DOCTYPE html>
<html>
<head>
    <title>标题</title>
</head>
<body>
内容
</body>
</html>
```

图 1-53　网页代码

## 三、通过浏览器查看网页源代码

在浏览器中也可以右击网页，在弹出的快捷菜单中选择“查看网页源代码”命令(见图 1-54)，可以对网页源代码进行查看和学习。

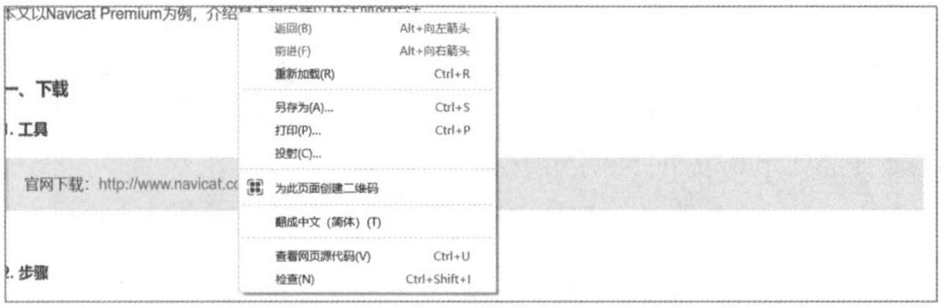


图 1-54　查看页面源代码

打开网页源代码的界面后我们发现其中有 div 及 JavaScript 代码，如图 1-55 所示。

```
<script type="text/javascript">
    function getQueryString(name) {
      var reg = new RegExp("(^|&)" + name + "=([^&]*)(&|$)"); //构造一个含有目标参数的正则表达式对象
      var r = window.location.search.substr(1).match(reg);  //匹配目标参数
      if( r != null ) return decodeURIComponent( r[2] ); return '';
    }
    function stripscript(s){
      var pattern = new RegExp("[`~!@#$^&*()=|{}':;',\\[\\].<>/?~! @#￥……&* () ——|{} 【】 ‘；：” “'。，、？%]")
      var rs = "";
      for (var i = 0; i < s.length; i++) {
        rs = rs+s.substr(i, 1).replace(pattern, '');
      }
      return rs;
    }
    var blogHotWords = stripscript(getQueryString('utm_term')).length > 1 ? stripscript(getQueryString('utm_term')) : ''
</script>
<div class="blog-content-box">
        <div class="article-header-box">
        <div class="article-header">
            <div class="article-title-box">
                <h1 class="title-article" id="articleContentId">Navicat Premium的下载及安装</h1>
            </div>
            <div class="article-info-box">
                <div class="article-bar-top">
                    <img class="article-type-img" src="https://csdnimg.cn/release/blogv2/dist/pc/img/original.png" alt="">
                    <div class="bar-content">
                    <a class="follow-nickName " href="https://blog.csdn.net/weixin_47378926" target="_blank" rel="noopener">平小凡</a>
                    <img class="article-time-img article-heard-img" src="https://csdnimg.cn/release/blogv2/dist/pc/img/newCurrentTime2.png" alt="">
                    <span class="time">于 2021-01-25 14:27:14 发布</span>
                    <img class="article-read-img article-heard-img" src="https://csdnimg.cn/release/blogv2/dist/pc/img/articleReadEyes2.png" alt="">
                    <span class="read-count">7034</span>
                    <a id="blog_detail_zk_collection" class="un-collection" data-report-click='{"mod":"popu_823","spm":"1001.2101.3001.4232","ab":"new"}'>
                        <img class="article-collect-img article-heard-img un-collect-status isdefault" style="display:inline-block" src="https://csdnimg.cn/release/blogv2/dist/pc/img/tobarCollect2.png" alt="">
                        <img class="article-collect-img article-heard-img collect-status isactive" style="display:none" src="https://csdnimg.cn/release/blogv2/dist/pc/img/tobarCollectionActive2.png" alt="">
                        <span class="name">收藏</span>
                        <span class="get-collection">
                            44
                        </span>
```

图 1-55　页面源代码

后面的案例里我们会介绍 HTML 的另一种查看方式。

## 任务计划与决策

**爬取在线阅读网站书趣阁的小说数据，并存入 MySQL 数据库**

在在线阅读越来越普及的今天，在线阅读的小说也层出不穷，书籍相关的数据也显得尤为重要。若想分析挖掘到其中的价值，就需要对其进行爬取。数据爬取主要包含以下两个方面：①能使用爬虫程序爬取数据；②将爬取到的数据存储到 MySQL 数据库。

根据所学相关知识，请制订完成本次任务的实施计划。

## 任务实施

首先，我们要确定好目标网站，即小说网站书趣阁(https://www.shuquge.com/top.html)，如图 1-56 所示。

下面以抓取小说总榜为例，先抓取小说总榜列表，再抓取书籍详情，带大家快速入门。

(1) 分析网页结构。使用谷歌浏览器打开小说网站并按 F12 功能键，先单击箭头按钮，再单击小说名称，可以查看对应的 html 标签，如图 1-57 所示。

通过观察，我们发现 div class 属性为 block bd，ul 里面有 li，那就可以写出如下 xpath 表达式“//div[@class="block bd"][1]/ul/li”获取第一个 div 里的 li 标签，使用 PyCharm 右击

目录，在弹出的快捷菜单中选择 New→Python File 命令(见图 1-58)，新建一个 Python 文件，将其命名为“book_spider”，文件名尽量不要用中文，如图 1-59 所示。

图 1-56　页面展示

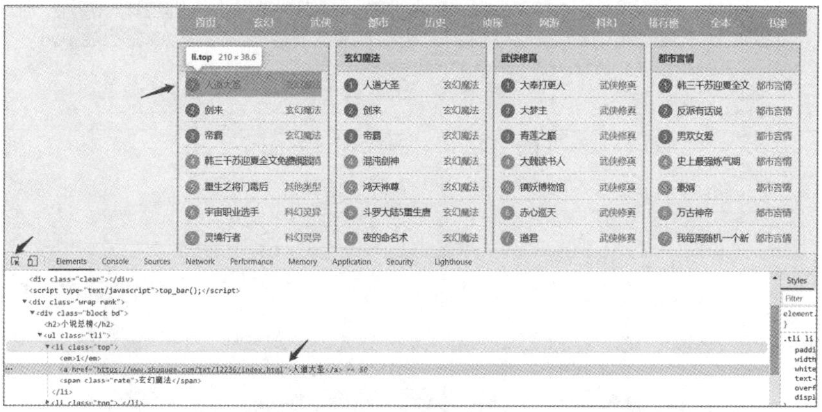

图 1-57　查看页面代码

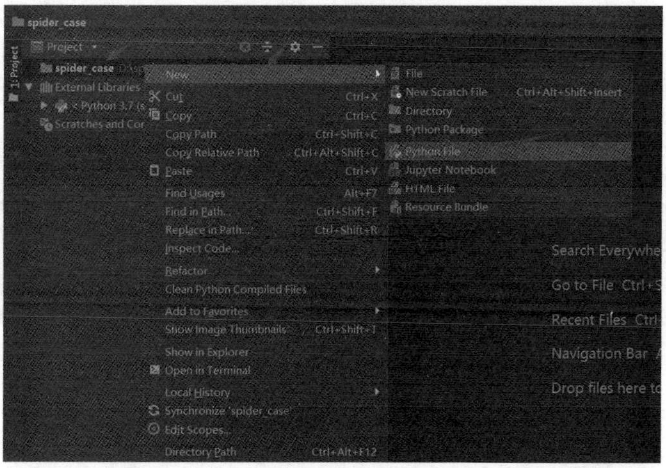

图 1-58　新建 Python 文件

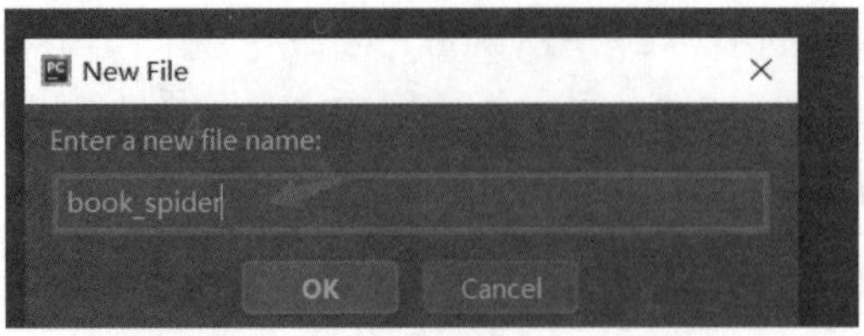


图 1-59　命名 Python 文件

(2)　抓取网页列表。文件创建好之后，我们需要引入 requests、lxml 以及 pymysql 三个库，也就是我们刚安装好的依赖库，代码如下(见图 1-60)：

```
# -*-coding:utf-8 -*-
from lxml import etree
import pymysql
import requests
```

图 1-60　引入类库

接下来，定义一个获取列表页的方法，代码如下(见图 1-61)：

```
def start_request():
        url="https://www.shuquge.com/top.html"
        response = requests.get(url).text     # 发起请求
        html=etree.HTML(response)             #通过 lxml 类库转换成 html
        li_list = html.xpath('//div[@class="block bd"][1]/ul/li')
            #获取第一个 div 的 li 标签
        for li in li_list: #遍历每一个 li 标签
            title = li.xpath('./a/text()')[0]         # 获取书名
            detail_url = li.xpath('./a/@href')[0]     # 获取 url
            # print('title:%s,detail_url:%s' % (title, detail_url))  # 打印
            parse(title,detail_url)                   # 调用详情页解析
```

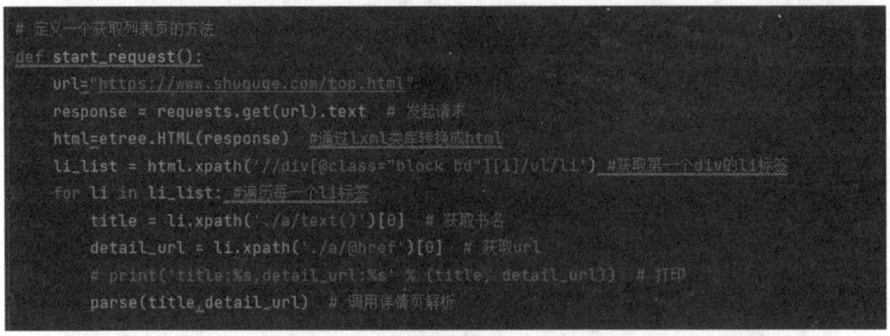


图 1-61　获取列表页代码

使用 main 方法的语句如下：

```
if __name__ = '__main__':
        start_request()
```

运行结果如图 1-62 所示。

图 1-62 获取列表页代码运行结果

在详情页解析函数的参数中，需要传入书名详情页 url，代码如下(见图 1-63)：

```
def parse(book_name,detail_url):
        response = requests.get(detail_url).content      # 发起详情页请求
        html = etree.HTML(response)
        span_list=html.xpath('//div[@class="small"]/span/text()')
            # 获取 span 标签
        author=span_list[0]                              # 获取作者
        author=str(author).replace('作者：','')          # 处理无用字符
        book_type = span_list[1]                         # 获取类型
        book_type = str(book_type).replace('分类：', '')  # 处理无用字符
        state = span_list[2]                             # 获取更新状态
        state = str(state).replace('状态：', '')          # 处理无效字符
        print('author:%s,book_type:%s,state:%s' % (author, book_type,state))
            # 打印
```

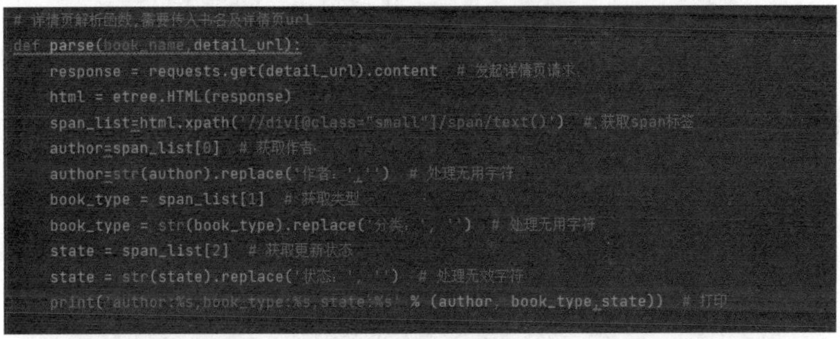


图 1-63 详情页代码

在列表页调用详情页解析方法，代码如下(见图 1-64)：

```
# 定义一个获取列表页信息的解析方法
def start_request():
        url=https://www.shuquge.com/top.html
        response = requests.get(url).text              # 发起请求
        html=etree.HTML(response)                      #通过 lxml 类库转换成 html
        li_list = html.xpath('//div[@class="block bd"]/ul/li') #获取到所有的 li 标签
        for li in li_list:                             #遍历每一个 li 标签
            title = li.xpath('./a/text()')[0]          # 获取书名
            detail_url = li.xpath('./a/@href')[0]      # 获取 url
            print('title:%s,detail_url:%s' % (title, detail_url))  # 打印
            parse(title,detail_url)                    # 调用详情页解析
```

```
# 在详情页解析函数的参数中，需要传入书名及详情页 url
def parse(book_name,detail_url):
        response = requests.get(detail_url).content       # 发起详情页请求
        html = etree.HTML(response)
        span_list=html.xpath('//div[@class="small"]/span/text()')
        # 获取 span 标签
        author=span_list[0]                                # 获取作者
        author=str(author).replace('作者: ','')            # 处理无用字符
        book_type = span_list[1]                           # 获取类型
        book_type = str(book_type).replace('分类: ', '')   # 处理无用字符
        state = span_list[2]                               # 获取更新状态
        state = str(state).replace('状态: ', '')           # 处理无效字符
        print('author:%s,book_type:%s,state:%s' % (author, book_type,state))
        # 打印
```

```
# 定义一个获取列表页的方法
def start_request():
    url="https://www.shuquge.com/top.html"
    response = requests.get(url).text  # 发起请求
    html=etree.HTML(response)  #通过lxml类库转换成html
    li_list = html.xpath('//div[@class="block bd"]/ul/li') #获取到所有的li标签
    for li in li_list: #遍历每一个li标签
        title = li.xpath('./a/text()')[0]  # 获取书名
        detail_url = li.xpath('./a/@href')[0]  # 获取url
        print('title:%s,detail_url:%s' % (title, detail_url))  # 打印
        parse(title,detail_url)  # 调用详情页解析

# 详情页解析函数,需要传入书名及详情页url
def parse(book_name,detail_url):
    response = requests.get(detail_url).content  # 发起详情页请求
    html = etree.HTML(response)
    span_list=html.xpath('//div[@class="small"]/span/text()')  # 获取span标签
    author=span_list[0]  # 获取作者
    author=str(author).replace('作者: ','')  # 处理无用字符
    book_type = span_list[1]  # 获取类型
    book_type = str(book_type).replace('分类: ', '')  # 处理无用字符
    state = span_list[2]  # 获取更新状态
    state = str(state).replace('状态: ', '')  # 处理无效字符
    print('author:%s,book_type:%s,state:%s' % (author, book_type,state))  # 打印
```

图 1-64　调用详情页解析

运行结果如图 1-65 所示。

```
title:人道大圣,detail_url:https://www.shuquge.com/txt/12236/index.html
author:莫默,book_type:玄幻魔法,state:连载中
title:剑来,detail_url:https://www.shuquge.com/txt/8659/index.html
author:烽火戏诸侯,book_type:玄幻魔法,state:连载中
title:帝霸,detail_url:https://www.shuquge.com/txt/100/index.html
author:厌笔萧生,book_type:玄幻魔法,state:连载中
title:重生之将门毒后,detail_url:https://www.shuquge.com/txt/137770/index.html
author:千山茶客,book_type:其他类型,state:完本
```

图 1-65　详情页解析结果

至此，列表页和详情页解析完成。

(3)　创建表。根据我们解析的字段设计一张 MySQL 数据表用来存储爬取到的数据。表的结构及说明如图 1-66 所示。

| 名 | 类型 | 长度 | 小数点 | 不是 null | 虚拟 | 键 | 注释 |
|---|---|---|---|---|---|---|---|
| id | int | 255 | 0 | ☑ | ☐ | 🔑1 | 主键 |
| book_name | varchar | 255 | 0 | ☐ | ☐ | | 书名 |
| author | varchar | 255 | 0 | ☐ | ☐ | | 作者 |
| book_type | varchar | 255 | 0 | ☐ | ☐ | | 类型 |
| state | varchar | 255 | 0 | ☐ | ☐ | | 更新状态 |
| book_url | varchar | 255 | 0 | ☐ | ☐ | | 小说地址 |

图 1-66　表结构设计

SQL 语句如下：

```
SET NAMES utf8mb4;
SET FOREIGN_KEY_CHECKS = 0;

-- ----------------------------
-- Table structure for book
-- ----------------------------
DROP TABLE IF EXISTS 'book';
CREATE TABLE 'book'  (
        'id' int(255) NOT NULL AUTO_INCREMENT COMMENT '主键',
        'book_name' varchar(255) CHARACTER SET utf8mb4 COLLATE
            utf8mb4_general_ci NULL DEFAULT NULL COMMENT '书名',
        'author' varchar(255) CHARACTER SET utf8mb4 COLLATE utf8mb4_general_ci
            NULL DEFAULT NULL COMMENT '作者',
        'book_type' varchar(255) CHARACTER SET utf8mb4 COLLATE
            utf8mb4_general_ci NULL DEFAULT NULL COMMENT '类型',
        'state' varchar(255) CHARACTER SET utf8mb4 COLLATE utf8mb4_general_ci
            NULL DEFAULT NULL COMMENT '更新状态',
        'book_url' varchar(255) CHARACTER SET utf8mb4 COLLATE
            utf8mb4_general_ci NULL DEFAULT NULL COMMENT '小说地址',
        PRIMARY KEY ('id') USING BTREE
            ) ENGINE = InnoDB AUTO_INCREMENT = 1 CHARACTER SET = utf8mb4 COLLATE
            = utf8mb4_general_ci ROW_FORMAT = Dynamic;

SET FOREIGN_KEY_CHECKS = 1;
```

(4) 创建入库方法。定义一个数据库连接，即数据库地址，如图 1-67 所示。

```
db = pymysql.connect(host="localhost", user="root", password="123",
    database="spider_case")        # 数据库地址
cur = db.cursor()                  # 声明一个游标
```

图 1-67　创建 MySQL 连接

执行入库操作，传入书名、作者、类型、更新状态以及详情页 url，如图 1-68 所示。

```
def insert_book(book_name, author, book_type, state, book_url):
        sqlQuery = " INSERT INTO book (book_name, author, book_type, state,
            book_url) VALUE (%s,%s,%s,%s,%s) "
        value = (book_name,author, book_type, state, book_url)
        try:
            cur.execute(sqlQuery,value)
            db.commit()
            print('book_name:%s 数据插入成功！'%(book_name))
        except pymysql.Error as e:
            print("数据插入失败："+e )
            db.rollback()
```

```
# 执行入库，传入书名、作者、类型、更新状态、详情页url 。
def insert_book(book_name, author, book_type, state, book_url):
    sqlQuery = " INSERT INTO book (book_name, author, book_type, state, book_url) VALUE (%s,%s,%s,%s,%s) "
    value = (book_name,author, book_type, state, book_url)
    try:
        cur.execute(sqlQuery,value)
        db.commit()
        print('book_name:%s 数据插入成功! '%(book_name))
    except pymysql.Error as e:
        print("数据插入失败: "+e )
        db.rollback()
```

图 1-68　入库函数

在详情页调用入库的方法，如图 1-69 所示。

```
# 调用入库的方法，传入解析好的书名、作者、类型、更新状态、详情
insert_book(book_name, author, book_type, state, detail_url)
```

```
# 详情页解析函数,需要传入书名及详情页url
def parse(book_name,detail_url):
    response = requests.get(detail_url).content  # 发起详情页请求
    html = etree.HTML(response)
    span_list=html.xpath('//div[@class="small"]/span/text()')  # 获取span标签
    author=span_list[0]  # 获取作者
    author=str(author).replace('作者：','')  # 处理无用字符
    book_type = span_list[1]  # 获取类型
    book_type = str(book_type).replace('分类：', '')  # 处理无用字符
    state = span_list[2]  # 获取更新状态
    state = str(state).replace('状态：', '')  # 处理无效字符
    # print('author:%s,book_type:%s,state:%s' % (author, book_type,state))  # 打印

    # 调用入库方法，传入我们解析好的书名、作者、类型、更新状态、详情页url
    insert_book(book_name, author, book_type, state, detail_url)
```

图 1-69　调用入库函数

执行程序，控制台运行结果如图 1-70 所示。

```
book_name:宇宙职业选手 数据插入成功!
book_name:韩三千苏迎夏全文免费阅读 数据插入成功!
book_name:灵境行者 数据插入成功!
book_name:大奉打更人 数据插入成功!
book_name:大梦主 数据插入成功!
book_name:反派有话说 数据插入成功!
book_name:男欢女爱 数据插入成功!
book_name:妖龙古帝 数据插入成功!
book_name:阿飞正传 数据插入成功!
book_name:夜玄 数据插入成功!
```

图 1-70　入库函数运行结果

打开 MySQL 数据库，查看 book 表，则有如图 1-71 所示的数据存入数据表中。

| id | book_name | author | book_type | state | book_url |
|---|---|---|---|---|---|
| 1 | 人道大圣 | 莫默 | 玄幻魔法 | 连载中 | https://www.shuqug |
| 2 | 剑来 | 烽火戏诸侯 | 玄幻魔法 | 连载中 | https://www.shuqug |
| 3 | 帝霸 | 厌笔萧生 | 玄幻魔法 | 连载中 | https://www.shuqug |
| 4 | 重生之将门毒后 | 千山茶客 | 其他类型 | 完本 | https://www.shuqug |
| 5 | 宇宙职业选手 | 我吃西红柿 | 科幻灵异 | 连载中 | https://www.shuqug |
| 6 | 韩三千苏迎夏全文免费 | 豪婿 | 都市言情 | 连载中 | https://www.shuqug |
| 7 | 灵境行者 | 卖报小郎君 | 科幻灵异 | 连载中 | https://www.shuqug |
| 8 | 大奉打更人 | 卖报小郎君 | 武侠修真 | 连载中 | https://www.shuqug |
| 9 | 大梦主 | 忘语 | 武侠修真 | 连载中 | https://www.shuqug |
| 10 | 反派有话说 | 莫晨欢 | 都市言情 | 连载中 | https://www.shuqug |
| | | | | | |
| 12 | 妖龙古帝 | 遥望南山 | 网游动漫 | 连载中 | https://www.shuqug |
| 13 | 阿飞正传 | 泡书吧 | 其他类型 | 完本 | https://www.shuqug |
| 14 | 夜玄 | 老鬼 | 其他类型 | 连载中 | https://www.shuqug |
| 15 | 鸿天神尊 | 徐三甲 | 玄幻魔法 | 连载中 | https://www.shuqug |

图 1-71　存入到 MySQL 的结果表

(5) 完整代码如下：

```
# -*-coding:utf-8 -*-
from lxml import etree
import pymysql
import requests

db = pymysql.connect(host="localhost", user="root", password="123",
    database="spider_case")  # 数据库地址
cur = db.cursor()            # 声明一个游标

def start_request():
        url="https://www.shuquge.com/top.html"
        response = requests.get(url).text               # 发起请求
        html=etree.HTML(response)                       #通过 lxml 类库转换成 html
        li_list = html.xpath('//div[@class="block bd"][1]/ul/li')
        #获取第一个 div 的 li 标签
        for li in li_list:                              #遍历每一个 li 标签
            title = li.xpath('./a/text()')[0]           # 获取书名
            detail_url = li.xpath('./a/@href')[0]       # 获取 url
            # print('title:%s,detail_url:%s' % (title, detail_url))  # 打印
            parse(title,detail_url)                     # 调用详情页解析

# 在详情页解析函数的参数中，需要传入书名及详情页 url
def parse(book_name,detail_url):
        response = requests.get(detail_url).content  # 发起详情页请求
        html = etree.HTML(response)
        span_list=html.xpath('//div[@class="small"]/span/text()')
        # 获取 span 标签
        author=span_list[0]                             # 获取作者
        author=str(author).replace('作者：','')          # 处理无用字符
        book_type = span_list[1]                        # 获取类型
        book_type = str(book_type).replace('分类：', '')  # 处理无用字符
        state = span_list[2]                            # 获取更新状态
        state = str(state).replace('状态：', '')          # 处理无效字符
        print('author:%s,book_type:%s,state:%s' % (author, book_type,state))
        # 打印

# 调用入库方法，传入解析好的书名、作者、类型、更新状态、详情页 url
insert_book(book_name, author, book_type, state, detail_url)

def insert_book(book_name, author, book_type, state, book_url):
        sqlQuery = " INSERT INTO book (book_name, author, book_type, state,
            book_url) VALUE (%s,%s,%s,%s,%s) "
        value = (book_name,author, book_type, state, book_url)
        try:
            cur.execute(sqlQuery,value)
            db.commit()
            print('book_name:%s 数据插入成功！'%(book_name))
        except pymysql.Error as e:
            print("数据插入失败："+e )
            db.rollback()

if __name__ = '_main__':
        start_request()
        db.close()  # 关闭
```

## 任务检查与评价

完成任务实施后，进行任务检查与评价，具体检查评价表如表 1-2 所示。

**表 1-2 任务检查评价表**

| | | | | |
|---|---|---|---|---|
| 项目名称 | 基于 requests+xpath 采集网站文本数据 | | | |
| 任务名称 | 爬虫程序实践 | | | |
| 评价方式 | 可采用自评、互评、老师评价等方式 | | | |
| 说　　明 | 主要评价学生在学习项目过程中的操作技能、理论知识、学习态度、课堂表现、学习能力等 | | | |
| 评价内容与评价标准 | | | | |
| 序号 | 评价内容 | 评价标准 | 分值 | 得分 |
| 1 | 知识运用(20%) | 掌握相关理论知识；理解本次任务要求；制订详细计划，计划条理清晰、逻辑正确(20 分) | 20 分 | |
| | | 理解相关理论知识，能根据本次任务要求制订合理计划(15 分) | | |
| | | 了解相关理论知识，有制订计划(10 分) | | |
| | | 没有制订计划(0 分) | | |
| 2 | 专业技能(40%) | 结果验证全部满足(40 分) | 40 分 | |
| | | 结果验证只有一个功能不能实现，其他功能全部实现(30 分) | | |
| | | 结果验证只有一个功能实现，其他功能全部没有实现(20 分) | | |
| | | 结果验证功能均未实现(0 分) | | |
| 3 | 核心素养(20%) | 具有良好的自主学习能力和分析解决问题的能力，任务过程中有指导他人(20 分) | 20 分 | |
| | | 具有较好的学习能力和分析解决问题的能力，任务过程中没有指导他人(15 分) | | |
| | | 能够主动学习并收集信息，有请教他人帮助解决问题的能力(10 分) | | |
| | | 不主动学习(0 分) | | |
| 4 | 课堂纪律(20%) | 设备无损坏，无干扰课堂秩序言行(20 分) | 20 分 | |
| | | 无干扰课堂秩序言行(10 分) | | |
| | | 有干扰课堂秩序言行(0 分) | | |

## 任务小结

在本次任务中，学生需要使用 Python 的依赖库完成对在线阅读网站的数据爬取的工作，并将爬取到的数据存入 MySQL 中。通过该任务，学生可以了解基本的网页结构，并使用爬虫程序对网页进行数据爬取。

## 任务拓展

在演示的案例里，只获取了 div class 属性为 block bd 的第一个 div 的值，代码为：

```
li_list = html.xpath('//div[@class="block bd"][1]/ul/li') #获取第一个 div 的 li 标签
```

如果是获取第二个值，代码为：

```
li_list = html.xpath('//div[@class="block bd"][2]/ul/li')
```

如果是获取所有 div 的值，代码为：

```
li_list = html.xpath('//div[@class="block bd"]/ul/li')
```

# 项目二 使用 feapder 爬虫框架爬取房屋租售数据

上一个案例我们写了一个单类爬虫(也可以称脚本级爬虫)，非常灵活。如果有多个网站采集需求并要求采集效率，显然是不够用的。接下来我们要使用爬虫框架来写网络爬虫，框架能帮我们实现很多功能，如爬虫中间件、下载中间件、分布式爬虫等。一句话就是，使用框架会让网络爬虫的编写更简单。

## 任务一　开发环境的准备和搭建

2.1 开发环境的准备和搭建

### 职业能力目标

通过本任务的教学，学生理解相关知识之后，应达成以下能力目标。

(1)　使用 feapder 爬虫框架内置命令行。

掌握常用命令用来生成项目、爬虫、item 等。

(2)　使用 feapder 爬虫框架开发爬虫。

熟悉框架，根据程序开发需求，使用 AirSpider 来完成爬虫开发。

## 任务描述与要求

### 任务描述

很多人在生活中离不开租房，我们可以采集租房信息入库方便查看。本次我们使用 feapder 爬虫框架来采集租房网站的信息。本任务为该项目的前置任务，将完成基础开发环境的准备和搭建工作。

### 任务要求

熟悉并掌握 feapder 框架内置的 AirSpider 爬虫的开发。

## 知识储备

feapder 框架的具体介绍如下。

(1) 拥有强大的数据监控能力，可保障数据质量。

(2) 内置多维度的报警程序(支持钉钉、飞书、企业微信、邮箱)。

(3) 简单易用，内置三种爬虫，可应对各种需求场景。

① AirSpider：轻量爬虫，学习成本低。面对一些数据量较少、无须断点续爬、无须分布式采集的需求，可采用此爬虫。

② Spider：分布式爬虫，适用于海量数据采集，支持断点续爬、爬虫报警、数据自动入库等功能。

③ BatchSpider：分布式批次爬虫。对于需要周期性采集的数据，优先考虑使用本爬虫。

feapder 虽然内置三种爬虫，但对于开发者暴露的接口一致。只需要继承不同的类即可，使用方式相同。

(4) 本次我们要先学习 AirSpider，再学习 Spider，最后学习 BatchSpider。因为后一个爬虫是基于前一个爬虫的完善而来的，与我们读书时的小学→初中→高中路线类似。

(5) 命令行工具为 feapder 内置支持的，可方便快速地用于创建项目、爬虫、item 以及调试请求等。

以下是 feapder 的安装过程，在命令行中输入命令，如图 2-1 所示。

```
pip install feapder
```

C:\Users\18600>pip install feapder
Collecting feapder

图 2-1 安装 feapder

## 任务计划与决策

使用命令行工具。

了解框架的常用命令，分为以下三个阶段。

(1) 查看支持的命令行。

(2) feapder create 内置创建命令。

(3) 通过命令行生成项目、爬虫、item。

根据所学相关知识，请制订完成本次任务的实施计划。

## 任务实施

关于命令行演示，具体如下。

(1) 按 Win+R 组合键，在弹出的“运行”对话框中输入“cmd”，单击“确定”按钮，打开命令行窗口，输入 feapder，如图 2-2 所示。

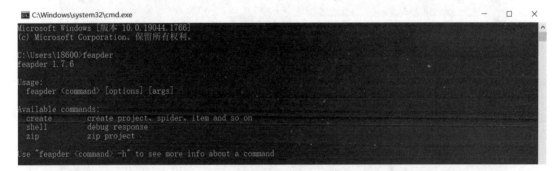


图 2-2 查看 feapder

可见 feapder 支持 create 及 shell 两种命令。

(2) feapder create 内置创建命令。使用 feapder create 命令可快速创建项目、爬虫、item 等。关于具体支持的命令，可输入以下命令查看使用帮助，命令执行情况如图 2-3 所示。

```
feapder create -h
```

图 2-3 查看 feapder 帮助说明

(3) 创建项目的语法格式如下，执行情况如图 2-4 所示。

```
feapder create -p <project_name>
```

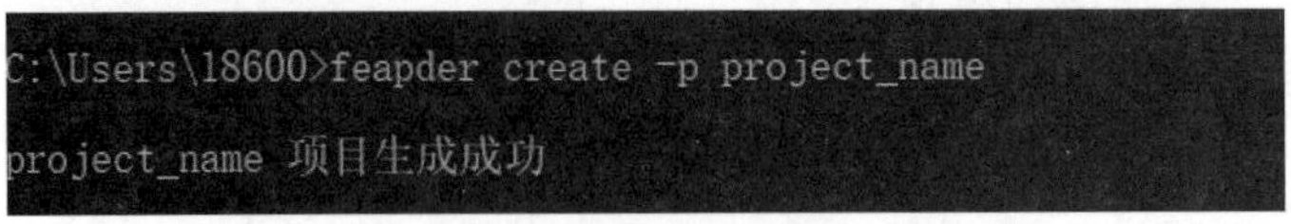


图 2-4　创建爬虫项目

使用 PyCharm 查看，在菜单栏中选择 File→Open 菜单命令，在弹出的 Open File Or Project 对话框中设置项目路径(见图 2-5)，在弹出的 Open Project 对话框中选中 Open in new Window 单选按钮。

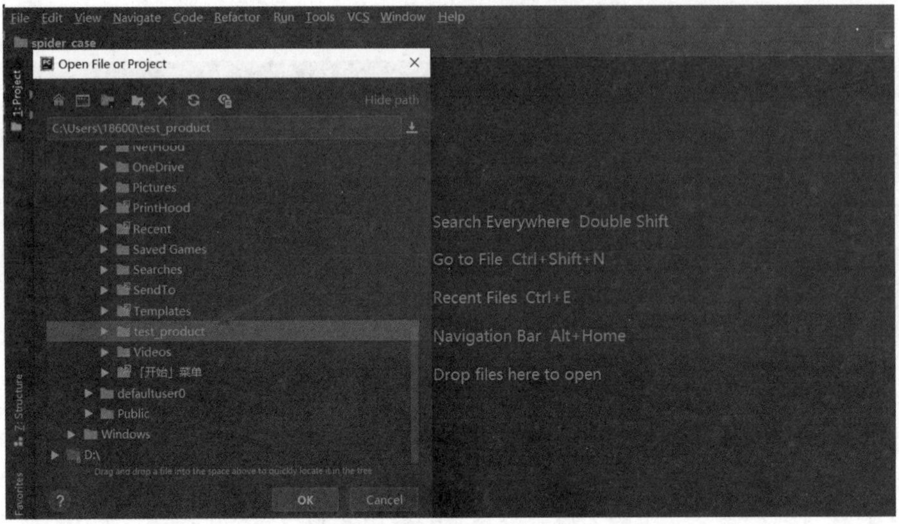


图 2-5　打开创建好的爬虫项目

生成如图 2-6 所示的信息。

图 2-6　查看爬虫项目结构

items：该文件夹存放与数据库表映射的 itm。

spiders：该文件夹存放爬虫脚本。

main.py：运行入口。

setting.py：爬虫配置文件。

若项目比较简单，则无须这个层次结构管理；也可不创建项目，直接创建爬虫。

(4) 创建爬虫。爬虫分为 3 种，本次我们学习第一种——轻量级爬虫(AirSpider)。其语法格式如下：

```
feapder create -s <spider_name> <spider_type>
```

AirSpider 对应的 spider_demo 值为 1。示例如下(见图 2-7)：

```
feapder create -s air_spider_demo 1
```

C:\Users\18600>feapder create -s air_spider_demo 1
AirSpiderDemo 生成成功

图 2-7　创建爬虫文件

进入生成的爬虫程序所在的目录，发现已经生成好了，如图 2-8 所示。

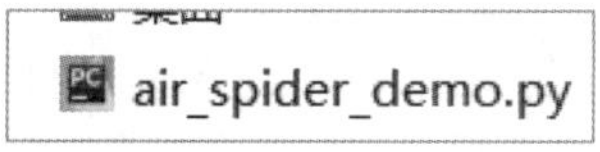
air_spider_demo.py

图 2-8　爬虫文件

生成的爬虫程序内容如下：

```
import feapder
class AirSpiderDemo(feapder.AirSpider):
    def start_requests(self):
        yield feapder.Request("https://spidertools.cn")

    def parse(self, requests, response):
        # 提取网站 title
        print(response.xpath("//title/text()").extract_first())
        # 提取网站描述
        print(response.xpath("//meta[@name='description']/@content").
            extract_first())
        print("网站地址: ", response.url)

if __name__ == "__main__":
    AirSpiderDemo().start()
```

若为项目结构，建议先进入到 spiders 目录下，再创建爬虫。

(5)　创建 item。item 为与数据库表的映射，与数据入库的逻辑相关。在使用此命令前，需在数据库中创建好表，且在 setting.py 中配置好数据库连接地址。语法命令如下：

```
feapder create -i <item_name>
```

我们可以用上个案例的 book 表来进行练习。上个案例的结果如图 2-9 所示。

字段　索引　外键　触发器　选项　注释　SQL 预览

| 名 | 类型 | 长度 | 小数点 | 不是 null | 虚拟 | 键 | 注释 |
|---|---|---|---|---|---|---|---|
| id | int | 255 | | ☑ | ☐ | 1 | 主键 |
| book_name | varchar | 255 | | ☐ | ☐ | | 书名 |
| author | varchar | 255 | | ☐ | ☐ | | 作者 |
| book_type | varchar | 255 | | ☐ | ☐ | | 类型 |
| state | varchar | 255 | | ☐ | ☐ | | 更新状态 |
| book_url | varchar | 255 | | ☐ | ☐ | | 小说地址 |

图 2-9　表结构

配置 setting.py，连接方式换成自己数据库的基本信息。比如：IP 换为本机“localhost”，端口为 3306，指定数据库为 spider_case，用户名为 root，密码为 123，如图 2-10 所示。

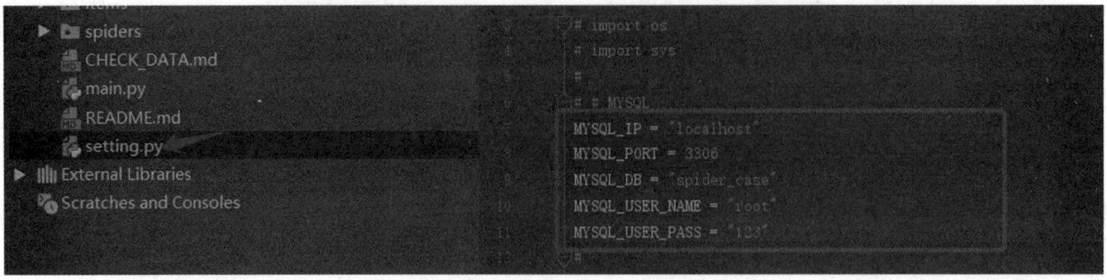


图 2-10　配置 MySQL 连接信息

在刚刚创建项目的命令窗口中输入命令，进入项目目录 test_product，再输入命令，进入 items 目录，如图 2-11 所示。

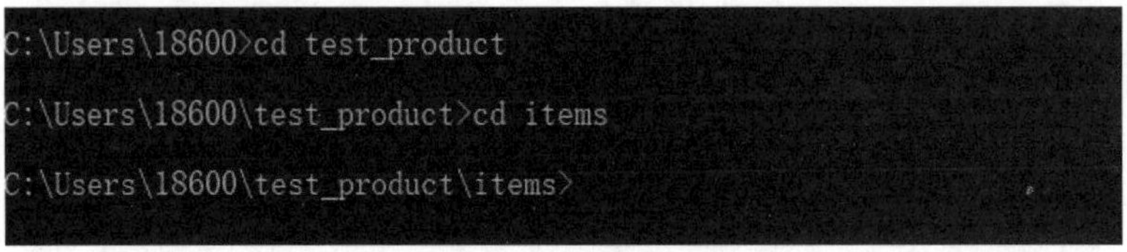


图 2-11　进入到项目目录

示例如下：

```
feapder create -i book
```

执行示例命令，结果如图 2-12 所示。

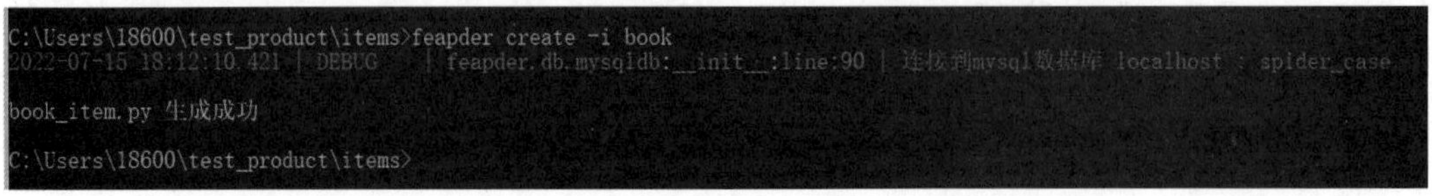

C:\Users\18600\test_product\items>feapder create -i book
book_item.py 生成成功
C:\Users\18600\test_product\items>


图 2-12　创建 item

Items 目录页就创建好了，如图 2-13 所示。

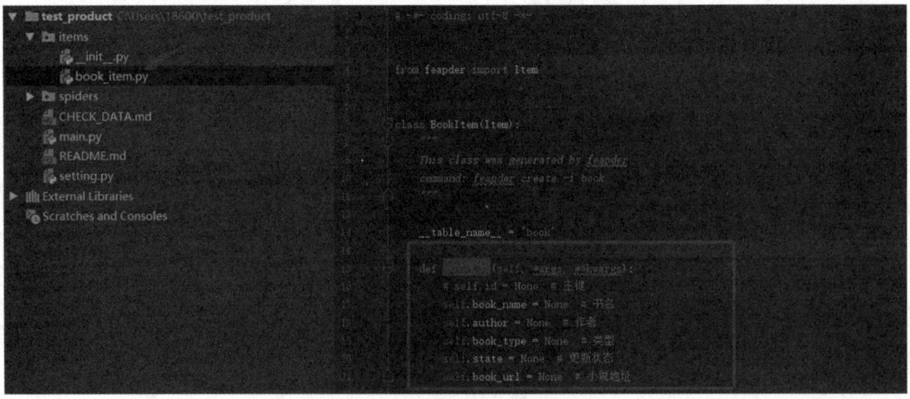


图 2-13　生成后的 item 代码

Request 为 feapder 的下载器，基于 requests 进行了封装，因此支持 requests 的所有参数。可以直接调用框架中的 Request 发起请求，使用示例如下：

```
from feapder import Request

requests = Request("https://www.baidu.com", data={}, params=None)
response = requests.get_response()
print(response)
```

返回的 response 支持 xpath、css 等表达式。

Request 除了支持 requests 的所有参数外，更需要关心的是框架中支持的参数。参数详解如下。

```
@summary: Request 参数
---------
#框架参数
@param url: 待抓取 url
@param retry_times: 当前重试次数
@param priority: 请求优先级。越小越优先，默认为 300
@param parser_name: 回调函数所在的类名，默认为当前类
@param callback: 回调函数。可以是函数，也可是函数名(如想跨类回调时，parser_name 指定那个类名，callback 指定那个类想回调的方法名即可)
@param filter_repeat: 是否需要去重(True/False)。当 setting 中的 REQUEST_FILTER_ENABLE 设置为 True 时，该参数生效。默认为 True
@param auto_request: 是否需要自动请求下载网页，默认是。设置为 False 时，返回的 response 为空，需要自己去请求网页
@param request_sync: 是否同步请求下载网页，默认为异步。如果该请求 url 过期时间快，可设置为 True，相当于 yield 的 requests 会立即响应，而不是去排队
@param use_session: 是否使用 session 方式
@param random_user_agent: 是否随机 User-Agent (True/False)。当 setting 中的 RANDOM_HEADERS 设置为 True 时，该参数生效。默认为 True
@param download_midware: 下载中间件。默认为 parser 中的 download_midware
@param is_abandoned: 当发生异常时，是否放弃重试(True/False)。默认为 False
@param render: 是否用浏览器渲染
@param render_time: 渲染时长，即打开网页等待指定时间后再获取源码
--
#以下参数与 requests 参数使用方式一致
@param method: 请求方式，如 POST 或 GET。默认根据 data 值是否为空来判断
@param params: 请求参数
@param data: 请求 body
@param json: 请求 json 字符串，同 json.dumps(data)
@param headers:
@param cookies: 字典或 CookieJar 对象
@param files:
@param auth:
@param timeout: (浮点或元组)等待服务器数据的超时限制。是一个浮点数，或是一个(connect timeout, read timeout) 元组
@param allow_redirects: Boolean。True 表示允许跟踪 POST/PUT/DELETE 方法的重定向
@param proxies: 代理 {"http":"http://xxx", "https":"https://xxx"}
@param verify: 为 True 时将会验证 SSL 证书
@param stream: 如果为 False，将会立即下载响应内容
@param cert:
```

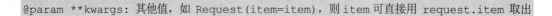

```
--
@param **kwargs: 其他值，如 Request(item=item)，则 item 可直接用 request.item 取出
```

## 任务检查与评价

完成任务实施后，进行任务检查与评价，具体检查评价表如表 2-1 所示。

表 2-1　任务检查评价表

<table>
<tr><td colspan="2">项目名称</td><td colspan="3">使用 feapder 爬虫框架爬取房屋租售数据</td></tr>
<tr><td colspan="2">任务名称</td><td colspan="3">开发环境的准备和搭建</td></tr>
<tr><td colspan="2">评价方式</td><td colspan="3">可采用自评、互评、老师评价等方式</td></tr>
<tr><td colspan="2">说明</td><td colspan="3">主要评价学生在学习项目过程中的操作技能、理论知识、学习态度、课堂表现、学习能力等</td></tr>
<tr><td colspan="5">评价内容与评价标准</td></tr>
<tr><td>序号</td><td>评价内容</td><td>评价标准</td><td>分值</td><td>得分</td></tr>
<tr><td rowspan="4">1</td><td rowspan="4">知识运用<br>(20%)</td><td>掌握相关理论知识；理解本次任务要求；制订详细计划，计划条理清晰、逻辑正确(20 分)</td><td rowspan="4">20 分</td><td rowspan="4"></td></tr>
<tr><td>理解相关理论知识，能根据本次任务要求制订合理计划(15 分)</td></tr>
<tr><td>了解相关理论知识，有制订计划(10 分)</td></tr>
<tr><td>没有制订计划(0 分)</td></tr>
<tr><td rowspan="4">2</td><td rowspan="4">专业技能<br>(40%)</td><td>结果验证全部满足(40 分)</td><td rowspan="4">40 分</td><td rowspan="4"></td></tr>
<tr><td>结果验证只有一个功能不能实现，其他功能全部实现(30 分)</td></tr>
<tr><td>结果验证只有一个功能实现，其他功能全部没有实现(20 分)</td></tr>
<tr><td>结果验证功能均未实现(0 分)</td></tr>
<tr><td rowspan="4">3</td><td rowspan="4">核心素养<br>(20%)</td><td>具有良好的自主学习能力和分析解决问题的能力，任务过程中有指导他人(20 分)</td><td rowspan="4">20 分</td><td rowspan="4"></td></tr>
<tr><td>具有较好的学习能力和分析解决问题的能力，任务过程中没有指导他人(15 分)</td></tr>
<tr><td>能够主动学习并收集信息，有请教他人帮助解决问题的能力(10 分)</td></tr>
<tr><td>不主动学习(0 分)</td></tr>
<tr><td rowspan="3">4</td><td rowspan="3">课堂纪律<br>(20%)</td><td>设备无损坏，无干扰课堂秩序言行(20 分)</td><td rowspan="3">20 分</td><td rowspan="3"></td></tr>
<tr><td>无干扰课堂秩序言行(10 分)</td></tr>
<tr><td>有干扰课堂秩序言行(0 分)</td></tr>
</table>

## 任务小结

本次任务中，我们了解了 feapder 的框架简介及功能，学生需要熟练掌握框架的内置命令。学习到了创建项目、爬虫、item，配置 setting 文件的方法。通过该任务的学习，可以使学生快速进入后续阶段的实战。

## 任务拓展

默写常用内置指令。

(1) 创建项目。

(2) 创建爬虫。

(3) 创建 item。

# 任务二 爬虫程序实践

2.2 爬虫程序实践

## 职业能力目标

根据需求，使用爬虫框架 feapder 内置的 AirSpider 爬虫从网上爬取数据并存储到 MySQL 数据库。

## 任务描述与要求

**爬取租房网站数据**

经过任务一的学习，学生已经对 feapder 框架有了初步的认识。在本任务中，我们将把所学到的知识应用到爬虫开发中；根据我们的需求，对网络数据进行爬取，并存入 MySQL 数据库。

## 知识储备

前面我们学习了框架内置命令，下面介绍 item。

(1) 数据入库。数据自动入库，除了根据 MySQL 的表生成 item 外，也可以直接给 item 赋值，示例如下：

```
from feapder import Item

item = Item()
item.table_name = "test_data" # 表名
item.title = title
yield item
```

等价于用以下方式生成 item：

```
from feapder import Item

 class SpiderDataItem(Item):
    """
    This class was generated by feapder.
    command: feapder create -i test_data.
    """

    def __init__(self, *args, **kwargs):
```

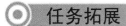

```
        # self.id = None
        self.title = None
```

使用直接赋值方式：

```
item = SpiderDataItem()
item.title = title
yield item
```

(2) item 指纹。item 指纹用于数据入库前的去重，默认为所有字段值排序后计算的 Md5。但当数据中有采集时间时，这种指纹计算方式明显不合理。因此，可以通过以下方法指定参与去重的 key：

```
from feapder import Item


class SpiderDataItem(Item):

    __unique_key__ = ["title", "url"]
    # 指定去重的 key 为 title、url，最后的指纹为 title 与 url 值联合计算的 md5

    def __init__(self, *args, **kwargs):
        # self.id = None
        self.title = None
        self.url = None
        self.crawl_time = None
```

或可通过以下方式指定__unique_key__：

```
item = SpiderDataItem()
item.unique_key =  ["title", "url"] # 支持列表、元组、字符串
```

或者重写指纹函数，代码如下：

```
from feapder import Item


class SpiderDataItem(Item):
    ...

    @property
    def fingerprint(self):
        return "我是指纹"
```

(3) 入库前对 item 进行处理。pre_to_db 函数为每个 item 入库前的回调函数，可通过此函数对数据进行处理。代码如下：

```
from feapder import Item


class SpiderDataItem(Item):

    def __init__(self, *args, **kwargs):
        # self.id = None
        self.title = None
```

```
    def pre_to_db(self):
        """
        入库前的处理
        """
        self.title = self.title.strip()
```

(4) 更新数据。采集过程中，往往会有些数据漏采或解析出错，如果我们想更新已入库的数据，可将 Item 转为 UpdateItem：

```
item = SpiderDataItem.to_UpdateItem()
```

或直接修改继承类：

```
from feapder import Item,UpdateItem

class SpiderDataItem(UpdateItem):
...
```

(5) UpdateItem。UpdateItem 用于更新数据，继承至 Item，所以使用方式基本与 Item 一致。应用场景：比如某同一个商品的评论量，今天是 500，明天我们需要更新一下评论，此时就可以指定更新评论数这个字段，就比较适合用这个更新逻辑。其更新逻辑是借助了数据库的唯一索引，即插入数据时发现数据已存在，则更新。因此要求数据表存在唯一索引，才能使用 UpdateItem。比如将 title 设置为唯一，要求每条数据的 title 都不能重复，如图 2-14 所示。

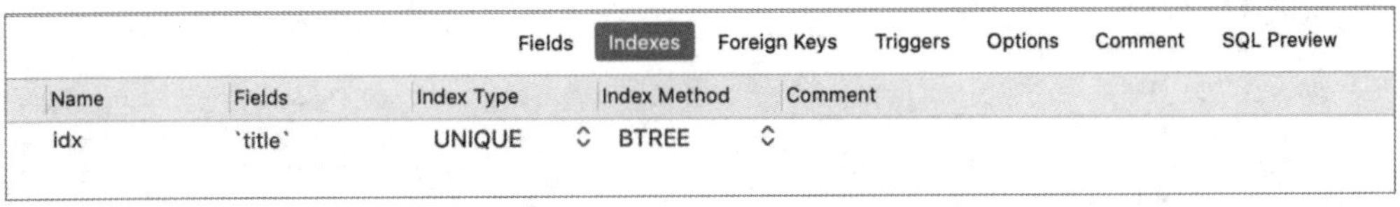


图 2-14　title 单唯一索引

或联合索引，要求 title 与 url 不能同时重复，如图 2-15 所示。

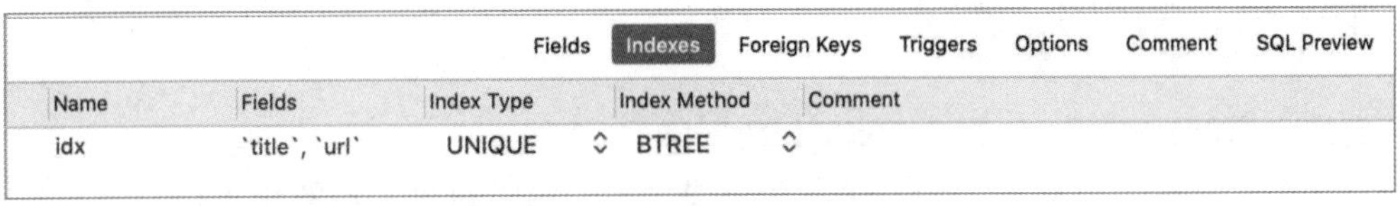


图 2-15　title、url 双唯一索引

指定更新的字段，具体如下。

方式 1：指定__update_key__。代码如下：

```
from feapder import UpdateItem


class SpiderDataItem(UpdateItem):

    __update_key__ = ["title"] # 更新title字段

    def __init__(self, *args, **kwargs):
        # self.id = None
```

```
        self.title = None
        self.url = None
```

方式 2：为 update_key 赋值。代码如下：

```
from feapder import UpdateItem


class SpiderDataItem(UpdateItem):


    def __init__(self, *args, **kwargs):
        # self.id = None
        self.title = None
        self.url = None

item = SpiderDataItem()
item.update_key = "title"    # 支持列表、元组、字符串
```

方式 3：将普通的 item 转为 UpdateItem，然后再指定更新的 key。代码如下：

```
from feapder import Item


class SpiderDataItem(Item):


    def __init__(self, *args, **kwargs):
        # self.id = None
        self.title = None
        self.url = None

item = SpiderDataItem()
item = item.to_UpdateItem()
item.update_key = "title"
```

推荐使用方式 1，直接修改 Item 类，而不用修改爬虫代码。

## 任务计划与决策

爬取租房网站数据，并存入 MySQL 数据库。

在地产行业蓬勃发展的今天，房屋租售成为大众每时每刻关注的焦点，与此同时，租售数据每日剧增。若想分析挖掘到其中的价值，就需要对其进行爬取。数据爬取主要包含以下两个方面。

(1) 能使用 AirSpider 进行数据爬取。

(2) 将爬取到的数据存储到 MySQL 数据库。

根据所学相关知识，请制订完成本次任务的实施计划。

## 任务实施

首先，我们要确定好目标网站，即租房网站(例如 https://bj.5i5j.com/zufang/n1/)，如图 2-16 所示。

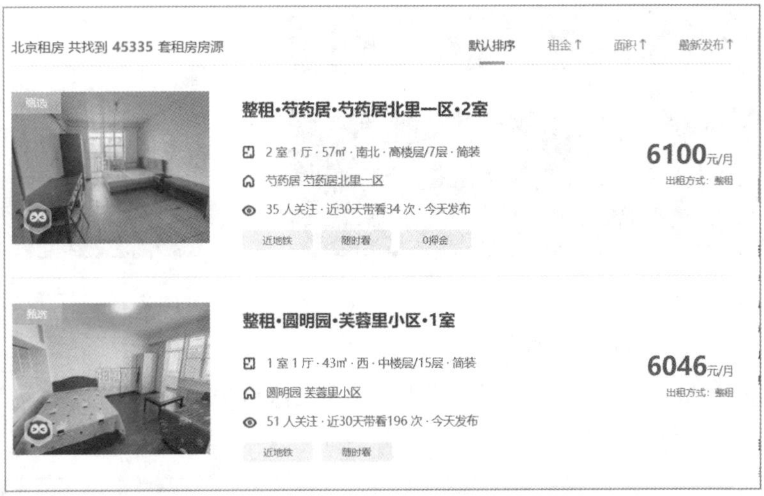


图 2-16 租房网站截图

(1) 创建项目。在前面的内容里我们学习了使用内置命令行创建项目，接下来我们就开始实操。按 Win+R 组合键，在弹出的“运行”对话框中输入“cmd”，单击“确定”按钮，打开一个命令行窗口，如图 2-17 所示。

图 2-17 命令行窗口

在命令行中输入“d:”，进入 D 盘，如图 2-18 所示。

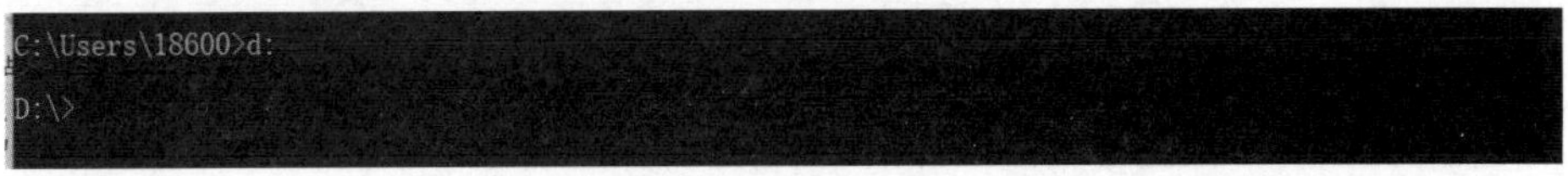


图 2-18 进入 D 盘

使用命令生成项目，如图 2-19 所示。

图 2-19 创建爬虫项目

使用 PyCharm 打开项目，在菜单栏中选择 File→Open 命令，在弹出的界面中选择项目，如图 2-20 所示。

在弹出的对话框中选中 Open in new window 单选按钮，以便新打开一个窗口，单击 OK 按钮，如图 2-21 所示。

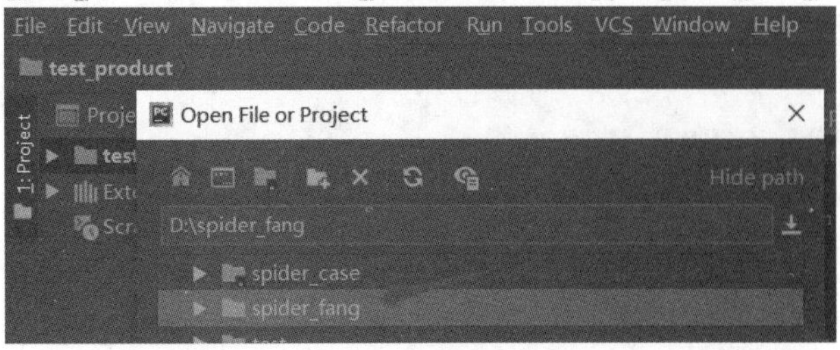


图 2-20　打开项目

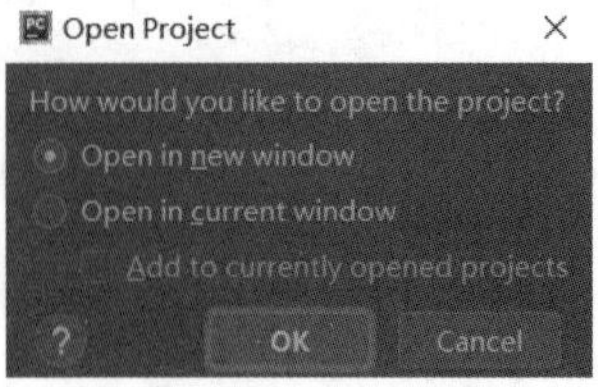


图 2-21　打开项目窗口

打开窗口之后，在菜单栏选择 File→setting 命令，在弹出的界面中选择 Project Interpreter 选项，在下拉列表框中选择 Python 的安装目录，单击 OK 按钮。这时候我们的 PyCharm 环境就配置好了，如图 2-22 所示。

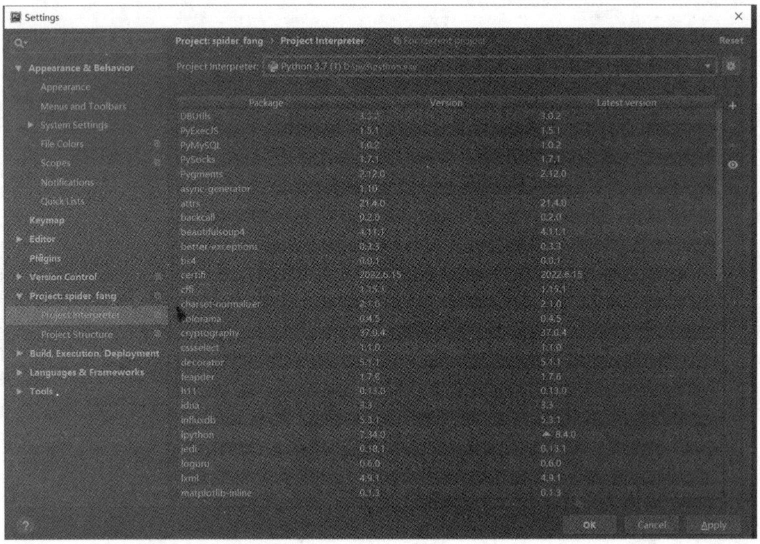


图 2-22　查看当前环境

(2)　抓列表。使用谷歌浏览器打开网站，按 F12 功能键，下拉到翻页这里。单击左下角的小箭头，单击页数查看 HTML 代码，如图 2-23 所示。

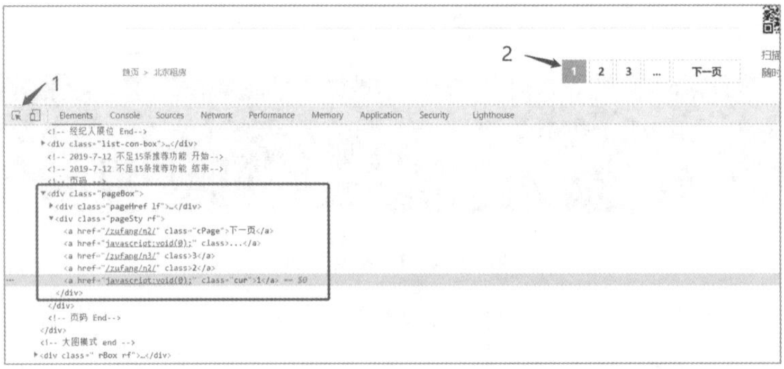


图 2-23　网页代码

每当单击“下一页”按钮时，地址栏中 n 后面的值就会随着翻页而变，说明 n 后面的值就是页数，这样的话我们可以自己组织采集多少页作为列表页，如图 2-24 所示。

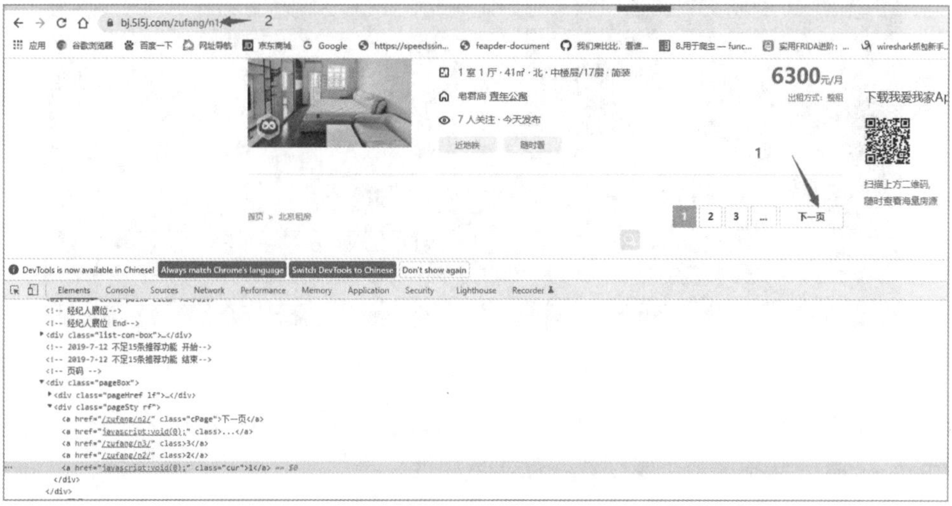


图 2-24　翻页代码

(3) 创建爬虫。使用以下命令进入项目目录，结果如图 2-25 所示。

```
cd spider_fang
```

图 2-25　项目目录

再使用以下命令进入爬虫目录，结果如图 2-26 所示。

```
cd spiders
```

图 2-26　项目爬虫目录

使用命令生成 AirSpider 爬虫，结果如图 2-27 所示。

```
feapder create -s air_fang_spider 1
```

D:\spider_fang\spiders>feapder create -s air_fang_spider 1
AirFangSpider 生成成功
D:\spider_fang\spiders>


图 2-27　生成爬虫

这时候发现 spiders 目录下已经有个爬虫文件了，如图 2-28 所示。

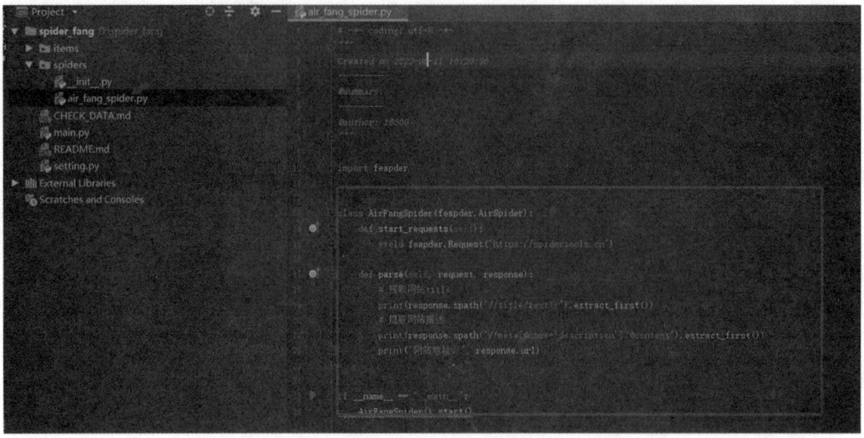

图 2-28　生成的爬虫代码

(4) 抓取列表页。经过上面对列表页的分析，就可以开始编写翻页代码了，我们需要在 start_requests 方法中编写下发任务，也就是翻页。

```
class AirFangSpider(feapder.AirSpider):
    def start_requests(self):
        # 下发任务：下发 1~14 页列表任务
        for i in range(1, 15):
            yield feapder.Request("https://bj.5i5j.com/zufang/n{}/".format(i))

    def parse(self, requests, response):
        print(response.text) # 打印请求结果


if __name__ == "__main__":
AirFangSpider().start()
```

运行结果如图 2-29 所示。

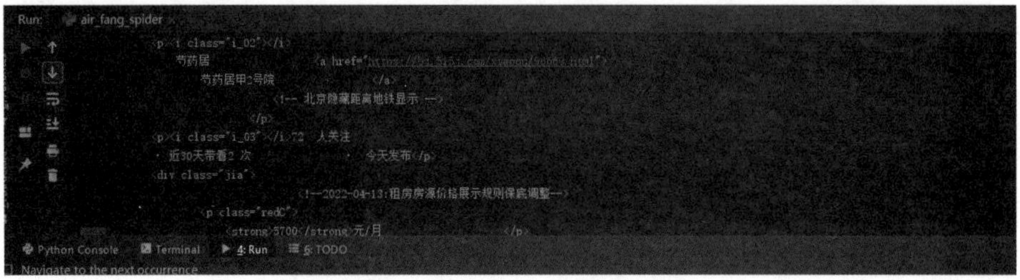

图 2-29　列表页函数运行结果

(5) 抓取详情页，代码如下(见图 2-30)：

```
def parse(self, requests, response):
        # 获取所有 li 标签
        article_list = response.xpath('//div[@class="list-con-box"]/
            ul[@class="pList rentList"]/li')
        for article in article_list:
            url = article.xpath('./div[@class="listCon"]/h3/a/
                @href').extract_first()
            # 获取链接并赋值到 item 字段
```

```
        title = article.xpath('./div[@class="listCon"]/h3/a/
           text()').extract_first()          # 获取第一个
        # 获取房间信息并赋值到 item 字段
        iroom_type = article.xpath('./div[@class="listCon"]/
           div[1]/p[1]/text()').extract_first()
        # 获取房间地址并赋值到 item 字段
        addr = article.xpath('./div[@class="listCon"]/
           div[1]/p[2]/text()').extract_first()
        # 获取价格并赋值到 item 字段
        price = article.xpath('./div[@class="listCon"]/div[1]/div/p/strong/
           text()').extract_first()
        print('title:%s,addr:%s,price:%s' % (title, addr, price))
```

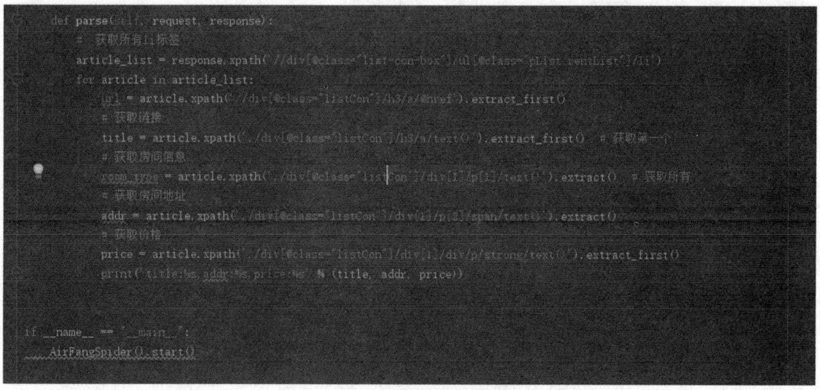

图 2-30　详情页解析函数

运行结果如图 2-31 所示。

图 2-31　详情页解析结果

(6) 创建表。此次抓取字段所需要保存的表 tenement，如图 2-32 所示。

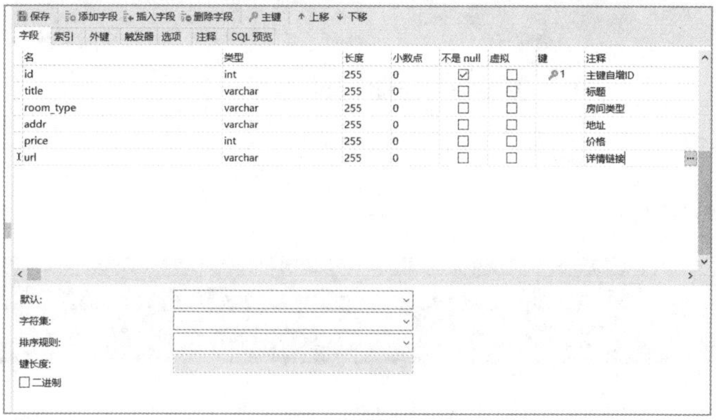


图 2-32　表结构

SQL 代码如下：

```
SET NAMES utf8mb4;
SET FOREIGN_KEY_CHECKS = 0;
-- ----------------------------
-- Table structure for tenement
-- ----------------------------
DROP TABLE IF EXISTS 'tenement';
CREATE TABLE 'tenement'  (
  'id' int(255) NOT NULL AUTO_INCREMENT COMMENT '主键自增ID',
  'title' varchar(255) CHARACTER SET utf8 COLLATE utf8_general_ci NULL DEFAULT
    NULL COMMENT '标题',
  'room_type' varchar(255) CHARACTER SET utf8 COLLATE utf8_general_ci NULL
    DEFAULT NULL COMMENT '房间类型',
  'addr' varchar(255) CHARACTER SET utf8 COLLATE utf8_general_ci NULL DEFAULT
    NULL COMMENT '地址',
  'price' int(255) NULL DEFAULT NULL COMMENT '价格',
  'url' varchar(255) CHARACTER SET utf8 COLLATE utf8_general_ci NULL DEFAULT
    NULL COMMENT '详情链接',
  PRIMARY KEY ('id') USING BTREE
  ) ENGINE = InnoDB AUTO_INCREMENT = 421 CHARACTER SET = utf8 COLLATE =
    utf8_general_ci ROW_FORMAT = Dynamic;

SET FOREIGN_KEY_CHECKS = 1;
```

(7) 创建 item。item 为与数据库表的映射，与数据入库的逻辑相关。在使用此命令前，需要在数据库中创建好表，且在 setting.py 中配置好数据库连接地址，如图 2-33 所示。

```
REDISDB_IP_PORTS = "localhost:6379"
REDISDB_USER_PASS = ""
REDISDB_DB = 0
```

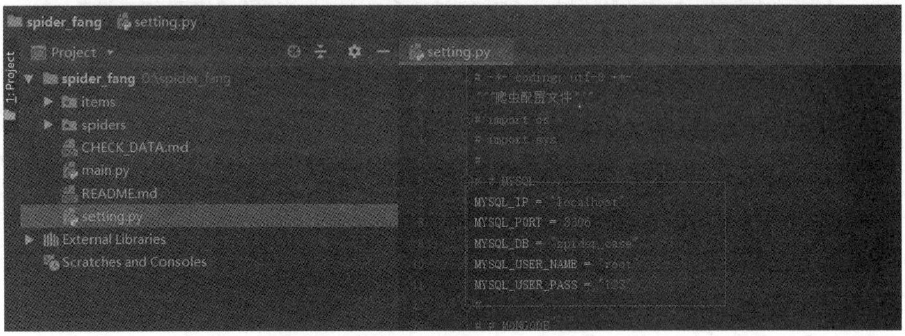


图 2-33　配置 Redis 连接信息

使用以下命令退出当前目录，结果如图 2-34 所示。

```
cd ..
```

图 2-34　退出当前目录

使用以下命令进入 items 目录，结果如图 2-35 所示。

```
cd items
```

D:\spider_fang>cd items
D:\spider_fang\items>

表 2-35　进入 items 目录

使用以下命令生成 item。

```
feapder create -i tenement
```

执行结果如图 2-36 所示。

D:\spider_fang\spiders>cd ..
D:\spider_fang>cd items
D:\spider_fang\items>feapder create -i tenement
2022-07-15 17:02:35.555 | DEBUG | feapder.db.mysqldb:__init__:line:90 | 连接到mysql数据库 localhost : spider_case
tenement_item.py 生成成功

图 2-36　生成 item

再回去看 PyCharm 时，发现 item 已经生成好了，如图 2-37 所示。

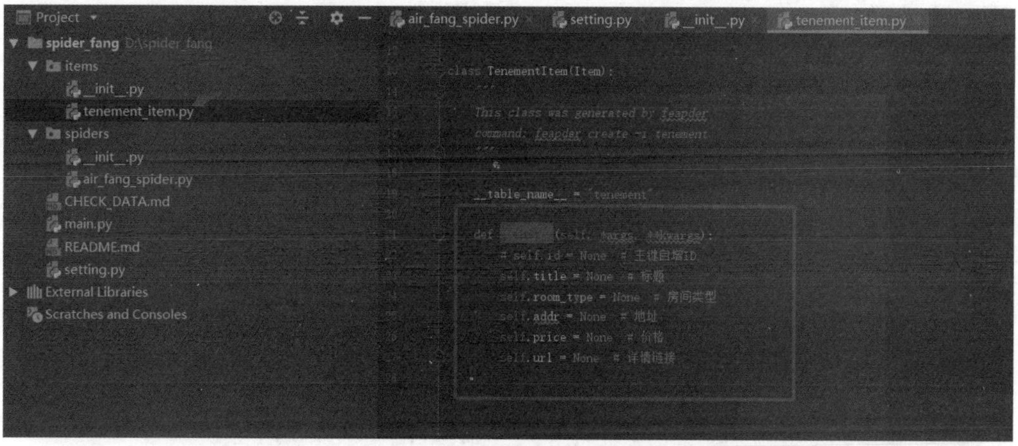


图 2-37　生成的 item 代码

(8) 执行入库操作。我们再回到 air_fang_spider.py 爬虫里，把 feapder 的 item 导入进来，如图 2-38 所示。

```
from feapder import Item
```

图 2-38　引入 Item

修改 parse 方法里的代码，执行入库(见图 2-39)：

```
def parse(self, requests, response):
    #  获取所有 li 标签
    article_list = response.xpath('//div[@class="list-con-box"]/
        ul[@class="pList rentList"]/li')
    for article in article_list:
        item = Item()
        item.table_name = "tenement"  # 表名
        item.url = article.xpath('./div[@class="listCon"]/h3/a/
            @href').extract_first()
        # 获取链接并赋值到 item 字段
        item.title = article.xpath('./div[@class="listCon"]/h3/a/
            text()').extract_first()  # 获取第一个
        # 获取房间信息并赋值到 item 字段
        item.room_type = article.xpath('./div[@class="listCon"]/div[1]/
            p[1]/text()').extract_first()
        # 获取房间地址并赋值到 item 字段
        item.addr = article.xpath('./div[@class="listCon"]/div[1]/p[2]/
            text()').extract_first()
        # 获取价格并赋值到 item 字段
        item.price = article.xpath('./div[@class="listCon"]/div[1]/div/p/
            strong/text()').extract_first()
        yield item
```

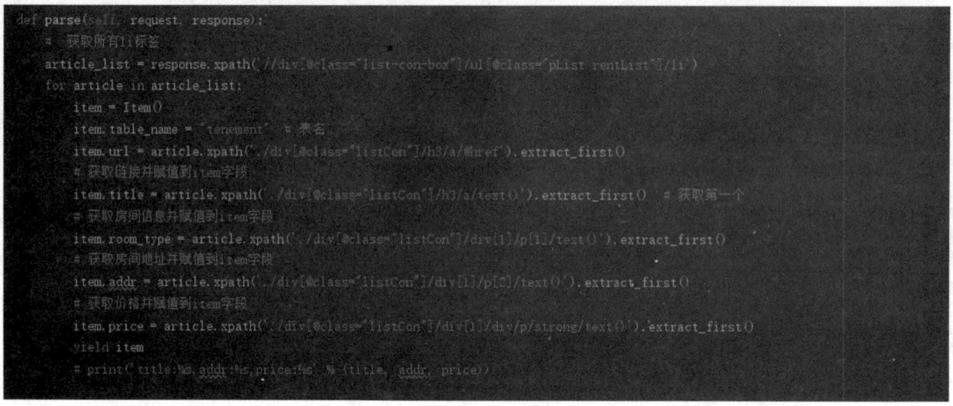

图 2-39　通过 Item 赋值

运行结果如图 2-40 所示。

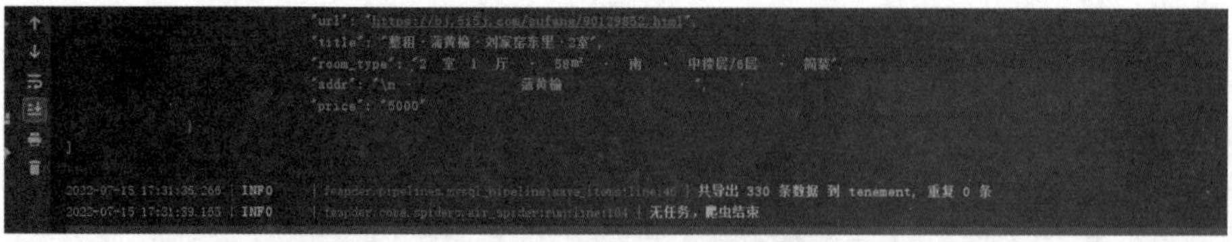

图 2-40　入库运行结果

表中的内容如图 2-41 所示。

| id | title | room_type | addr | price | url |
|---|---|---|---|---|---|
| 1 | 整租·三里屯·华源之星· | 2 室 1 厅 · 90㎡ · | 三里屯 | 9500 | https://bj.5i5j.com/z |
| 2 | 整租·看丹桥·新华街七 | 2 室 1 厅 · 59㎡ · | 看丹桥 | 5000 | https://bj.5i5j.com/z |
| 3 | 整租·后沙峪·国兴城·2 | 2 室 1 厅 · 91㎡ · | 后沙峪 | 5399 | https://bj.5i5j.com/z |
| 4 | 整租·宣武门·前门西大 | 2 室 1 厅 · 57㎡ · | 宣武门 | 7410 | https://bj.5i5j.com/z |
| 5 | 整租·清河·永泰庄6号院 | 2 室 1 厅 · 53㎡ · | 清河 | 5900 | https://bj.5i5j.com/z |
| 6 | 整租·皂君庙·青年公寓· | 1 室 1 厅 · 34㎡ · | 皂君庙 | 6600 | https://bj.5i5j.com/z |
| 7 | 整租·北苑·北苑家园绣 | 3 室 1 厅 · 110㎡ · | 北苑 | 7300 | https://bj.5i5j.com/z |
| 8 | 整租·建国门外·长安6 | 1 室 1 厅 · 45㎡ · | 建国门外 | 6000 | https://bj.5i5j.com/z |
| 9 | 整租·陶然亭·虎坊路小 | 2 室 1 厅 · 40㎡ · | 陶然亭 | 5700 | https://bj.5i5j.com/z |
| 10 | 整租·菜户营·万润风景 | 2 室 1 厅 · 51㎡ · | 菜户营 | 5000 | https://bj.5i5j.com/z |
| 11 | 整租·中关村·东南小区· | 2 室 1 厅 · 64㎡ · | 中关村 | 9800 | https://bj.5i5j.com/z |
| 12 | 整租·定慧寺·恩济里·2 | 2 室 1 厅 · 59㎡ · | 定慧寺 | 6600 | https://bj.5i5j.com/z |
| 13 | 整租·五道口·展春园小 | 2 室 1 厅 · 44㎡ · | 五道口 | 7200 | https://bj.5i5j.com/z |
| 14 | 整租·安贞·安华里一区· | 2 室 1 厅 · 62㎡ · | 安贞 | 7500 | https://bj.5i5j.com/z |
| 15 | 整租·亚运村·慧忠里C区 | 1 室 1 厅 · 47㎡ · | 亚运村 | 5700 | https://bj.5i5j.com/z |
| 16 | 整租·科技园区·设计师 | 1 室 1 厅 · 47㎡ · | 科技园区 | 4200 | https://bj.5i5j.com/z |
| 17 | 整租·小西天·索家坟·1 | 1 室 1 厅 · 45㎡ · | 小西天 | 5600 | https://bj.5i5j.com/z |
| 18 | 整租·海淀北部新区·万 | 2 室 1 厅 · 67㎡ · | 海淀北部新区 | 6500 | https://bj.5i5j.com/z |
| 19 | 整租·龙泽·融泽嘉园2号 | 1 室 1 厅 · 62㎡ · | 龙泽 | 6300 | https://bj.5i5j.com/z |
| 20 | 整租·高碑店·金隅泰和 | 2 室 1 厅 · 74㎡ · | 高碑店 | 6300 | https://bj.5i5j.com/z |
| 21 | 整租·朝阳其它·东方瑞 | 2 室 1 厅 · 76㎡ · | 朝阳其它 | 6000 | https://bj.5i5j.com/z |
| 22 | 整租·望京·花家地西里- | 2 室 1 厅 · 60㎡ · | 望京 | 6400 | https://bj.5i5j.com/z |
| 23 | 整租·魏公村·万寿寺北 | 1 室 1 厅 · 33㎡ · | 魏公村 | 6500 | https://bj.5i5j.com/z |
| 24 | 整租·方庄·芳星园一区· | 2 室 1 厅 · 57㎡ · | 方庄 | 5600 | https://bj.5i5j.com/z |
| 25 | 整租·朝阳门外·芳草地 | 1 室 1 厅 · 40㎡ · | 朝阳门外 | 6150 | https://bj.5i5j.com/z |
| 26 | 整租·管庄·京通苑·2室 | 2 室 1 厅 · 72㎡ · | 管庄 | 5900 | https://bj.5i5j.com/z |
| 27 | 整租·皂君庙·天作国际· | 1 室 1 厅 · 38㎡ · | 皂君庙 | 7000 | https://bj.5i5j.com/z |
| 28 | 整租·方庄·GOGO新世 | 2 室 1 厅 · 57.79㎡ | 方庄 | 6200 | https://bj.5i5j.com/z |
| 29 | 整租·石佛营·石佛营东 | 2 室 1 厅 · 65㎡ · | 石佛营 | 5600 | https://bj.5i5j.com/z |
| 30 | 整租·甘露园·甘露园南 | 1 室 1 厅 · 50㎡ · | 甘露园 | 4800 | https://bj.5i5j.com/z |

图 2-41　存入到 MySQL 的结果

完整代码如下：

```
import feapder
from feapder import Item

class AirFangSpider(feapder.AirSpider):
    def start_requests(self):
        # 下发任务：下发 1~14 页列表任务
        for i in range(1, 14):
            yield feapder.Request("https://bj.5i5j.com/zufang/n{}/".format(i))

    def parse(self, requests, response):
        #  获取所有 li 标签
        article_list = response.xpath('//div[@class="list-con-box"]/
            ul[@class="pList rentList"]/li')
        for article in article_list:
            item = Item()
            item.table_name = "tenement"  # 表名
            item.url = article.xpath('./div[@class="listCon"]/h3/a/
                @href').extract_first()
            # 获取链接并赋值到 item 字段
            item.title = article.xpath('./div[@class="listCon"]/h3/a/
                text()').extract_first()  # 获取第一个
            # 获取房间信息并赋值到 item 字段
            item.room_type = article.xpath('./div[@class="listCon"]/div[1]/
                p[1]/text()').extract_first()
            # 获取房间地址并赋值到 item 字段
            item.addr = article.xpath('./div[@class="listCon"]/div[1]/p[2]/
                text()').extract_first()
            # 获取价格并赋值到 item 字段
            item.price = article.xpath('./div[@class="listCon"]/div[1]/div/p/
                strong/text()').extract_first()
```

```
        yield item
        # print('title:%s,addr:%s,price:%s' % (title, addr, price))


if __name__ == "__main__":
    AirFangSpider().start()
```

## 任务检查与评价

完成任务实施后，进行任务检查与评价，具体检查评价表如表 2-2 所示。

**表 2-2　任务检查评价表**

<table>
<tr><td colspan="2">项目名称</td><td colspan="3">使用 feapder 爬虫框架爬取房屋租售数据</td></tr>
<tr><td colspan="2">任务名称</td><td colspan="3">爬虫程序实践</td></tr>
<tr><td colspan="2">评价方式</td><td colspan="3">可采用自评、互评、老师评价等方式</td></tr>
<tr><td colspan="2">说明</td><td colspan="3">主要评价学生在学习项目过程中的操作技能、理论知识、学习态度、课堂表现、学习能力等</td></tr>
<tr><td colspan="5">评价内容与评价标准</td></tr>
<tr><td>序号</td><td>评价内容</td><td>评价标准</td><td>分值</td><td>得分</td></tr>
<tr><td rowspan="4">1</td><td rowspan="4">知识运用<br>(20%)</td><td>掌握相关理论知识；理解本次任务要求；制订详细计划，计划条理清晰、逻辑正确(20 分)</td><td rowspan="4">20 分</td><td rowspan="4"></td></tr>
<tr><td>理解相关理论知识，能根据本次任务要求制订合理计划(15 分)</td></tr>
<tr><td>了解相关理论知识，有制订计划(10 分)</td></tr>
<tr><td>没有制订计划(0 分)</td></tr>
<tr><td rowspan="4">2</td><td rowspan="4">专业技能<br>(40%)</td><td>结果验证全部满足(40 分)</td><td rowspan="4">40 分</td><td rowspan="4"></td></tr>
<tr><td>结果验证只有一个功能不能实现，其他功能全部实现(30 分)</td></tr>
<tr><td>结果验证只有一个功能实现，其他功能全部没有实现(20 分)</td></tr>
<tr><td>结果验证功能均未实现(0 分)</td></tr>
<tr><td rowspan="4">3</td><td rowspan="4">核心素养<br>(20%)</td><td>具有良好的自主学习能力和分析解决问题的能力，任务过程中有指导他人(20 分)</td><td rowspan="4">20 分</td><td rowspan="4"></td></tr>
<tr><td>具有较好的学习能力和分析解决问题的能力，任务过程中没有指导他人(15 分)</td></tr>
<tr><td>能够主动学习并收集信息，有请教他人帮助解决问题的能力(10 分)</td></tr>
<tr><td>不主动学习(0 分)</td></tr>
<tr><td rowspan="3">4</td><td rowspan="3">课堂纪律<br>(20%)</td><td>设备无损坏，无干扰课堂秩序言行(20 分)</td><td rowspan="3">20 分</td><td rowspan="3"></td></tr>
<tr><td>无干扰课堂秩序言行(10 分)</td></tr>
<tr><td>有干扰课堂秩序言行(0 分)</td></tr>
</table>

## 任务小结

在本次任务中，学生需要使用 feapder 爬虫框架的 AirSpider 完成对租房网站的数据爬取的工作，并将爬取到的数据存入 MySQL 中。通过本任务的学习，可以使学生通过框架编写爬虫，让开发更快捷。

## 任务拓展

在演示的案例里，我们只下发了 14 页，如何下发更多页数呢？

可分析总页数进行抓取多少页：

```
for i in range(1,?):
        yield feapder.Request("https//bj.5i5j.com/zufang/n{}".format(i))
```

下发更多页数可能会被检测到爬虫，那我们又该如何避免呢？打开 Setting 配置页，找到 SPIDER_SLEEP_TIME = 0，取消注释，可修改为 2~5s 进行下载，如图 2-42 所示。

# # 下载时间间隔 单位秒。 支持随机 如 SPIDER_SLEEP_TIME = [2, 5] 则间隔为 2~5秒之间的随机数，包含2和5
SPIDER_SLEEP_TIME = [2, 5]


图 2-42　下载间隔设置

# 项目三 使用分布式爬虫采集金融数据

现在越来越多的人关注基金，往往需要对网站进行数据爬取，以收集、分析相关信息，从而可以根据信息做出决策。

## 任务一　开发环境的准备和搭建

3.1 开发环境的准备和搭建

### 职业能力目标

通过本任务的教学，学生理解相关知识之后，应达成以下能力目标。

(1) 能够熟练地掌握 Redis 的安装与使用。

(2) 掌握 Redis 可视化工具 Another Redis Desktop Manager 的安装与使用。

### 任务描述与要求

**任务描述**

分布式爬虫基于 Redis 实现，所以我们需要熟练地掌握 Redis 的安装与应用。

任务要求

(1) 能使用 redis 下发任务。
(2) 能使用 redis 的可视化工具 Another Redis Desktop Manager。

# 知识储备

## 一、redis

### 1. redis 的简介

Redis(remote dictionary server，远程字典服务，也可写成 Redis)是完全开源免费的，遵守 BSD 协议，是一个高性能的 key-value(键-值)型数据库。Redis 与其他 key-value 型缓存产品有以下两个特点。

(1) Redis 支持数据的持久化，可以将内存中的数据保持在磁盘中，重启的时候可以再次加载进行使用。

(2) Redis 不仅仅支持简单的 key-value 型的数据，同时还提供 list、set、zset、hash 等数据结构的存储。

Redis 的五种数据类型，如图 3-1 所示。

| 类型 | 对象 |
|---|---|
| STRING | 字符串对象 |
| LIST | 列表对象 |
| HASH | 哈希对象 |
| SET | 集合对象 |
| ZSET | 有序集合对象 |

图 3-1 Redis 数据类型

Redis 的优势如下：①redis 有着更为复杂的数据结构并且提供对它们的原子性操作，这是一个不同于其他数据库的进化路径。redis 的数据类型都是基于基本数据结构的同时对程序员透明，无须进行额外的抽象。②redis 运行在内存中但是可以持久化到磁盘，所以在对不同数据集进行高速读写时需要权衡内存，因为数据量不能大于硬件内存。在内存中的数据库方面的另一个优点是，相比在磁盘上相同的复杂的数据结构，在内存中操作起来非常简单，这样 Redis 可以做很多内部复杂性很强的事情。同时，在磁盘格式方面它们是紧凑的以追加的方式产生的，因为它们并不需要进行随机访问，因此需要先对 Redis 进行安装。

### 2. Redis 的安装

(1) 下载安装包。下载地址为 https://github.com/MicrosoftArchive/redis。打开网页后单击 37 tags 标签，如图 3-2 所示。

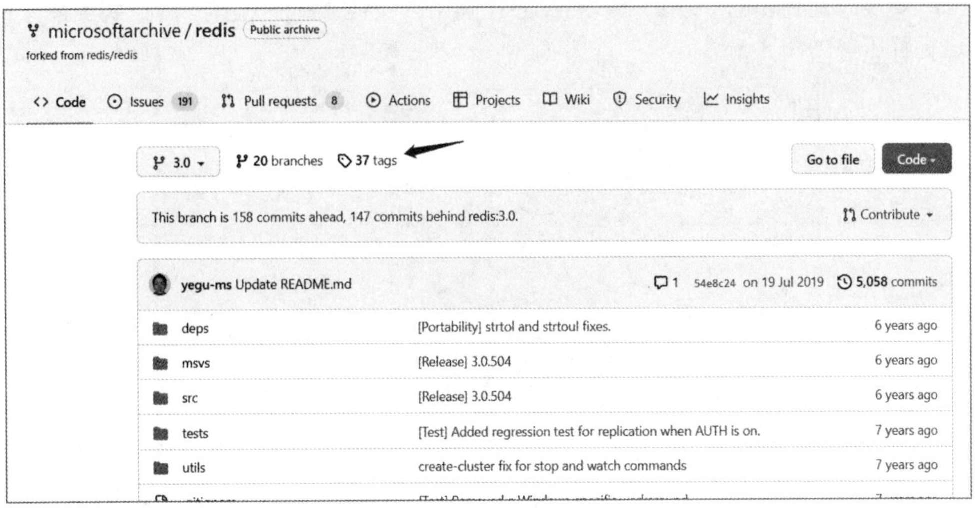


图 3-2　查看 tags

在弹出的界面中单击 Downloads 按钮，如图 3-3 所示。

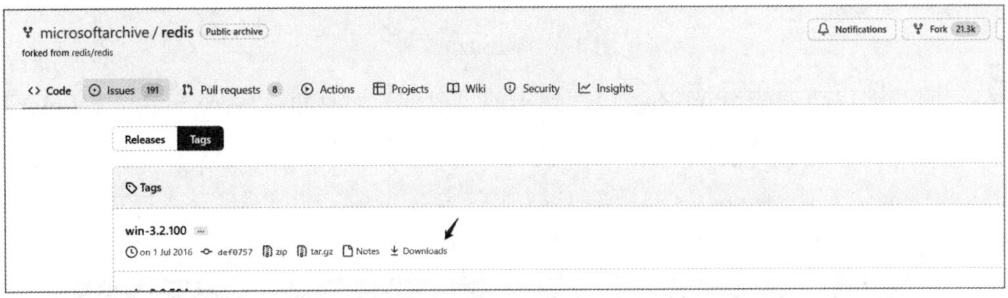


图 3-3　下载

再次单击选定的文件即开始下载，如图 3-4 所示。

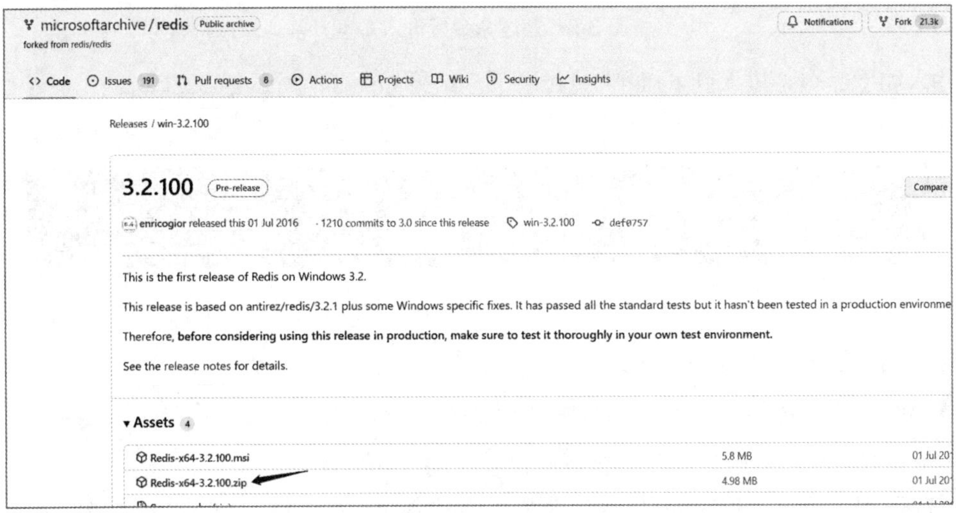


图 3-4　选择 zip 类型

(2) 安装。找到你的下载目录，右击并在弹出的快捷菜单中选择“解压到当前文件夹”命令进行解压，如图 3-5 所示。

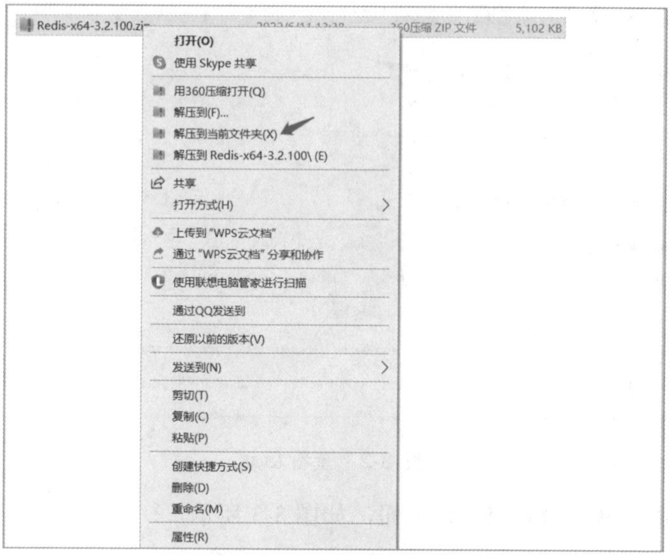


图 3-5　解压 zip 文件

(3) 服务端启动。按 Win+R 键，在弹出的“运行”对话框中输入 cmd，按 Enter 键，快速打开命令行窗口，输入如下命令进入 D 盘，结果如图 3-6 所示。

```
d:
```

图 3-6　通过命令行进入 D 盘

输入如下命令，进入到 redis 安装目录下，结果如图 3-7 所示。

```
cd redis
```

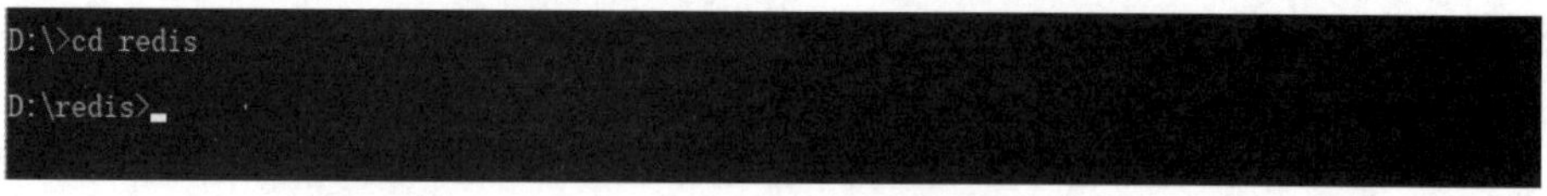


图 3-7　进入 redis 目录

输入如下命令，结果如图 3-8 所示。

```
redis-server.exe redis.windows.conf
```

看到如图 3-8 所示的界面说明服务端已经启动成功了。

(4) 客户端启动。按 Win+R 键，在弹出的“运行”对话框中输入 cmd，按 Enter 键快速打开命令行窗口，输入如下命令进入 D 盘，如图 3-9 所示。

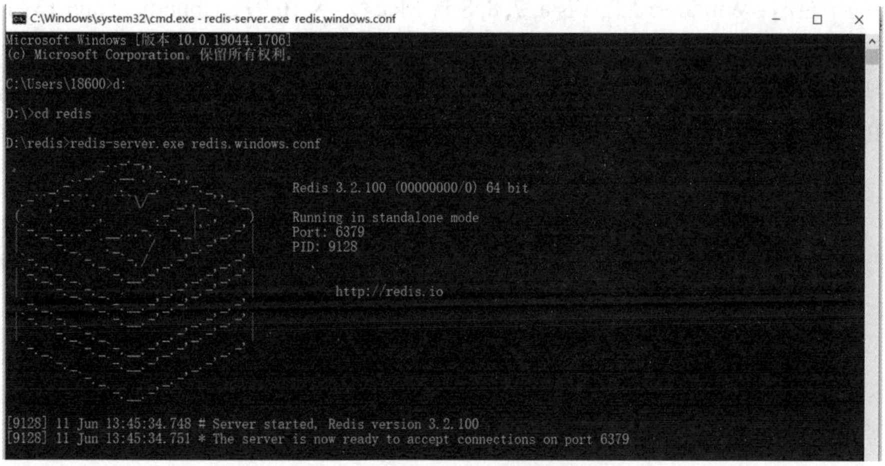


图 3-8　Redis 运行服务端界面

图 3-9　进入 D 盘

在命令行输入 cd redis 进入到 redis 安装目录下，如图 3-10 所示。

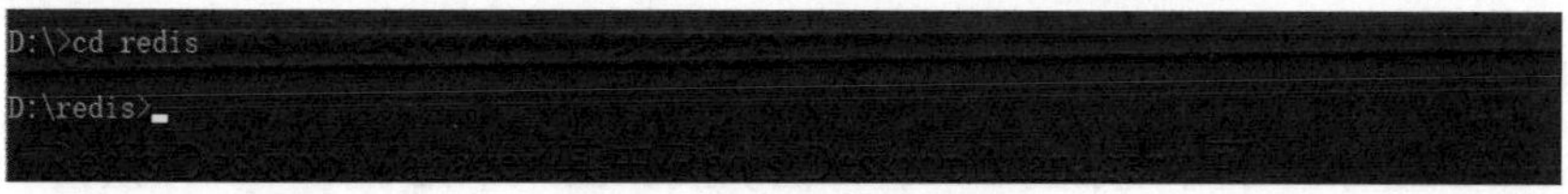


图 3-10　redis 安装目录

输入如下命令，结果如图 3-11 所示。

```
redis-cli.exe
```

图 3-11　运行客户端界面

当看到这个界面时说明客户端已经启动成功了。

## 二、Another Redis Desktop Manager

Another Redis Desktop Manager(其中 Redis Desktop Manager，可缩写为 RDM)是一个快速、简单、支持跨平台的 Redis 桌面管理工具，基于 Qt 5 开发，支持通过 SSH Tunnel 连接。其图标如图 3-12 所示。

图 3-12　Another Redis Desktop Manager 桌面应用图

支持的平台有：Windows XP, Vista, 7, 8, 8.1；Mac OS X 10.9+；Ubuntu 12 and 13；Debian 7。

支持的 Redis 版本有：Redis 2.2；Redis 2.4；Redis 2.6；Redis 2.8+。

接下来对 Another Redis Desktop Manager 进行安装。在地址栏中输入 https://github.com/qishibo/Another Redis Desktop Manager/打开网页进行下载。将安装包下载到本地后，进行安装，步骤如下。

(1) 打开网页后单击选定的 exe 文件进行下载，如图 3-13 所示。

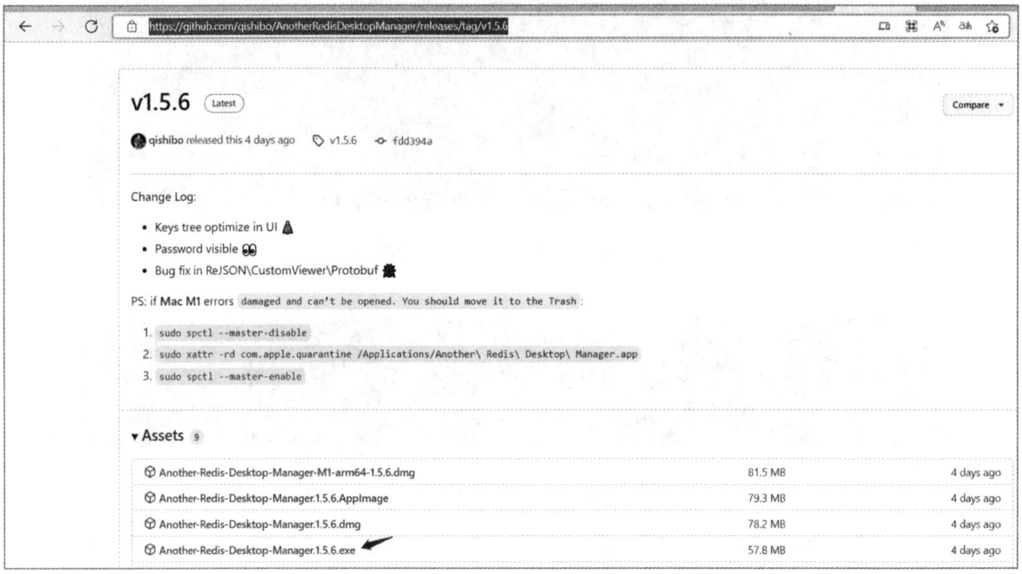


图 3-13 下载页

(2) 双击下载好的应用程序文件，会弹出安装界面，单击“下一步”按钮，如图 3-14 所示。

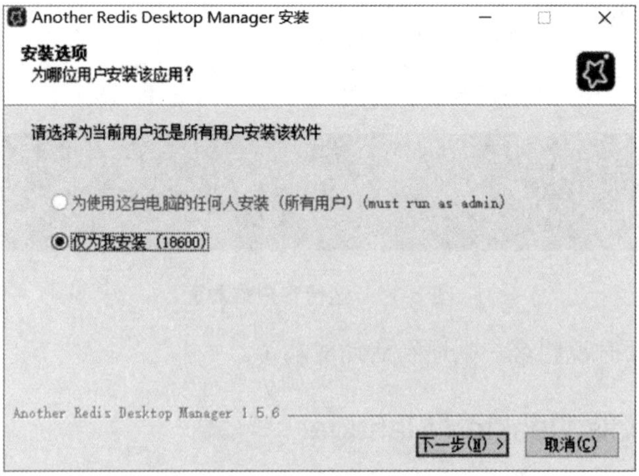


图 3-14 安装确认

(3) 单击“浏览”按钮可安装到指定的目录，也可以默认安装，然后单击“安装”按钮即可，如图 3-15 所示。

(4) 安装完成后会自动打开，单击 New Connection 按钮以便新建一个连接，如图 3-16 所示。

(5) 在弹出的对话框的 Host 文本框中输入 127.0.0.1，在 Port 微调框中输入 6379，如图 3-17 所示。

图 3-15　选择安装目录

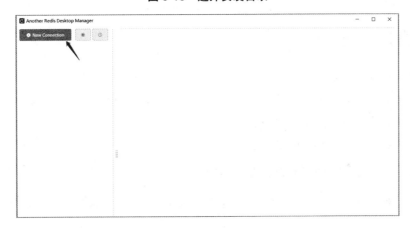


图 3-16　新建连接

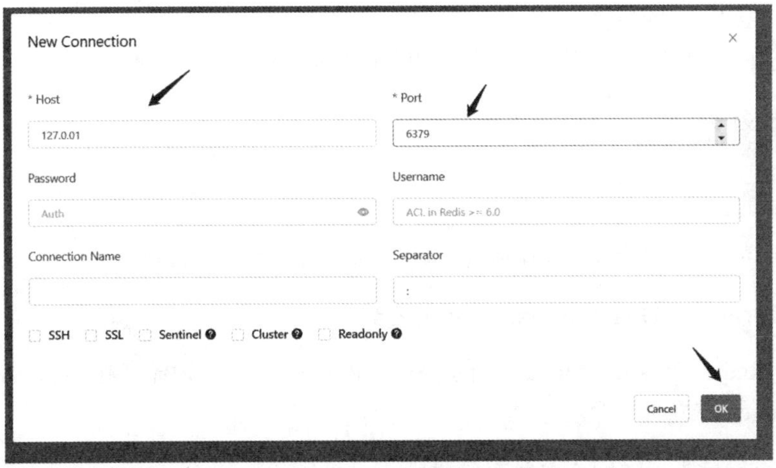


图 3-17　配置 Redis 连接信息

(6) 在 New Connection 对话框中单击 OK 按钮，打开如图 3-18 所示的界面，代表已经安装完成。

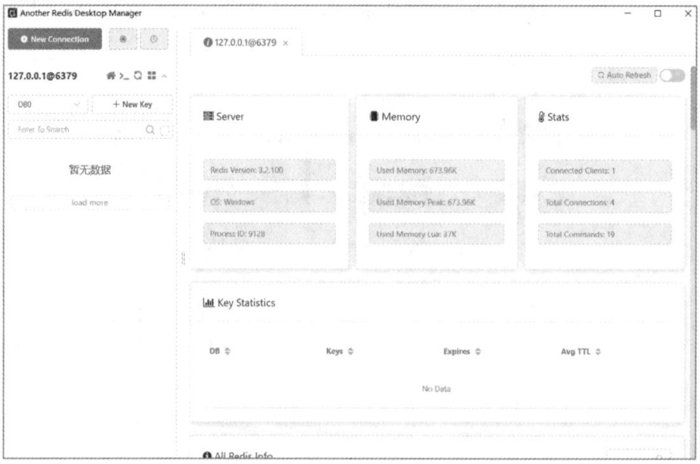


图 3-18　连接成功

## 任务计划与决策

### 1. Redis 命令的练习

redis 在爬虫开发中是比较重要的一部分，接下来的实践需要经过以下两个阶段。

(1) 使用命令在客户端插入数据。

(2) 使用命令在客户端查看数据。

### 2. Another Redis Desktop Manager 的操作

Another Redis Desktop Manager 是 redis 的可视化工具，接下来的实践需要经过以下两个阶段。

(1) 查看 redis 中的数据。

(2) 操作 redis 中的数据。

根据所学相关知识，请制订完成本次任务的实施计划。

## 任务实施

### 1. Redis 的安装

Redis 的安装具体可参考　知识储备中有关 Redis 安装的步骤。

### 2. Another Redis Desktop Manager 的安装

Another Redis Desktop Manager 的安装具体可参考　知识储备中有关 Another Redis Desktop Manager 安装的步骤。

### 3. 使用命令在客户端插入及查看数据

(1) 选择我们刚刚打开的 redis 客户端，如图 3-19 所示。

C:\Windows\system32\cmd.exe - redis-cli.exe
Microsoft Windows [版本 10.0.19044.1766]
(c) Microsoft Corporation。保留所有权利。
C:\Users\18600>d:
D:\>cd redis
D:\redis>redis-cli.exe
127.0.0.1:6379>

图 3-19 打开 Redis 客户端

(2) 我们这次用 set(集合)数据类型进行操作。当输入 SADD 时，发现已经有提示了，SADD 代表你要操作的数据类型，key 可随意起个名字，member 代表你要插入的值，如图 3-20 所示。

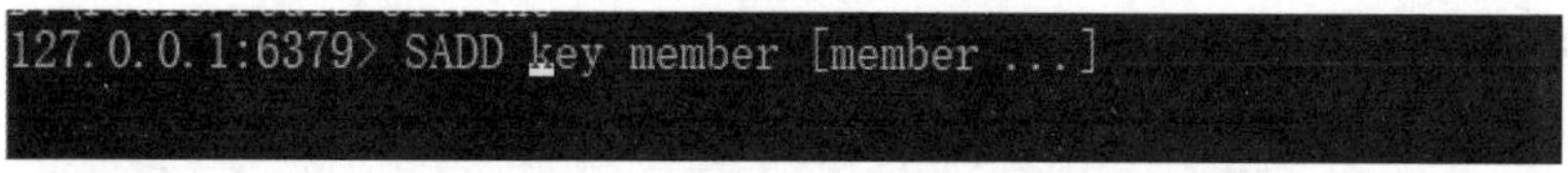
127.0.0.1:6379> SADD key member [member ...]

图 3-20 Redis 插入值示例说明

输入如下命令，结果如图 3-21 所示。

```
SADD w3ckey zhangsan
```

127.0.0.1:6379> SADD w3ckey zhangsan
(integer) 1
127.0.0.1:6379>

图 3-21 插入值到 Redis

我们再执行如下命令，结果如图 3-22 所示。

```
SADD w3ckey lisi
```

127.0.0.1:6379> SADD w3ckey lisi
(integer) 1
127.0.0.1:6379>

图 3-22 再次插入值

(3) 可以使用 SMEMBERS 关键字来查看刚刚插入的数据。输入如下命令，结果如图 3-23 所示。

```
SMEMBERS w3ckey
```

127.0.0.1:6379> SMEMBERS w3ckey
1) "zhangsan"
2) "lisi"
127.0.0.1:6379>

图 3-23 查看插入值后的结果

4. Another Redis Desktop Manager 可视化工具的操作

(1) 双击打开安装好的 Another Redis Desktop Manager(另一个 redis 桌面管理器，有时可缩写为 ARDM)，如图 3-24 所示。

Another
Redis
Desktop
Manager

图 3-24 桌面图标

(2) 在 ARDM 的工作界面中单击前面建立的连接(127.0.0.0@6379)，

如图 3-25 所示。

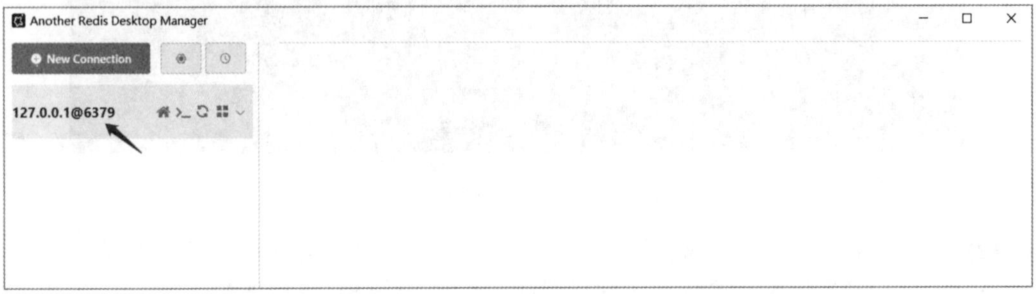


图 3-25　选中连接的 Redis

(3) 在 ARDM 的工作界面中单击前面刚创建的 w3c key，我们已经能看到刚刚在里面插入的值了，如图 3-26 所示。

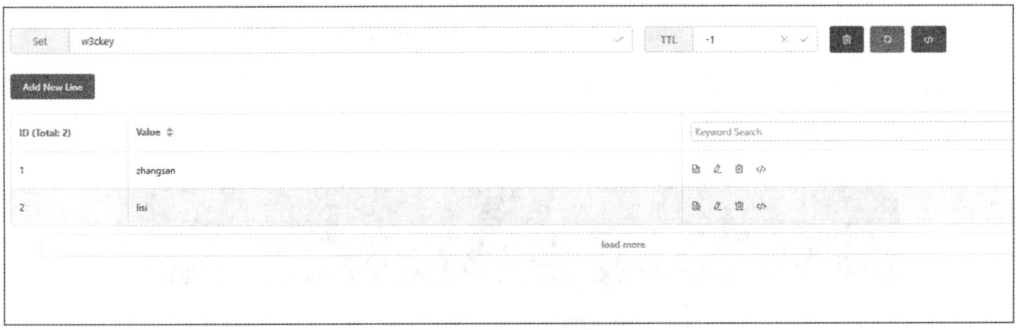


图 3-26　查看插入值后的结果

(4) 复制。单击 Value(值)右边的小文本的图标可以对选中的值进行复制，如图 3-27 所示。

图 3-27　复制值

(5) 修改。单击笔状的图标可以对选中的值进行修改，如图 3-28 所示。

我们单击笔状的图标，在弹出的对话框中把 zhangsan 改成 wangwu，最后单击 OK 按钮，如图 3-29 所示。

这时候在 ARDM 的工作界面中我们发现已经修改成功，如图 3-30 所示。

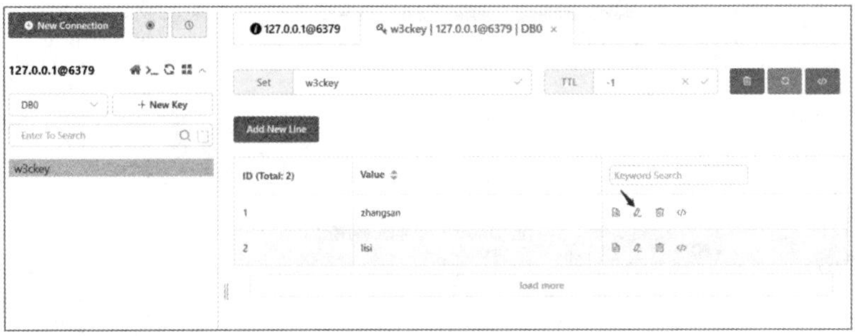


图 3-28　修改值图标

图 3-29　修改值

图 3-30　修改后的值

(6) 删除。单击像垃圾桶的图标可对选中的值进行删除，如图 3-31 所示。

单击像垃圾桶的图标会弹出一个确认删除的提示框，单击 OK 按钮即可，如图 3-32 所示。这时在 ARDM 的工作界面中发现已经删除成功，如图 3-33 所示。

图 3-31　删除值

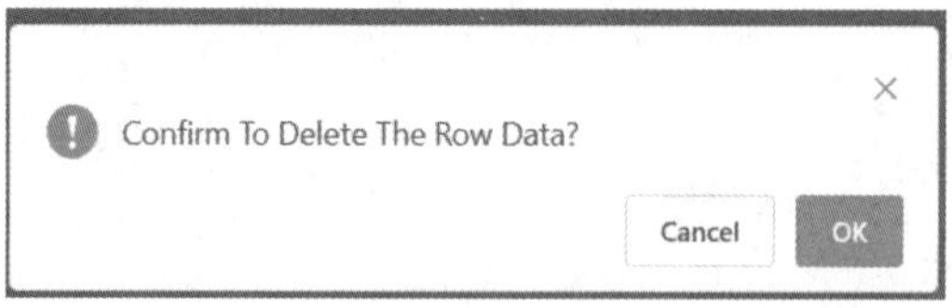


图 3-32　确认删除

图 3-33　删除成功

(7)　新增。在 ARDM 的工作界面中单击 Add New Line 按钮(见图 3-34)可添加一个新值。

图 3-34　添加按钮

在弹出的 Add New Line 对话框中添加一个 zhaoliu，单击 OK 按钮，如图 3-35 所示。

图 3-35　添加值

这时在 ARDM 的工作界面中发现已经将 zhaoliu 添加好了，如图 3-36 所示。

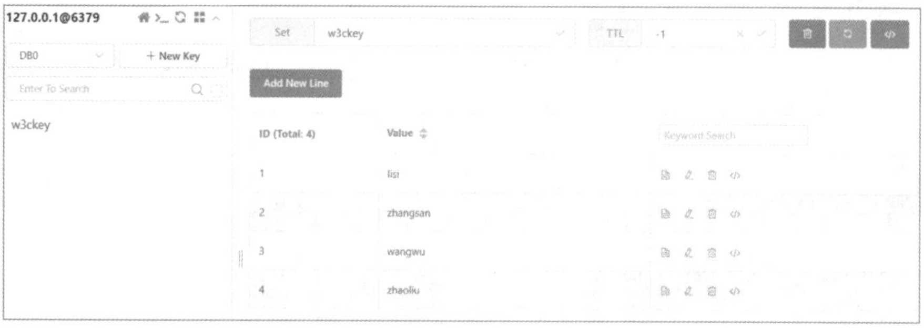


图 3-36 添加成功

## 任务检查与评价

完成任务实施后，进行任务检查与评价，具体检查评价表如表 3-1 所示。

表 3-1 任务检查评价表

| 项目名称 | 使用分布式爬虫采集金融数据 | | | |
|---|---|---|---|---|
| 任务名称 | 开发环境的准备和搭建 | | | |
| 评价方式 | 可采用自评、互评、老师评价等方式 | | | |
| 说明 | 主要评价学生在学习项目过程中的操作技能、理论知识、学习态度、课堂表现、学习能力等 | | | |
| 评价内容与评价标准 | | | | |
| 序号 | 评价内容 | 评价标准 | 分值 | 得分 |
| 1 | 知识运用(20%) | 掌握相关理论知识；理解本次任务要求；制订详细计划，计划条理清晰、逻辑正确(20 分) | 20 分 | |
| | | 理解相关理论知识，能根据本次任务要求制订合理计划(15 分) | | |
| | | 了解相关理论知识，有制订计划(10 分) | | |
| | | 没有制订计划(0 分) | | |
| 2 | 专业技能(40%) | 结果验证全部满足(40 分) | 40 分 | |
| | | 结果验证只有一个功能不能实现，其他功能全部实现(30 分) | | |
| | | 结果验证只有一个功能实现，其他功能全部没有实现(20 分) | | |
| | | 结果验证功能均未实现(0 分) | | |
| 3 | 核心素养(20%) | 具有良好的自主学习能力和分析解决问题的能力，任务过程中有指导他人(20 分) | 20 分 | |
| | | 具有较好的学习能力和分析解决问题的能力，任务过程中没有指导他人(15 分) | | |
| | | 能够主动学习并收集信息，有请教他人帮助解决问题的能力(10 分) | | |
| | | 不主动学习(0 分) | | |
| 4 | 课堂纪律(20%) | 设备无损坏，无干扰课堂秩序言行(20 分) | 20 分 | |
| | | 无干扰课堂秩序言行(10 分) | | |
| | | 有干扰课堂秩序言行(0 分) | | |

## 任务小结

本次任务中，讲了 redis 的安装及使用、Another Redis Desktop Manager 可视化工具的安装及使用，学生可通过指令或者可视化工具来操作 redis。

## 任务拓展

熟练掌握 redis 客户端操作指令。

# 任务二　Spider 爬虫程序实践

7.2 Spider 爬虫程序实践

## 职业能力目标

根据需求，从互联网爬取数据并存入 MySQL 数据库。
使用分布式爬虫从网上爬取金融数据并存入 MySQL 数据库。

## 任务描述与要求

**爬取基金网站金融数据**

经过任务一的学习，已经对 redis 及其可视化工具有了初步的认识。在本任务中，我们将把所学到的知识应用到爬虫开发中，根据我们的需求，对网络数据进行爬取，并存入 MySQL 数据库。

## 知识储备

### 一、分布式爬虫 Spider

Spider 是一款基于 redis 的分布式爬虫，适用于海量数据采集，支持断点续爬、爬虫报警、数据自动入库等功能。分布式就是可以同时启动多个进程，处理同一批任务。Spider 支持启动多份，且不用重复下发任务，我们可以在多个服务器上部署启动，也可以在同一个机器上启动多次。

#### 1. 创建项目

创建项目这一步不是必需的，一个脚本可以解决的需求，可直接创建网络爬虫。若需求比较复杂，需要编写多个爬虫，那么最好用项目形式把这些脚本管理起来。示例：

```
feapder create -p spider-project
```

创建好项目后，在开发时我们需要将项目设置为工作区间，否则引入非同级目录下的文件时，编译器会报错。不过因为 main.py 在项目的根目录下，所以不影响正常运行，如图 3-37 所示。

设置工作区间的方式(以 PyCharm 为例)：右击项目，在弹出的快捷菜单中选择 Mark Directory as→Sources Root 命令。

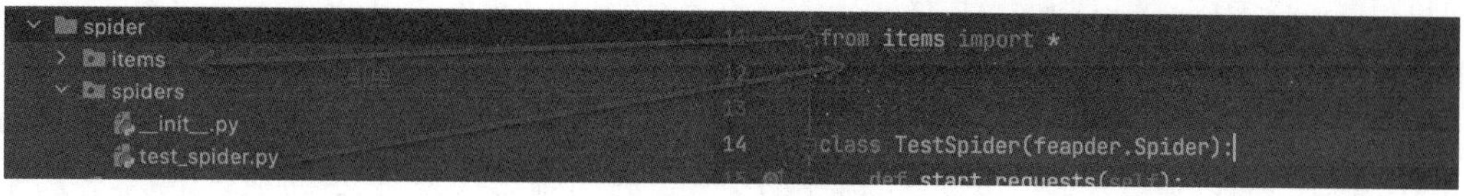


图 3-37 设置根目录

### 2. 创建爬虫

示例：

```
feapder create -s spider_test 2
```

生成爬虫的代码如下：

```
import feapder


class SpiderTest(feapder.Spider):
   # 自定义数据库，若项目中有 setting.py 文件，此自定义可删除
   __custom_setting__ = dict(
      REDISDB_IP_PORTS="localhost:6379", REDISDB_USER_PASS="", REDISDB_DB=0
   )

   def start_requests(self):
      yield feapder.Request("https://www.baidu.com")

   def parse(self, requests, response):
      print(response)


if __name__ == "__main__":
   SpiderTest(redis_key="xxx:xxx").start()
```

因为 Spider 是基于 redis 做的分布式爬虫，所以模板代码默认给了 redis 的配置方式，连接信息需按真实情况修改。

### 3. 代码讲解

(1) 配置信息。REDISDB_IP_PORTS：连接地址，若为集群模式或哨兵模式，多个连接地址用逗号分开；若为哨兵模式，需要加个 REDISDB_SERVICE_NAME 参数。

REDISDB_USER_PASS：连接密码。

REDISDB_DB：数据库。

(2) Spider 参数。redis_key 为 redis 的缓存队列中存储任务相关信息的 key 前缀，如果 redis_key="feapder:spider_test"，则 redis 中会生成如图 3-38 所示的文件。

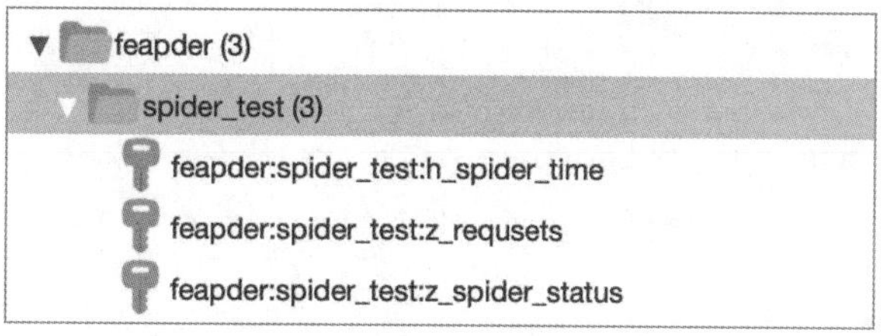


图 3-38 生成的 Redis 结构

### 4. 运行多个爬虫

通常，一个项目下可能存在多个爬虫，为了规范，建议将启动入口统一放到项目下的 main.py 中，然后以命令行的方式运行指定的文件。例如如图 3-39 所示的项目中包含了两个 Spider。

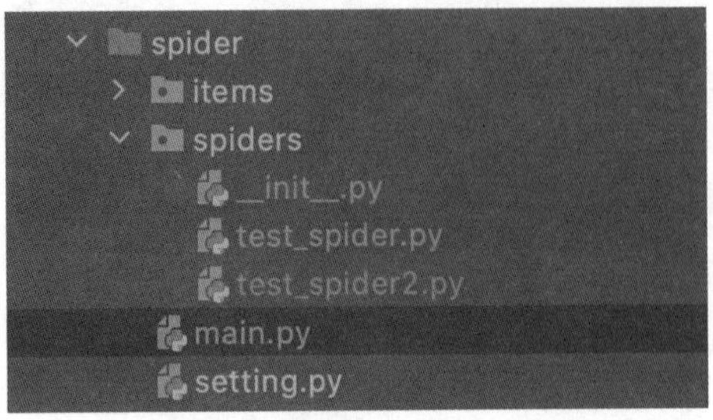


图 3-39　爬虫运行入口

main.py 中的有关代码如下：

```
from spiders import *
from feapder import Request
from feapder import ArgumentParser


def test_spider():
    spider = test_spider.TestSpider(redis_key="feapder:test_spider")
    spider.start()


def test_spider2():
    spider = test_spider.TestSpider2(redis_key="feapder:test_spider2")
    spider.start()


if __name__ == "__main__":
    parser = ArgumentParser(description="Spider 测试")

    parser.add_argument(
        "--test_spider", action="store_true", help="测试 Spider",
function=test_spider
    )
    parser.add_argument(
        "--test_spider2", action="store_true", help="测试 Spider2",
function=test_spider2
    )


    parser.start()
```

这里使用了 ArgumentParser 模块，使其支持命令行参数，如运行 test_spider：

```
python3 main.py --test_spider
```

## 二、Spider 进阶

Spider 参数：

```
def __init__(
    self,
    redis_key=None,
    min_task_count=1,
    check_task_interval=5,
    thread_count=None,
    begin_callback=None,
    end_callback=None,
    delete_keys=(),
    keep_alive=None,
    auto_start_requests=None,
    send_run_time=False,
    batch_interval=0,
    wait_lock=True
):
    """
    @param redis_key: 任务等数据存放在 redis 中的 key 前缀
    @param min_task_count: 任务队列中最少任务数，小于这个数量才会添加任务。默认为 1。
start_monitor_task 模式下生效
    @param check_task_interval: 检查是否还有任务的时间间隔；默认为 5 秒
    @param thread_count: 线程数，默认为配置文件中的线程数
    @param begin_callback: 爬虫开始回调函数
    @param end_callback: 爬虫结束回调函数
    @param delete_keys: 爬虫启动时删除的 key，类型：元组/bool/string。 支持正则；常用
于清空任务队列，否则重启时会断点续爬
    @param keep_alive: 爬虫是否常驻
    @param auto_start_requests: 爬虫是否自动添加任务
    @param send_run_time: 发送运行时间
    @param batch_interval: 抓取时间间隔，默认为 0，以天为单位。多次启动时，只有当前时间
与第一次抓取结束的时间间隔大于指定的时间间隔时，爬虫才启动
    @param wait_lock: 下发任务是否等待锁。若不等待锁，可能会存在多进程同时在下发一样的任
务，因此分布式环境下请将该值设置为 True
    """
```

下面介绍理解起来可能有疑惑的参数。

(1) redis_key。redis_key 为 redis 的缓存队列中存储任务相关信息的 key 前缀，如果 redis_key="feapder:spider_test"，则 redis 中会生成文件(见图 3-38)。

key 的命名方式在配置文件中定义。

```
# 任务表模板
TAB_REQUSETS = "{redis_key}:z_requsets"
# 任务失败模板
TAB_FAILED_REQUSETS = "{redis_key}:z_failed_requsets"
# 爬虫状态表模板
TAB_SPIDER_STATUS = "{redis_key}:z_spider_status"
# item 表模板
TAB_ITEM = "{redis_key}:s_{item_name}"
# 爬虫时间记录表
TAB_SPIDER_TIME = "{redis_key}:h_spider_time"
```

(2) min_task_count。这个参数用于控制最小任务数，小于这个数量再下发任务，防止 redis 中堆积任务太多，内存撑爆。通常用于从数据库中取任务。下发此参数使用 start_monitor_task 方式才会生效。示例如下：

```
import feapder
from feapder.db.mysqldb import MysqlDB

class SpiderTest(feapder.Spider):
    def __init__(self, *args, **kwargs):
        super().__init__(*args, **kwargs)
        self.db = MysqlDB()

    def start_requests(self):
        sql = "select url from feapder_test where state = 0 limit 1000"
        result = self.db.find(sql)
        for url, in result:
            yield feapder.Request(url)

    def parser(self, requests, response):
        print(response)


if __name__ == "__main__":
    spider = SpiderTest(
        redis_key="feapder:spider_test", min_task_count=100
    )
    # 监控任务，若任务数小于min_task_count，则调用start_requests下发一批，要知道start_
requests产生的任务会一次下发完。比如本例，会一次下发1000个任务，然后任务队列中少于100
条任务时，再下发1000条
    spider.start_monitor_task()
    # 采集
    # spider.start()
spider.start_monitor_task() 与 spider.start() 分开运行，属于master、worker两种进程
```

(3) delete_keys。通常在开发阶段使用，如想清空任务队列重新抓取，或防止由于任务防丢策略导致爬虫需等待 10 分钟才能取到任务的情况。delete_keys 的接收类型为 tuple/bool/string，支持正则表达式，用以下的 key 举例(见图 3-38)。

删除 feapder:spider_test:z_requests 可写为 delete_keys="*z_requests"；删除全部可写为 delete_keys="*"。

(4) keep_alive。用于 spider.start_monitor_task()与 spider.start()这种 master、worker 模式。当 keep_alive=True 时，爬虫做完任务不会退出，继续等待任务。

(5) send_run_time。是否将运行时间作为报警信息发送。

(6) batch_interval。设置每次采集的时间间隔。如我们设置为 7 天，当爬虫正常结束后，7 天内我们二次运行爬虫时会自动退出，不执行采集逻辑。

```
def spider_test():
        spider =
test_spider.TestSpider(redis_key="feapder:test_spider",batch_interval=7)
        spider.start()
```

运行结果如下：

```
上次运行结束时间为 2021-03-15 14:42:31，与当前时间间隔为3秒，小于规定的抓取时间间隔 7
天。爬虫不执行，退出～
```

## 三、Spider 的方法

Spider 继承自 BaseParser，并且 BaseParser 是对开发者暴露的常用方法接口，因此推荐

先看 BaseParser。Spider 方法如下。

1. start_monitor_task

下发及监控任务，与 keep_alive 参数配合使用，用于常驻进程的爬虫。

使用如下：

```
spider = test_spider.TestSpider(redis_key="feapder:test_spider",
keep_alive=True)
# 下发及监控任务
spider.start_monitor_task()
# 采集(进程常驻)
# spider.start()
spider.start_monitor_task() 与 spider.start() 分开运行，属于 master、worker 两种进程
```

**提示** Spider 爬虫支持任务防丢、断点续爬。实现原理如下：

Spider 利用了 redis 有序集合来存储任务。有序集合有个分数，爬虫取任务时，只取小于当前时间戳分数的任务，同时将任务分数修改为当前时间戳+10 分钟，(这个取任务与改分数是原子性的操作)。当任务做完，且数据已入库后，再主动将任务删除。

目的：将取到的任务分数修改成 10 分钟后，可防止其他爬虫节点取到同样的任务，同时当爬虫意外退出后，任务也不会丢失，10 分钟后还可以取到。

2. 任务重试

任务请求失败或解析函数抛出异常时，会自动重试，默认重试次数为 100 次，可通过配置文件 SPIDER_MAX_RETRY_TIMES 参数修改。当任务超过最大重试次数时，默认会将失败的任务存储到 Redis 的{redis_key}:z_failed_requsets 中，供人工排查。相关配置如下：

```
# 每个请求最大重试次数
SPIDER_MAX_RETRY_TIMES = 100
# 重新尝试失败的 requests，当 requests 重试次数超过允许的最大重试次数算失败
RETRY_FAILED_REQUESTS = False
# 保存失败的 requests
SAVE_FAILED_REQUEST = True
# 任务失败数，超过 WARNING_FAILED_COUNT 则报警
WARNING_FAILED_COUNT = 1000
当 RETRY_FAILED_REQUESTS=True 时，爬虫再次启动时会将失败的任务重新下发到任务队列中，重
新抓取
```

3. 去重

支持任务去重和数据去重，任务默认是临时去重。去重库保留 1 个月，即只去重 1 个月内的任务；数据是永久去重。默认去重是关闭的，相关配置如下：

```
ITEM_FILTER_ENABLE = False # item 去重
REQUEST_FILTER_ENABLE = False # requests 去重
修改默认去重库：
from feapder.buffer.request_buffer import RequestBuffer
from feapder.buffer.item_buffer import ItemBuffer
from feapder.dedup import Dedup

RequestBuffer.dedup = Dedup(filter_type=Dedup.MemoryFilter)
```

```
ItemBuffer.dedup = Dedup(filter_type=Dedup.MemoryFilter)
RequestBuffer 为任务入库前缓冲的 buffer，ItemBuffer 为数据入库前缓冲的 buffer
```

4. 加速采集

与爬虫采集速度的相关配置如下：

```
# 爬虫相关
# COLLECTOR
COLLECTOR_SLEEP_TIME = 1 # 从任务队列中获取任务到内存队列的间隔
COLLECTOR_TASK_COUNT = 10 # 每次获取任务数量

# SPIDER
SPIDER_THREAD_COUNT = 1 # 爬虫并发数
SPIDER_SLEEP_TIME = 0 # 下载时间间隔(解析完一个 response 后休眠时间)
SPIDER_MAX_RETRY_TIMES = 100 # 每个请求最大重试次数
COLLECTOR 为从任务队列中取任务到内存队列的线程，SPIDER 为实际采集的线程
```

COLLECTOR_TASK_COUNT 建议大于等于 SPIDER_THREAD_COUNT，这样每个线程的爬虫才有任务可做。但 COLLECTOR_TASK_COUNT 不建议过大，否则分布式时，一个池子里的任务都被节点 A 取走了，其他节点取不到任务了。

## 任务计划与决策

爬取财经文章数据，并存入 MySQL 数据库。

现在基金等理财产品已经成为人们生活中的一部分，相关的文章数据也显得尤为重要；若想分析挖掘到其中的价值，就需要对其进行爬取和分析。数据爬取主要包含以下两个方面。

(1) 能使用 spider 分布式爬虫进行采集。

(2) 将爬取到的数据存入 MySQL 数据库。

根据所学相关知识，请制订完成本次任务的实施计划。

## 任务实施

首先，我们要确定好目标网站，基金网站(http://fund.eastmoney.com/a/cjjyw_1.html)如图 3-40 所示。

图 3-40 网站截图

下面我们就以抓取文章为例进行介绍，先抓取文章列表，再抓取文章具体信息，来带大家快速入门。

(1) 新创建一个项目。按 Win+R 键，在弹出的“运行”对话框中输入 cmd，打开一个命令行窗口，输入如下命令进入 D 盘，结果如图 3-41 所示。

```
d:
```

图 3-41　进入 D 盘

使用如下命令生成项目，结果如图 3-42 所示。

```
feapder create -p distributed_spider
```

D:\>feapder create -p distributed_spider
distributed_spider 项目生成成功
D:\>


图 3-42　创建爬虫项目

打开 PyCharm，在菜单栏中选择 File→Open 命令，在弹出的界面中打开刚刚创建好的项目，如图 3-43 所示。

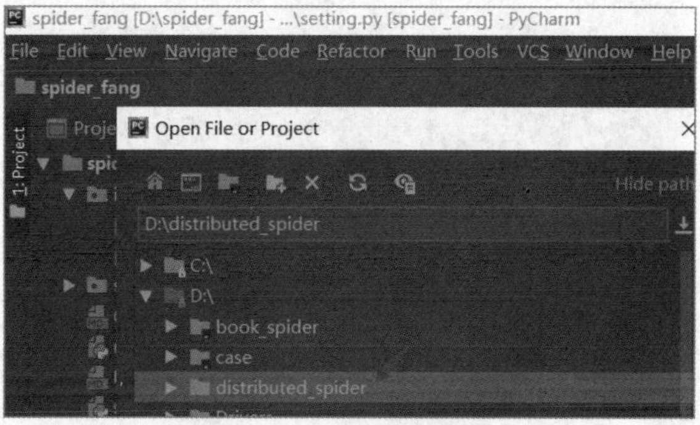


图 3-43　打开创建好的项目

在弹出的 Open Project 对话框中选择 Open in new window 单选按钮，以便新打开一个窗口，单击 OK 按钮，如图 3-44 所示。

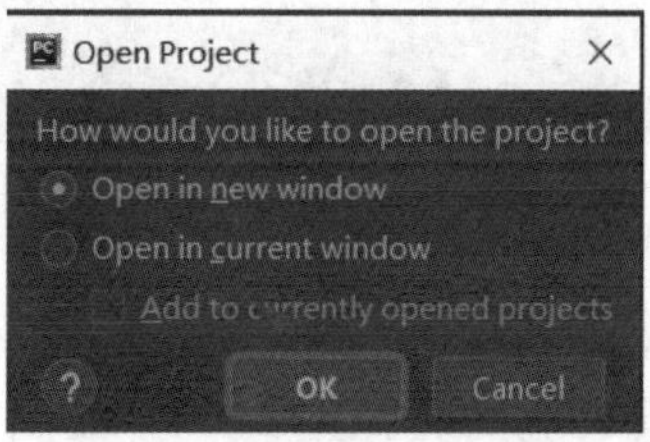


图 3-44　新打开一个窗口

打开项目之后，选择 File→Settings 命令，在弹出的界面中选择 Product Interpreter 选项，在下拉选项里选择我们 Python 的安装目录，单击 OK 按钮。这时候我们的 PyCharm 环境已经配置好了，如图 3-45 所示。

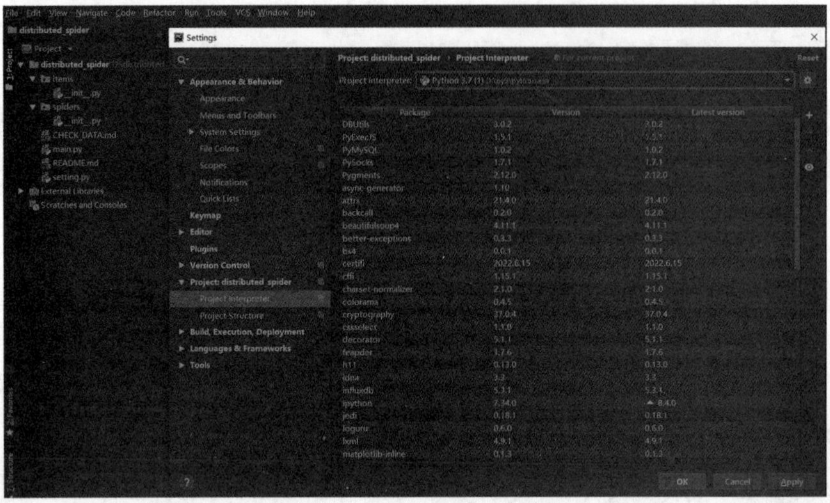


图 3-45　查看当前环境类库

设置工作区间方式(以 PyCharm 为例)：右击项目，在弹出的快捷菜单中选择 Mark Directory as→Sources Root 命令，如图 3-46 所示。

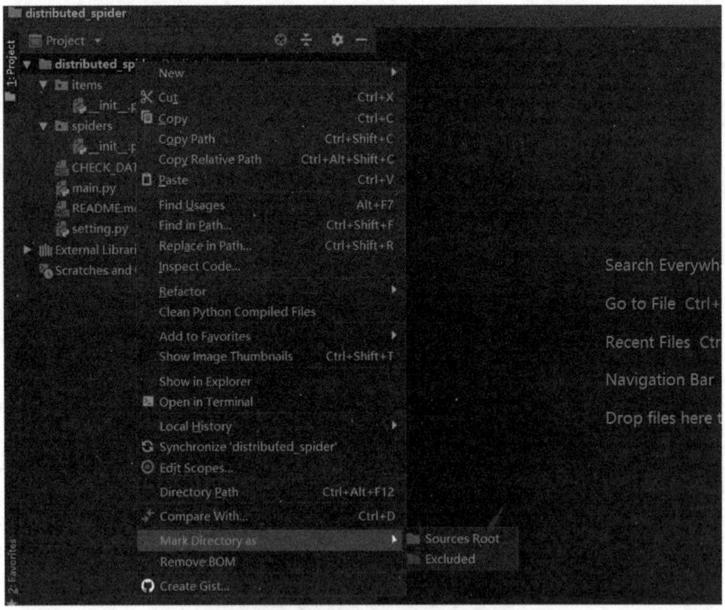


图 3-46　设置根目录

(2) 抓取列表。使用谷歌浏览器打开网站，按 F12 功能键，并下拉到翻页处。单击左下角的小箭头，再单击页数查看对应的 HTML 代码，如图 3-47 所示。

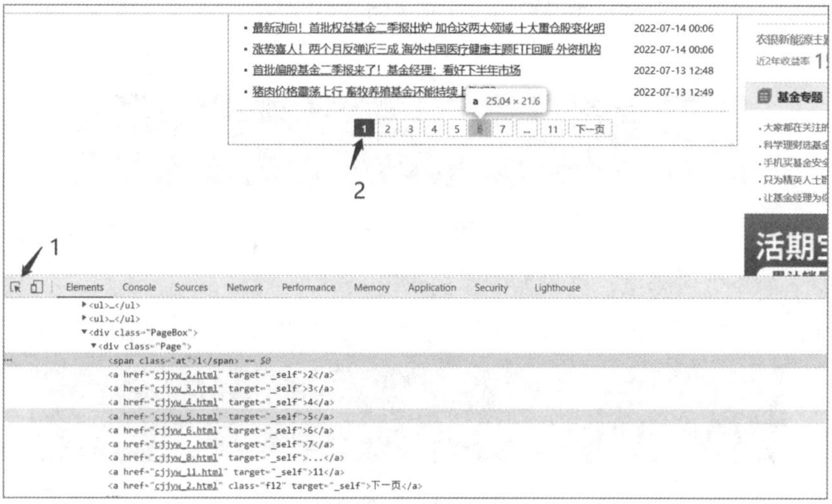


图 3-47 查看翻页代码

每当单击“下一页”时，地址栏中文件名后面的数字就会随着翻页而变，说明数字就是页数，这样的话我们可以自己组织采集多少页作为列表页，如图 3-48 所示。

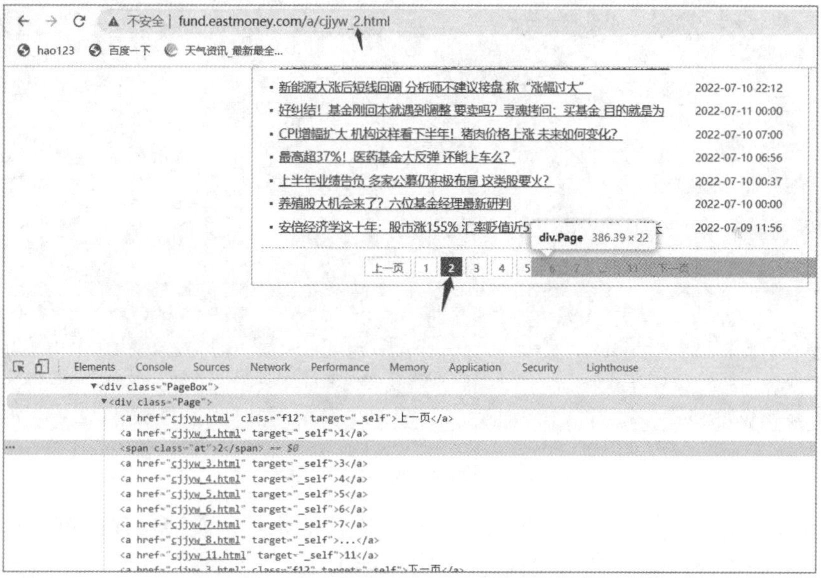


图 3-48 分析翻页规律

(3) 创建爬虫。使用如下命令进入到项目目录下，结果如图 3-49 所示。

```
cd distributed_speder
```

图 3-49 进入爬虫项目目录

使用如下命令进入到 spiders 目录，结果如图 3-50 所示。

```
cd spiders
```

图 3-50　进入爬虫目录

使用如下命令生成爬虫，结果如图 3-51 所示。

```
feapder create -s spider_article 2
```

图 3-51　生成爬虫

生成的信息如图 3-52 所示。

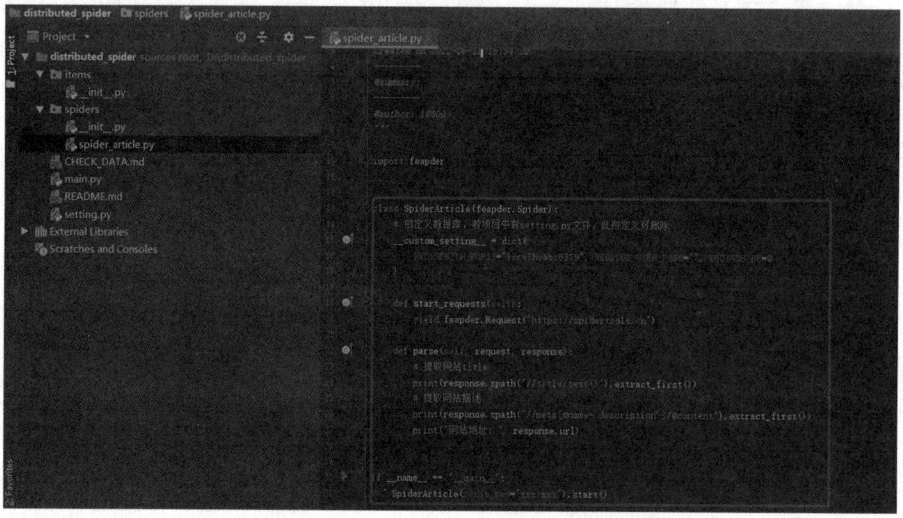


图 3-52　生成的爬虫代码

修改 setting.py 文件里的 redis 连接。由于是连接的本地，取消注释即可。如果要远程连接，把 localhost 换成服务器的 IP 即可，如图 3-53 所示。

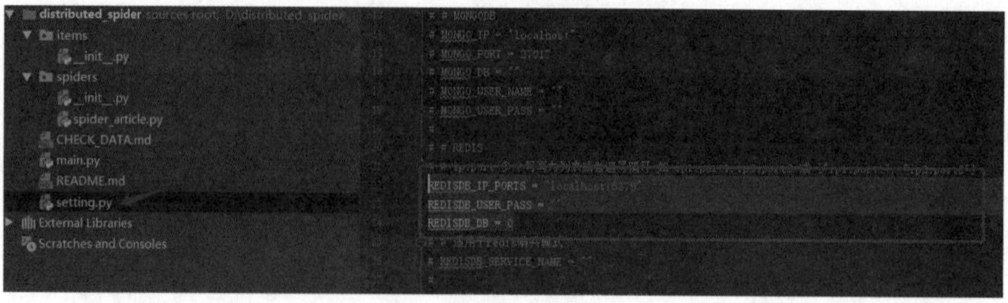


图 3-53　配置 Redis 连接

(4) 抓取列表。经过上面对列表页的分析，我们要开始写翻编页代码了，我们需要在 start_requests 方法编写下发任务，也就是翻页，如图 3-54 所示。

```
def start_request(self):
# 下发任务
for i in range(1,31):
    yield feapder.Request(http://fund.eastmoney.com/a/cjjyw_{}.html.format(i))
```

图 3-54 抓取列表页代码

因为我们这里只做任务下发，不会执行 parse 解析方法，所以我们改写 parse 方法，如图 3-55、图 3-56 所示。

```
    def parse(self,requests,response):
        print("只下发任务，该方法不会执行")
if __name__ == "__main__":
        spider = SpiderArticle(redis_key="spider:article") #填写 redis key
        spider.start_monitor_task() #下发以及监控任务
```

图 3-55 parse 解析函数

图 3-56 main 函数

运行后结果如图 3-57 所示。

图 3-57 运行爬虫

根据运行结果我们发现只做下发任务，parse 方法是不会执行的。我们打开 redis 可视化工具 Another Redis Desktop Manager，此时下发的 30 个 url 已经写到 redis 里了，如图 3-58 所示。

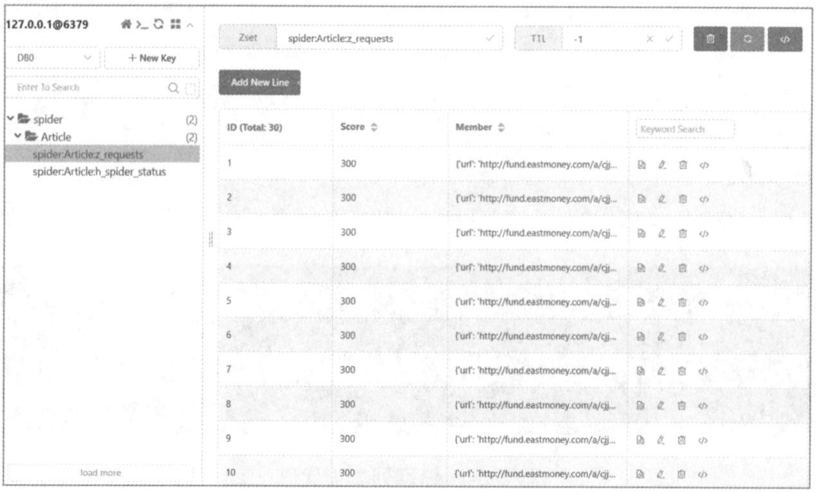


图 3-58 查看 Redis 任务

(5) 抓取详情，代码如下(参见图 3-59)：

```
def parse(self, requests, response):
    article_list = response.xpath('//div[@class="infos"]/ul/li')  # 获取到所有li
    for article in article_list:

        table_name = "article_detail"  # 表名
        title = article.xpath('./a/text()').extract_first()  # 获取标题
        date = article.xpath('./span/text()').extract_first()  # 获取时间
        url = article.xpath('./a/@href').extract_first()  # 获取文章链接
        print("title:%s,date:%s,url:%s"%(title,date,url))
```

图 3-59 编写解析函数

修改 main 方法，执行解析，代码如下(参见图 3-60)：

```
if __name__ == "__main__":
    spider = SpiderArticle(redis_key="spider:Article")  # 填写 redis key
    spider.start()  # 执行解析
```

图 3-60 main 函数

运行结果如图 3-61 所示。

图 3-61 运么爬虫

我们打开 redis 可视化工具 Another Redis Desktop Manager，此时 key 已经自动清空了，如图 3-62 所示。

图 3-62 查看任务

(6) 创建表。此次抓取字段所需要保存的表：article，如图 3-63 所示。

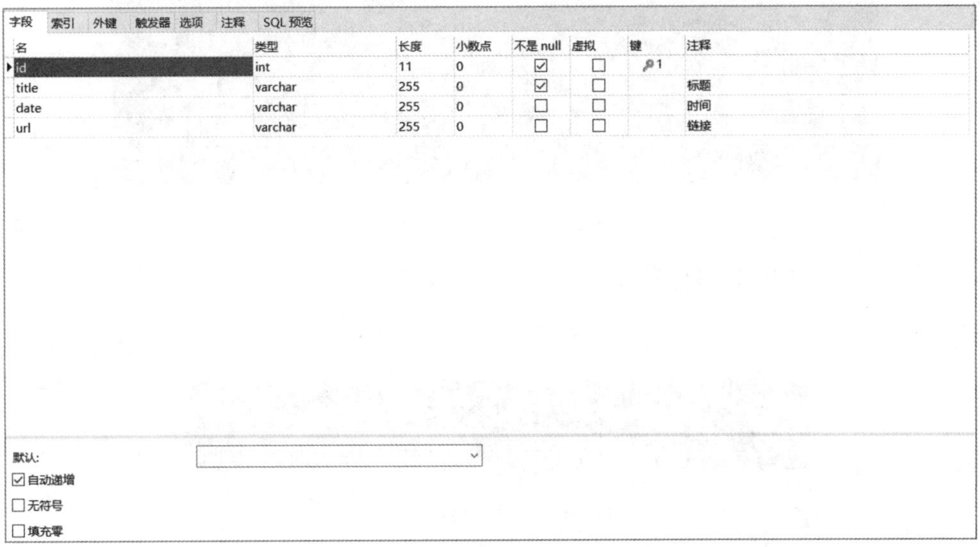


图 3-63 表结构

SQL 代码如下：

```
SET NAMES utf8mb4;
SET FOREIGN_KEY_CHECKS = 0;

-- ----------------------------
-- Table structure for article
-- ----------------------------
DROP TABLE IF EXISTS 'article';
CREATE TABLE 'article'  (
  'id' int(11) NOT NULL AUTO_INCREMENT,
  'title' varchar(255) CHARACTER SET utf8mb4 COLLATE utf8mb4_general_ci NOT NULL
COMMENT '标题',
  'date' varchar(255) CHARACTER SET utf8mb4 COLLATE utf8mb4_general_ci NULL
DEFAULT NULL COMMENT '时间',
  'url' varchar(255) CHARACTER SET utf8mb4 COLLATE utf8mb4_general_ci NULL
DEFAULT NULL COMMENT '链接',
  PRIMARY KEY ('id') USING BTREE
) ENGINE = InnoDB AUTO_INCREMENT = 1 CHARACTER SET = utf8mb4 COLLATE =
utf8mb4_general_ci ROW_FORMAT = Dynamic;

SET FOREIGN_KEY_CHECKS = 1;
```

(7) 创建 item。item 为与数据库表的映射，与数据入库的逻辑相关。在使用此命令前，需在数据库中创建好表，且在 setting.py 中配置好数据库连接地址，如图 3-64 所示。

```
REDISDB_IP_PORTS = "localhost:6379";
REDISDB_USER_PASS = "";
REDISDB_DB = 0;
```

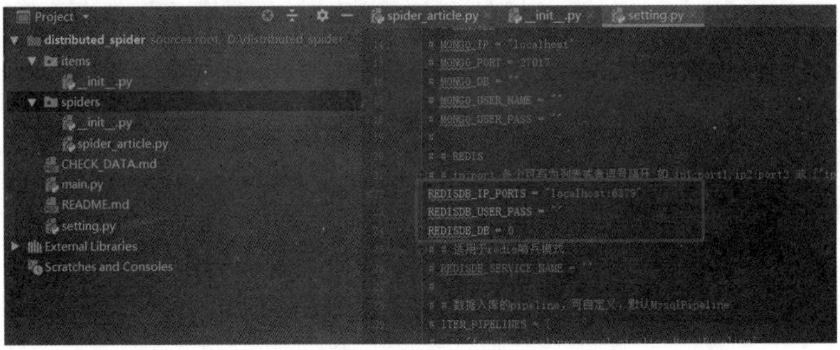


图 3-64　配置 Redis 直接信息

使用如下命令退出当前目录，结果如图 3-65 所示。

```
cd ..
```

图 3-65　退出当前目录

使用如下命令进入 items 目录，结果如图 3-66 所示。

```
cd items
```

D:\distributed_spider>cd items
D:\distributed_spider\items>

图 3-66 进入 Items 目录

使用如下命令生成 item，结果如图 3-67 所示。

```
feapder create -i article
```

D:\distributed_spider\items>feapder create -i article
article_item.py 生成成功

图 3-67 生成 Item

再次查看 PyCharm 时，发现项目已经生成好了，如图 3-68 所示。

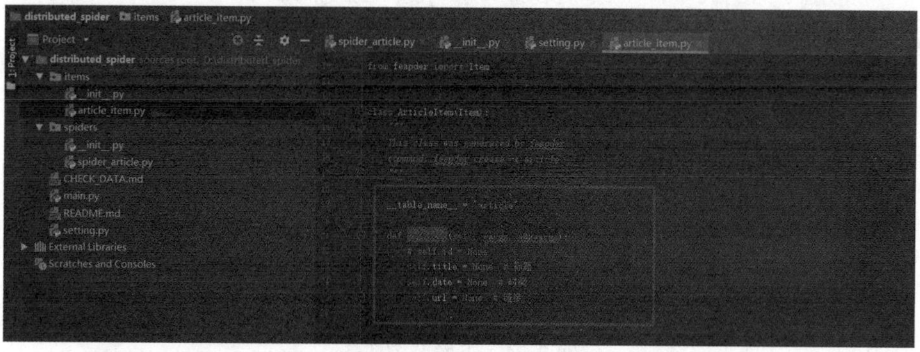

图 3-68 Item 代码

(8) 执行入库。我们再回到 spider_article.py 爬虫里，把 feapder 的 item 导入进来，命令如下(参见图 3-69)：

```
from feapder import Item
```

import feapder
from feapder import Item

图 3-69 引入 Item 模块

修改 parse 方法中的代码执行入库操作(参见图 3-70)：

```
def parse(self, requests, response):
    article_list = response.xpath('//div[@class="infos"]/ul/li')
    #获取到所有 li
    for article in article_list:
        item = Item()
        item.table_name = " article " # 表名
        item.title = article.xpath('./a/text()').extract_first() #获取标题
        item.date = article.xpath('./span/text()').extract_first()
        # 获取时间
        item.url = article.xpath('./a/@href').extract_first()  # 获取文章链接
        yield item
```

```
        # print("title:%s,date:%s,url:%s"%(title,date,url))
```

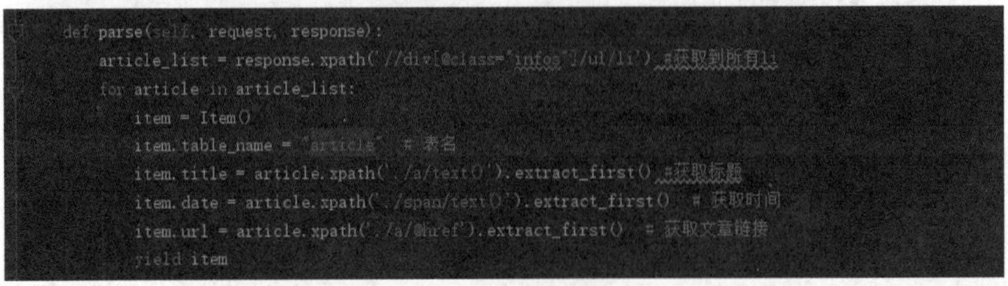
def parse(self, request, response):
article_list = response.xpath('//div[@class="infos"]/ul/li') #获取到所有li
for article in article_list:
item = Item()
item.table_name = "article" # 表名
item.title = article.xpath('./a/text()').extract_first() #获取标题
item.date = article.xpath('./span/text()').extract_first() # 获取时间
item.url = article.xpath('./a/@href').extract_first() # 获取文章链接
yield item

图 3-70　使用 item 进入库

调用 main 方法下发任务：

```
if __name__ == "__main__":
    spider = SpiderArticle(redis_key="spider:Article")  # 填写 redis key
    spider.start_monitor_task()  # 下发及监控任务
```

运行结果如图 3-71 所示。

Run: spider_article
D:\py3\python.exe D:/distributed_spider/spiders/spider_article.py
********** feapder begin **********
Process finished with exit code 0

图 3-71　下发监控任务

调用 main 方法解析任务，代码如下(参见图 3-72)：

```
if __name__ == "__main__":
    spider = SpiderArticle(redis_key="spider:Article")  # 填写 redis key
    spider.start()  # 执行解析
```

if __name__ == "__main__":
spider = SpiderArticle(redis_key="spider:Article") # 填写 redis key
spider.start() # 执行解析

图 3-72　main 函数

运行结果如图 3-73 所示。

********** feapder end **********
Process finished with exit code 0

图 3-73　运行爬虫

表中的内容如图 3-74 所示。

| id | title | date | url |
|---|---|---|---|
| 1 | 货币基金收益率全面“ | 2022-05-23 00:04 | http://fund.eastmoney.com/a/202205232387361898.html |
| 2 | 再现百亿“爆款” 同业有 | 2022-05-23 02:01 | http://fund.eastmoney.com/a/202205232387367345.html |
| 3 | 如何选中10倍基？五 | 2022-05-23 01:03 | http://fund.eastmoney.com/a/202205232387361597.html |
| 4 | 北向资金扫货银行股！ | 2022-05-22 12:41 | http://fund.eastmoney.com/a/202205222387287810.html |
| 5 | A股游戏公司2021年 | 2022-05-08 00:46 | http://fund.eastmoney.com/a/202205072371628794.html |
| 6 | 这类基金产品火了 发 | 2022-05-08 01:35 | http://fund.eastmoney.com/a/202205072371619572.html |
| 7 | 近5个交易日 北向资金 | 2022-05-08 00:18 | http://fund.eastmoney.com/a/202205072371623580.html |
| 8 | 重磅信号？！李嘉诚又 | 2022-05-08 00:08 | http://fund.eastmoney.com/a/202205082371629478.html |
| 9 | 央行副行长最新发声！ | 2022-05-08 00:08 | http://fund.eastmoney.com/a/202205082371629648.html |
| 10 | 震动金融圈！700亿基 | 2022-05-07 08:45 | http://fund.eastmoney.com/a/202205072371156435.html |
| 11 | 沪指险守3000点！10 | 2022-05-07 01:07 | http://fund.eastmoney.com/a/202205072370963886.html |
| 12 | 股市大跌！12家知名 | 2022-05-07 00:16 | http://fund.eastmoney.com/a/202205072370962978.html |
| 13 | 暖风频吹 这一板块“相 | 2022-05-23 00:00 | http://fund.eastmoney.com/a/202205222387272931.html |
| 14 | 一个月血本无归 币圈 | 2022-05-22 08:40 | http://fund.eastmoney.com/a/202205222387270283.html |
| 15 | 百亿私募愈挫愈勇加紧 | 2022-05-22 01:05 | http://fund.eastmoney.com/a/202205222387259435.html |
| 16 | 最强赛道“卷土重来”？ | 2022-05-22 12:25 | http://fund.eastmoney.com/a/202205222387287789.html |
| 17 | 董承非刷屏！拟自购不 | 2022-05-07 00:42 | http://fund.eastmoney.com/a/202205072370963487.html |
| 18 | 人民币跌破6.7 美元新 | 2022-05-06 16:26 | http://fund.eastmoney.com/a/202205062370712258.html |
| 19 | 28万亿元资金钟爱哪 | 2022-05-06 21:29 | http://fund.eastmoney.com/a/202205062370943315.html |
| 20 | A股港股大跌 原因找到 | 2022-05-06 18:41 | http://fund.eastmoney.com/a/202205062370849729.html |
| 21 | 4.6万亿市场将有大动 | 2022-05-22 08:40 | http://fund.eastmoney.com/a/202205222387270589.html |
| 22 | 不惧沪指盘中再破300 | 2022-05-06 16:24 | http://fund.eastmoney.com/a/202205062370709482.html |
| 23 | 楼市刚放松 就有业主 | 2022-05-22 01:24 | http://fund.eastmoney.com/a/202205222387258852.html |
| 24 | 一季度社保持仓曝光！ | 2022-05-06 14:52 | http://fund.eastmoney.com/a/202205062370593393.html |
| 25 | 正式落地！上交所推出 | 2022-05-22 05:30 | http://fund.eastmoney.com/a/202205222387259230.html |
| 26 | 百年罕见！道指连跌8 | 2022-05-22 00:22 | http://fund.eastmoney.com/a/202205212387245391.html |
| 27 | 又一类基金规模猛增 | 2022-05-22 00:47 | http://fund.eastmoney.com/a/202205222387258629.html |
| 28 | ETF追踪：沪指昨迎开 | 2022-05-06 11:44 | http://fund.eastmoney.com/a/202205062370363449.html |
| 29 | 机构调研方向生变！超 | 2022-05-06 07:52 | http://fund.eastmoney.com/a/202205062369441058.html |
| 30 | 一周扫货超152亿元！ | 2022-05-22 07:24 | http://fund.eastmoney.com/a/202205222387264691.html |

图 3-74　存入到 MySQL 的结果表

**提示**　spider.start_monitor_task()：下发任务，可以认为是生产端只生产任务。

spider.start()：解析任务，可以认为是消费端只消费任务。

通过上面的解释，就知道为什么要先下发任务，因为生产了任务之后，我们才能去消费任务。这就是分布式的思想。我们只需要把生产好的任务下发到 redis，消费端可以部署在多个服务器上，每个服务器都可以部署同样的代码启动解析任务，这么多服务器运行的解析任务都是来自消费端。也就相当于多个服务器都去生产端取任务进行采集，从而提高采集效率。

打个比喻：你去饭店吃饭，厨师在炒菜，这就相当于是生产端；你在吃，就相当于是个消费端在消费；除了在饭店吃的，饭店还提供外卖，别人也能吃到，相当于是多个消费端在消费。

完整代码如下：

```
import feapder
from  feapder import  Item

class SpiderArticle(feapder.Spider):


   def start_requests(self):
      # 下发任务 30 个
      for i in range(1, 31):
         yield
feapder.Request("http://fund.eastmoney.com/a/cjjyw_{}.html".format(i))

   def parse(self, requests, response):
      article_list = response.xpath('//div[@class="infos"]/ul/li')
#获取到所有 li
      for article in article_list:
         item = Item()
         item.table_name = "article"  # 表名
```

```
            item.title = article.xpath('./a/text()').extract_first()  #获取标题
            item.date = article.xpath('./span/text()').extract_first()# 获取时间
            item.url = article.xpath('./a/@href').extract_first()  # 获取文章链接
            yield item
            # print("title:%s,date:%s,url:%s"%(title,date,url))

if __name__ == "__main__":
    spider = SpiderArticle(redis_key="spider:Article") # 填写 redis key
    spider.start()  # 执行解析

    # spider.start_monitor_task()  # 下发及监控任务
```

## 任务检查与评价

完成任务实施后，进行任务检查与评价，具体检查评价表如表 3-2 所示。

表 3-2　任务检查评价表

<table>
<tr><td colspan="2">项目名称</td><td colspan="3">使用分布式爬虫采集金融数据</td></tr>
<tr><td colspan="2">任务名称</td><td colspan="3">爬虫程序实践</td></tr>
<tr><td colspan="2">评价方式</td><td colspan="3">可采用自评、互评、老师评价等方式</td></tr>
<tr><td colspan="2">说明</td><td colspan="3">主要评价学生在学习项目过程中的操作技能、理论知识、学习态度、课堂表现、学习能力等</td></tr>
<tr><td colspan="5">评价内容与评价标准</td></tr>
<tr><td>序号</td><td>评价内容</td><td>评价标准</td><td>分值</td><td>得分</td></tr>
<tr><td rowspan="4">1</td><td rowspan="4">知识运用<br>(20%)</td><td>掌握相关理论知识；理解本次任务要求；制订详细计划，计划条理清晰、逻辑正确(20 分)</td><td rowspan="4">20 分</td><td rowspan="4"></td></tr>
<tr><td>理解相关理论知识，能根据本次任务要求制订合理计划(15 分)</td></tr>
<tr><td>了解相关理论知识，有制订计划(10 分)</td></tr>
<tr><td>没有制订计划(0 分)</td></tr>
<tr><td rowspan="4">2</td><td rowspan="4">专业技能<br>(40%)</td><td>结果验证全部满足(40 分)</td><td rowspan="4">40 分</td><td rowspan="4"></td></tr>
<tr><td>结果验证只有一个功能不能实现，其他功能全部实现(30 分)</td></tr>
<tr><td>结果验证只有一个功能实现，其他功能全部没有实现(20 分)</td></tr>
<tr><td>结果验证功能均未实现(0 分)</td></tr>
<tr><td rowspan="4">3</td><td rowspan="4">核心素养<br>(20%)</td><td>具有良好的自主学习能力和分析解决问题的能力，任务过程中有指导他人(20 分)</td><td rowspan="4">20 分</td><td rowspan="4"></td></tr>
<tr><td>具有较好的学习能力和分析解决问题的能力，任务过程中没有指导他人(15 分)</td></tr>
<tr><td>能够主动学习并收集信息，有请教他人帮助解决问题的能力(10 分)</td></tr>
<tr><td>不主动学习(0 分)</td></tr>
<tr><td rowspan="3">4</td><td rowspan="3">课堂纪律<br>(20%)</td><td>设备无损坏，无干扰课堂秩序言行(20 分)</td><td rowspan="3">20 分</td><td rowspan="3"></td></tr>
<tr><td>无干扰课堂秩序言行(10 分)</td></tr>
<tr><td>有干扰课堂秩序言行(0 分)</td></tr>
</table>

## 任务小结

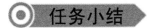

在本次任务中，学生需要使用 Spider 对基金网站的数据进行爬取，并将爬取到的数据存入 MySQL 数据库。通过该任务，学生可以了解分布式爬虫的思想，并使用分布式爬虫对网页进行数据爬取。

## 任务拓展

在启动消费任务时，我们可以指定多个线程来加大采集效率，代码如下：

```
spider = SpiderArticle(redis_key="spider:Article", thread_count=5)
# 填写 redis key
      spider.start()  # 执行解析
```

# 项目四 使用批次分布式爬虫采集天气数据

生活中离不开天气预报，本次案例我们将使用 feapder 爬虫框架的 BatchSpider 来采集天气数据。BatchSpider 是一款分布式批次爬虫，对于需要周期性采集的数据，我们每天都需要看天气，这个场景最适合用 BatchSpider。

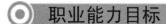

## 任务一　学习 feapder 架构设计

4.1 学习 feapder 架构设计

### 职业能力目标

通过本任务的教学，学生理解相关知识之后，应达成以下能力目标。

(1) 熟悉框架。了解框架的流程与模块。

(2) BatchSpider。创建及熟悉批次爬虫。

### 任务描述与要求

#### 任务描述

前面用了 AirSpider、Spider 两种爬虫，在学习 BatchSpider 时，我们也需要了解框架的一些原理。

### 任务要求

(1) 了解框架原理。

(2) 创建批次爬虫。

## 知识储备

feapder 框架的架构流程图如图 4-1 所示。

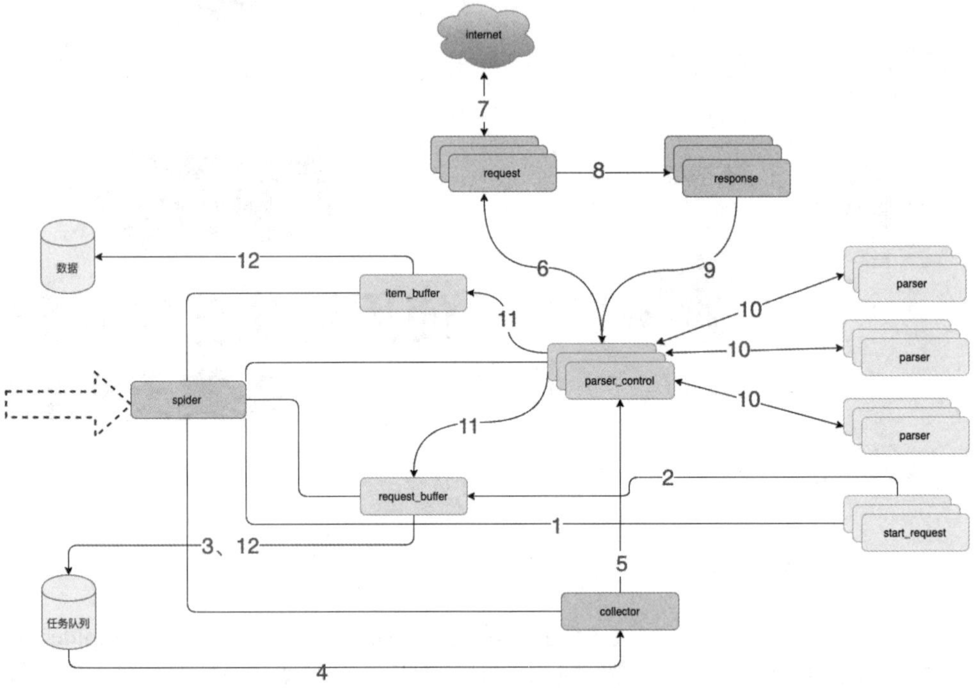


图 4-1　架构图

### 1. 模块说明

图 4-1 中的模块说明如下。

(1) spider：框架调度核心。

(2) parser_control：模板控制器，负责调度 parser。

(3) collector：任务收集器，负责从任务队列中批量取任务到内存，以减少爬虫对任务队列数据库的访问频率及并发量。

(4) parser：数据解析器。

(5) start_request：初始任务下发函数。

(6) item_buffer：数据缓冲队列，批量将数据存储到数据库中。

(7) request_buffer：请求任务缓冲队列，批量将请求任务存储到任务队列中。

(8) requests：数据下载器，封装了 requests，用于从互联网上下载数据。

(9) response：请求响应，封装了 response，支持 xpath、css、re 等解析方式，自动处理中文乱码。

### 2. 流程说明

图 4-1 中的流程说明如下。

(1) spider 调度 start_request 生产任务。

(2) start_request 下发任务到 request_buffer 中。

(3) spider 调度 request_buffer 按批量将任务存储到任务队列数据库中。

(4) spider 调度 collector 从任务队列中批量获取任务到内存队列。

(5) spider 调度 parser_control 从 collector 的内存队列中获取任务。

(6) parser_control 调度 requests 请求数据。

(7) requests 请求与下载数据。

(8) requests 将下载后的数据给 response，进一步封装。

(9) 将封装好的 response 返回给 parser_control(图示为多个 parser_control，表示多线程)。

(10) parser_control 调度对应的 parser，解析返回的 response(图示多组 parser 表示不同的网站解析器)。

(11) parser_control 将 parser 解析到的数据 item 及新产生的 requests 分发到 item_buffer 与 request_buffer。

(12) spider 调度 item_buffer 与 request_buffer 将数据批量入库。

## 任务计划与决策

关于 BactchSpider 的练习，我们主要学习批次爬虫的命令及应用，接下来的实践需要经过以下两个阶段。

(1) 使用命令创建批次爬虫。

(2) 对生成的代码进行讲解。

根据所学相关知识，请制订完成本次任务的实施计划。

## 任务实施

以下我们来学习 BatchSpider 的创建。

### 1. 创建批次爬虫的命令

创建批次爬虫命令如下：

```
feapder create -s 项目名 3
```

示例如下：

```
feapder create -s batch_spider_test 3
```

生成的爬虫代码如下：

```
import feapder
class BatchSpiderTest(feapder.BatchSpider):
    # 自定义数据库，若项目中有 setting.py 文件，此自定义可删除
     custom_setting   = dict(
      REDISDB_IP_PORTS="localhost:6379",
      REDISDB_USER_PASS="",
```

```
        REDISDB_DB=0,
        MYSQL_IP="localhost",
        MYSQL_PORT=3306,
        MYSQL_DB="feapder",
        MYSQL_USER_NAME="feapder",
        MYSQL_USER_PASS="feapder123",
    )

    def start_requests(self, task):
        yield feapder.Request("https://www.baidu.com")

    def parse(self, requests, response):
        print(response)

if __name__ == "__main__":
    spider = BatchSpiderTest(
        redis_key="xxx:xxxx",           # redis 中存放任务等信息的根 key
        task_table="",                  # mysql 中的任务表
        task_keys=["id", "xxx"],        # 需要获取任务表中的字段名，可添加多个
        task_state="state",             # mysql 中的任务状态字段
        batch_record_table="xxx_batch_record",  # MySQL 中的批次记录表
        batch_name="xxx(周全)",          # 批次名字
        batch_interval=7,               # 批次周期。以天为单位；若为小时，可写为 1/24
    )

    # spider.start_monitor_task() # 下发及监控任务
    spider.start()                      # 采集
```

由于 BatchSpider 是基于 redis 做的分布式批次爬虫，MySQL 来维护任务种子及批次信息，因此模板代码默认给了 redis 及 MySQL 的配置方式，连接信息需按真实情况修改。

### 2. 代码讲解

1) 配置信息

配置信息如下。

REDISDB_IP_PORTS：连接地址。若为集群或哨兵模式，多个连接地址用逗号分开；若为哨兵模式，需要加个 REDISDB_SERVICE_NAME 参数。

REDISDB_USER_PASS：连接密码。

REDISDB_DB：数据库。

2) 参数说明

BatchSpider 中的参数说明如下。

(1) redis_key：redis 中存储任务等信息的 key 前缀，如 redis_key="feapder:spider_test"，则 redis 中会生成如图 4-2 所示的文件。

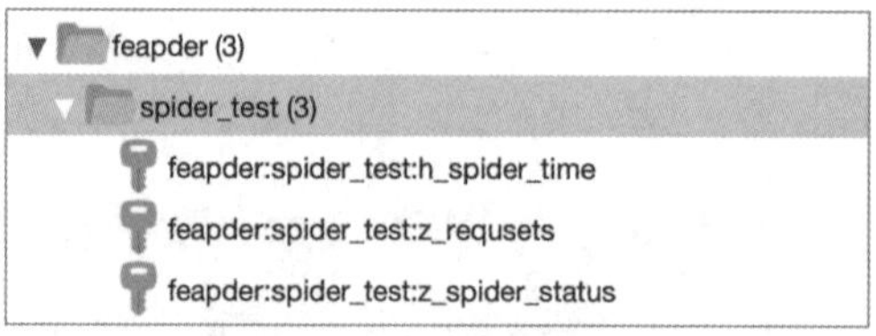


图 4-2　redis 任务结构图

(2) task_table：MySQL 中的任务表，为抓取的任务种子，需要运行前手动创建好。

(3) task_keys：任务表里需要获取的字段，框架会将这些字段的数据查询出来，传递给爬虫，然后拼接请求。

(4) task_state：任务表里表示任务完成状态的字段，默认是 state。字段为整型，有 4 种状态(0 表示待抓取，1 表示抓取完毕，2 表示抓取中，-1 抓取失败)。

(5) batch_record_table：批次信息表，用于记录批次信息，由爬虫自动创建。

(6) batch_name：批次名称，可以理解成爬虫的名字，用于报警等。

(7) batch_interval：批次周期。以天为单位；若为小时，可写为 1/24。

3) 启动方式

BatchSpider 的启动分为 master 及 worker 两种程序，具体如下。

(1) master 负责下发任务、监控批次进度、创建批次等。启动方式如下：

```
spider.start_monitor_task()
```

(2) worker 负责消费任务、抓取数据、启动方式如下：

```
spider.start()
```

### 3. 声明

Spider 支持的方法 BatchSpider 都支持，使用方式一致，下面重点讲解不同之处。

### 4. 任务表

任务表为存储任务种子的，表结构需要包含 id、任务状态两个字段，如我们需要对某些地址进行采集，设计如图 4-3 所示。

| Name | Type | Length | Decimals | Not Null | Virtual | Key | Comment |
|---|---|---|---|---|---|---|---|
| id | int | 10 | 0 | ☑ | ☐ | 1 | |
| url | varchar | 255 | 0 | ☐ | ☐ | | |
| state | int | 11 | 0 | ☐ | ☐ | | |

图 4-3 任务表结构

建立任务表的 SQL 语句如下：

```
CREATE TABLE 'batch_spider_task' (
  'id' int(10) unsigned NOT NULL AUTO_INCREMENT,
  'url' varchar(255) DEFAULT NULL,
  'state' int(11) DEFAULT '0',
  PRIMARY KEY ('id')
) ENGINE=InnoDB AUTO_INCREMENT=1 DEFAULT CHARSET=utf8mb4
COLLATE=utf8mb4_0900_ai_ci;
```

也许有人会问，为什么要弄个任务表，直接把种子任务写到代码里不行吗？答：可以的，可以用 AirSpider 或 Spider 这么搞。BatchSpider 面向的场景是周期性抓取，如果我们有 1 亿个商品需要更新，不可能把这 1 亿个商品 id 都写在代码里，还是需要存储到一张表里，这个表即为任务表。

1 和-1 两种状态是开发人员在代码里自己维护的。当任务做完时将任务状态更新为 1；当任务无效时，将任务状态更新为-1。更新方法见更新任务状态。需要注意：每个批次开始时，框架默认会重置状态非-1 的任务为 0，然后重新抓取。-1 的任务永远不会被抓取。

### 5. 拼接任务

拼接任务的代码如下：

```
def start_requests(self, task):
pass
```

任务拼接在 start_requests 里处理。这里的 task 参数为 BatchSpider 启动参数中指定的 task_keys 对应的值。如表 batch_spider_task，现有任务信息如图 4-4 所示。

| id | url | state |
|---|---|---|
| 1 | https://www.baidu.com | 0 |

图 4-4　MySQL 任务表写入的数据

启动参数配置如下，注意 task_keys=["id", "url"]：

```
def crawl_test(args):
    spider = test_spider.TestSpider(
        redis_key="feapder:test_batch_spider",# redis 中存放任务等信息的根 key
        task_table="batch_spider_task",        # mysql 中的任务表
        task_keys=["id", "url"],               # 需要获取任务表里的字段名，可添加多个
        task_state="state",    # mysql 中的任务状态字段
        batch_record_table="batch_spider_batch_record",  # MySQL 中的批次记录表
        batch_name="批次爬虫测试(周全)",              # 批次名字
        batch_interval=7,      # 批次周期。以天为单位；若为小时，可写为 1/24
    )

    if args == 1:
        spider.start_monitor_task()  # 下发及监控任务
    else:
        spider.start()  # 采集
```

这时，start_requests 的 task 参数值即为任务表里 id 与 url 对应的值。

```
    def start_requests(self, task):
        # task 为在任务表中取出的每一条任务
        id, url = task  # id、url 为所取的字段，main 函数中指定的
        yield feapder.Request(url, task_id=id)
```

task 值的获取方式，支持以下两种方式。

```
# 列表方式
id, url = task
id = task[0]
url = task[1]
# 字典方式
id, url = task.id, task.url
id, url = task.get("id"), task.get("url")
id, url = task["id"], task["url"]
```

### 6. 更新任务状态

任务的完成状态与失败状态需要自己维护，为了更新这个状态，我们需要在请求中携

带任务 id。常规写法如下：

```
yield feapder.Request(url, task_id=id)
```

当任务解析完毕后，可使用如下方法更新：

```
yield self.update_task_batch(request.task_id, 1) # 更新任务状态为1
```

这个更新不是实时的，也会先流经 ItemBuffer，然后在数据入库后批量更新。

### 7. 处理无效任务

有些任务，可能就是有问题的，我们需要将其更新为-1，防止爬虫一直重试。除了在解析函数中判断当前任务是否有效外，框架还提供了如下两个函数：

```
def exception_request(self, requests, response):
    """
    @summary: 请求或者 parser 里解析出异常的 requests
    ---------
    @param requests:
    @param response:
    ---------
    @result: requests / callback / None (返回值必须可迭代)
    """

    pass

def failed_request(self, requests, response):
    """
    @summary: 超过最大重试次数的 requests
    ---------
    @param requests:
    ---------
    @result: requests / item / callback / None (返回值必须可迭代)
    """

    pass
```

exception_request 表示处理请求失败或解析出异常的 requests，我们可以在这里切换 requests 的 cookie 等，然后在 yield requests 返回处理后的 requests；failed_request 表示处理超过最大重试次数的 requests。我们可以在这里将任务状态更新为-1。

```
def failed_request(self, requests, response):
    """
    @summary: 超过最大重试次数的 requests
    ---------
    @param requests:
    ---------
    @result: requests / item / callback / None (返回值必须可迭代)
    """

    yield requests
    yield self.update_task_batch(request.task_id, -1) # 更新任务状态为-1
```

超过最大重试次数的 requests 会保存到 redis 里，key 名以 z_failed_requsets 结尾。我们可以查看这个表里的失败任务、观察失败原因，以此来调整爬虫。

### 8. 增量采集

每个批次开始时，框架默认会重置状态非-1 的任务为 0，然后重新抓取。但是有些需求是增量采集的，做过的任务无须再次处理。重置任务是用 init_task 方法实现的，我们可以将 init_task 方法置空来实现增量采集。

```
def init_task(self):
    pass
```

### 9. 运行 BatchSpider

BatchSpider 与 Spider 运行方式类似。但由于每个爬虫都有 master 和 worker 两个入口，因此框架提供了一种更方便的方式。写法如下。

```
from spiders import *
from feapder import ArgumentParser
def crawl_test(args):
    spider = test_spider.TestSpider(
        redis_key="feapder:test_batch_spider",  # redis 中存放任务等信息的根 key
        task_table="batch_spider_task",  # MySQL 中的任务表
        task_keys=["id", "url"],  # 需要获取任务表里的字段名，可添加多个
        task_state="state",  # MySQL 中的任务状态字段
        batch_record_table="batch_spider_batch_record",  # MySQL 中的批次记录表
        batch_name="批次爬虫测试(周全)",  # 批次名字
        batch_interval=7,  # 批次周期。以天为单位；若为小时，可写为 1/24
    )

    if args == 1:
        spider.start_monitor_task()  # 下发及监控任务
    else:
        spider.start()  # 采集

if __name__ == "__main__":

    parser = ArgumentParser(description="批次爬虫测试")

    parser.add_argument(
        "--crawl_test", type=int, nargs=1, help="BatchSpider demo(1|2)",
function=crawl_test
    )

    parser.start()
```

运行 master：

```
python3 main.py --crawl_test 1
```

运行 worker：

```
python3 main.py --crawl_test 2
```

crawl_test 的 args 参数会接收 1 或 2 两个参数，以此来运行不同的程序。

## 任务检查与评价

完成任务实施后，进行任务检查与评价，具体检查评价表如表 4-1 所示。

表 4-1　任务检查评价表

| | | | | |
|---|---|---|---|---|
| 项目名称 | 使用批次分布式爬虫采集天气数据 | | | |
| 任务名称 | 学习 feapder 框架设计 | | | |
| 评价方式 | 可采用自评、互评、老师评价等方式 | | | |
| 说明 | 主要评价学生在学习项目过程中的操作技能、理论知识、学习态度、课堂表现、学习能力等 | | | |
| 评价内容与评价标准 | | | | |
| 序号 | 评价内容 | 评价标准 | 分值 | 得分 |
| 1 | 知识运用(20%) | 掌握相关理论知识；理解本次任务要求；制订详细计划，计划条理清晰、逻辑正确(20 分) | 20 分 | |
| | | 理解相关理论知识，能根据本次任务要求制订合理计划(15 分) | | |
| | | 了解相关理论知识，有制订计划(10 分) | | |
| | | 没有制订计划(0 分) | | |
| 2 | 专业技能(40%) | 结果验证全部满足(40 分) | 40 分 | |
| | | 结果验证只有一个功能不能实现，其他功能全部实现(30 分) | | |
| | | 结果验证只有一个功能实现，其他功能全部没有实现(20 分) | | |
| | | 结果验证功能均未实现(0 分) | | |
| 3 | 核心素养(20%) | 具有良好的自主学习能力和分析解决问题的能力，任务过程中有指导他人(20 分) | 20 分 | |
| | | 具有较好的学习能力和分析解决问题的能力，任务过程中没有指导他人(15 分) | | |
| | | 能够主动学习并收集信息，有请教他人帮助解决问题的能力(10 分) | | |
| | | 不主动学习(0 分) | | |
| 4 | 课堂纪律(20%) | 设备无损坏，无干扰课堂秩序言行(20 分) | 20 分 | |
| | | 无干扰课堂秩序言行(10 分) | | |
| | | 有干扰课堂秩序言行(0 分) | | |

## 任务小结

本次任务主要介绍了 BatchSpider 及其如何使用，学生可以通过指令创建批次爬虫并使用。

## 任务拓展

熟练掌握批次爬虫指令。

# 任务二　爬虫程序实践

4.2 爬虫程序实践

## 职业能力目标

根据需求，从互联网爬取数据并存入 MySQL 数据库。
使用 BatchSpider 从网上爬取数据并存入 MySQL 数据库。

## 任务描述与要求

### 爬取天气网站数据

经过任务一的学习，已经对 BatchSpider 有了初步的认识。在本任务中，我们将把所学到的知识应用到爬虫开发中，根据我们的需求，对网络数据进行爬取，并存入到 MySQL 数据库。

## 知识储备

关于 BatchSpider 进阶的学习具体如下。
BatchSpider 中的参数及说明：

```
def __init__(
    self,
    task_table,
    batch_record_table,
    batch_name,
    batch_interval,
    task_keys,
    task_state="state",
    min_task_count=10000,
    check_task_interval=5,
    task_limit=10000,
    related_redis_key=None,
    related_batch_record=None,
    task_condition="",
    task_order_by="",
    redis_key=None,
    thread_count=None,
    begin_callback=None,
    end_callback=None,
    delete_keys=(),
    keep_alive=None,
    send_run_time=False,
):
    """
```

@summary：批次爬虫
必要条件如下。

### 1. 须有任务表

任务表中必须有 id 及任务状态字段(如 state)。如指定 parser_name 字段，则任务会自动下发到对应的 parser 下，否则会下发到所有的 parser 下。其他字段可以根据爬虫需要的参数自行扩充。

参考建表语句如下：

```
CREATE TABLE 'table_name' (
  'id' int(11) NOT NULL AUTO_INCREMENT,
  'param' varchar(1000) DEFAULT NULL COMMENT '爬虫需要的抓取数据需要的参数',
  'state' int(11) DEFAULT NULL COMMENT '任务状态',
  'parser_name' varchar(255) DEFAULT NULL COMMENT '任务解析器的脚本类名',
  PRIMARY KEY ('id'),
  UNIQUE KEY 'nui' ('param') USING BTREE
) ENGINE=InnoDB AUTO_INCREMENT=1 DEFAULT CHARSET=utf8;
```

2. 须有批次记录表，不存在自动创建

```
    ---------
    @param task_table: MySQL 中的任务表
    @param batch_record_table: MySQL 中的批次记录表
    @param batch_name: 批次采集程序名称
    @param batch_interval: 批次间隔。以天为单位；如想一小时一批次，可写成 1/24
    @param task_keys: 需要获取的任务字段列表[]。如需指定解析的 parser，则需将
parser_name 字段取出来
    @param task_state: MySQL 中任务表的任务状态字段
    @param min_task_count: redis 中最少任务数，少于这个数量会从 MySQL 的任务表取任务
    @param check_task_interval: 检查是否还有任务的时间间隔
    @param task_limit: 从数据库中取任务的数量
    @param redis_key: 任务等数据存放在 redis 中的以 key 为前缀的队列中
    @param thread_count: 线程数，默认为配置文件中的线程数
    @param begin_callback: 爬虫开始回调函数
    @param end_callback: 爬虫结束回调函数
    @param delete_keys: 爬虫启动时删除的 key，类型：元组/bool/string。支持正则表达式；
常用于清空任务队列，否则重启时会断点续爬
    @param keep_alive: 爬虫是否常驻，默认为否
    @param send_run_time: 发送运行时间
    @param related_redis_key: 有关联的其他爬虫任务表(redis)。注意：要避免环路，如 A ->
B & B -> A
    @param related_batch_record: 有关联的其他爬虫批次表(MySQL)。注意：要避免环路，如 A
-> B & B -> A
        related_redis_key 与 related_batch_record 选其一配置即可；用于相关联的爬虫没
结束时，本爬虫也不结束
        若相关联的爬虫为批次爬虫，推荐用 related_batch_record 配置；
        若相关联的爬虫为普通爬虫，无批次表，可以用 related_redis_key 配置
    @param task_condition: 任务条件。用于从一个大任务表中挑选出自己数据爬虫的任务，即
where 后的条件语句
    @param task_order_by: 取任务时的排序条件，如 id desc
    ---------
    @result:
    """
```

接下来我们介绍一下理解起来可能有疑惑的参数。

1. related_redis_key 与 related_batch_record

这两个参数用于采集之间有关联的爬虫。比如列表爬虫和详情爬虫，详情的任务需依

赖列表爬虫生产；列表爬虫没采集完毕，详情爬虫要处于等待状态。举例说明：BatchSpider 依赖 Spider。

```
def crawl_list():
    """
    普通爬虫 Spider
    """
    spider = spider_test.SpiderTest(redis_key="feapder:list")
    spider.start()


def crawl_detail(args):
    """
    批次爬虫 BatchSpider
    @param args: 1 / 2 / init
    """
    spider = batch_spider_test.BatchSpiderTest(
        task_table="list_task",           # MySQL 中的任务表
        batch_record_table="list_batch_record",  # MySQL 中的批次记录表
        batch_name="详情爬虫(周全)",       # 批次名字
        batch_interval=7,                 # 批次时间。以天为单位；若为小时，可写为 1/24
        task_keys=["id", "item_id"],   # 需要获取任务表里的字段名，可添加多个
        redis_key="feapder:detail",    # redis 中存放 requests 等信息的根 key
        task_state="state",               # MySQL 中的任务状态字段
        related_redis_key="feapder:list:z_requsets"
    )

    if args == 1:
        spider.start_monitor_task()
    elif args == 2:
        spider.start()
```

若批次爬虫和批次爬虫之间有依赖，除了设置 related_redis_key 参数外，还支持设置 related_batch_record 参数，指定对方的批次记录表即可。两个参数二选一。

### 2. task_condition

这个参数用于获取任务的条件，可以理解为 SQL 后面的 where 条件。如获取 url 不为空且 id 大于 10 的任务。

```
task_condition="url is not null and id > 10"
```

### 3. BatchSpider 中的方法

BatchSpider 继承自 BatchParser，并且 BatchParser 是对开发者暴露的常用方法接口，因此推荐先看 BatchParser。BatchSpider 中的方法如下。

init_task 为任务初始化。init_task 函数会在每个批次开始时调用，用于将已完成的任务状态重置为 0。因此当本函数被重写为空时，可实现增量抓取。

```
def init_task(self):
    pass
```

当手动调用本函数时，可将任务状态刷新为 0；开发阶段经常使用。

```
spider.init_task()
```

4. 其他细节

(1) 任务防丢。BatchSpider 除了支持 Spider 的任务防丢机制外，还多了一层对 MySQL 任务表的保障，MySQL 的任务表中每条任务都有任务状态，BatchSpider 有任务丢失重发机制，直到所有任务都处于成功或者失败两种状态，才算采集结束。

(2) 任务重试。与 Spider 相同。任务请求失败或解析函数抛出异常时，会自动重试，默认重试次数为 100 次，可通过配置文件 SPIDER_MAX_RETRY_TIMES 参数修改。当任务超过最大重试次数时，默认会将失败的任务存入 redis 的{redis_key}:z_failed_requsets，供人工排查。

相关配置如下：

```
# 每个请求最大重试次数
SPIDER_MAX_RETRY_TIMES = 100
# 重新尝试失败的 requests，当 requests 重试次数超过允许的最大重试次数算失败
RETRY_FAILED_REQUESTS = False
# 保存失败的 requests
SAVE_FAILED_REQUEST = True
# 任务失败数超过 WARNING_FAILED_COUNT 则报警
WARNING_FAILED_COUNT = 1000
当 RETRY_FAILED_REQUESTS=True 时，爬虫再次启动时会将失败的任务重新下发到任务队列中，重
新抓取
```

(3) 去重。与 Spider 相同。支持任务去重和数据去重。任务默认是临时去重，去重库保留 1 个月，即只去重 1 个月内的任务；数据是永久去重。默认去重是关闭的，相关配置如下：

```
ITEM_FILTER_ENABLE = False # item 去重
REQUEST_FILTER_ENABLE = False # requests 去重
修改默认去重库：

from feapder.buffer.request_buffer import RequestBuffer
from feapder.buffer.item_buffer import ItemBuffer
from feapder.dedup import Dedup

RequestBuffer.dedup = Dedup(filter_type=Dedup.MemoryFilter)
ItemBuffer.dedup = Dedup(filter_type=Dedup.MemoryFilter)
RequestBuffer 为任务入库前缓冲的 buffer，ItemBuffer 为数据入库前缓冲的 buffer
```

(4) 加速采集。与爬虫采集速度的相关配置如下：

```
# 爬虫相关
# COLLECTOR
COLLECTOR_SLEEP_TIME = 1      # 从任务队列中获取任务到内存队列的间隔
COLLECTOR_TASK_COUNT = 10     # 每次获取任务数量

# SPIDER
SPIDER_THREAD_COUNT = 1       # 爬虫并发数
SPIDER_SLEEP_TIME = 0         # 下载时间间隔(解析完一个 response 后休眠时间)
SPIDER_MAX_RETRY_TIMES = 100# 每个请求最大重试次数
# 是否主动执行添加。设置为 False，需要手动调用 start_monitor_task；适用于多进程情况下
```

COLLECTOR 为从任务队列中取任务到内存队列的线程，SPIDER 为实际采集的线程。

建议 COLLECTOR_TASK_COUNT 不小于 SPIDER_THREAD_COUNT，这样每个线程的爬虫才有任务可做。COLLECTOR_TASK_COUNT 不建议过大，不然分布式时，一个池子里的任务都被节点 A 取走了，其他节点取不到任务了。

更多配置，详见配置文件 setting.py。

## 任务计划与决策

爬取天气数据，并存入 MySQL 数据库。

使用 feapder 爬虫框架内置的批次爬虫采集天气网站数据，数据爬取主要包含以下三个方面。

(1) 把需要抓取的 url 存入 MySQL 种子任务表。

(2) 能使用 BatchSpider 分布式爬虫进行采集。

(3) 将爬取到的数据存入 MySQL 数据库。

根据所学相关知识，请制订完成本次任务的实施计划。

## 任务实施

首先，我们要确定好目标网站，天气网站(https://www.tianqi.com/news/index_1.html)如图 4-5 所示。

图 4-5　网站截图

我们就以抓取有关天气的文章为例，先抓取文章列表，再抓取文章信息，带大家快速入门。

### 1. 创建批次爬虫

使用 PyCharm 打开我们上个案例用 Spider 做的项目，如图 4-6 所示。

注：本次我们就不再重新创建项目了，在正式开发中，一个项目就可以创建管理多个爬虫，所以才称作爬虫项目。之前每次创建一个项目是让大家多练习。

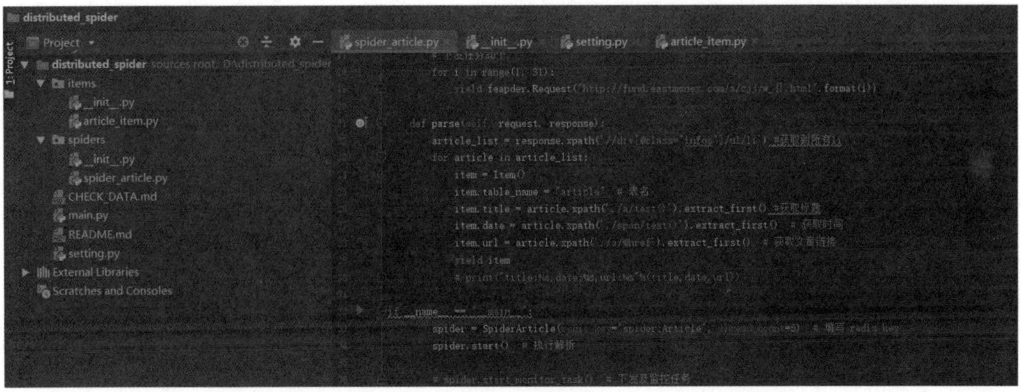


图 4-6　项目图

之前的案例都是教大家使用 Windows 的命令行创建，这次我们使用 PyCharm 输入命令行创建。单击最下方的 Termminal，如图 4-7 所示。

图 4-7　点击 Termminal

来到如图 4-8 所示的界面，我们发现已经在项目所在目录了。

图 4-8　点击 Termminal 后

使用如下命令进入 spiders 目录，结果如图 4-9 所示。

```
cd spiders
```

图 4-9　进入爬虫目录

使用如下命令创建一个 BatchSpider，结果如图 4-10 所示。

```
feapder create -s batch_spider_news 3
```

图 4-10　生成爬虫

再次查看 PyCharm 时，发现已经生成好了，如图 4-11 所示。

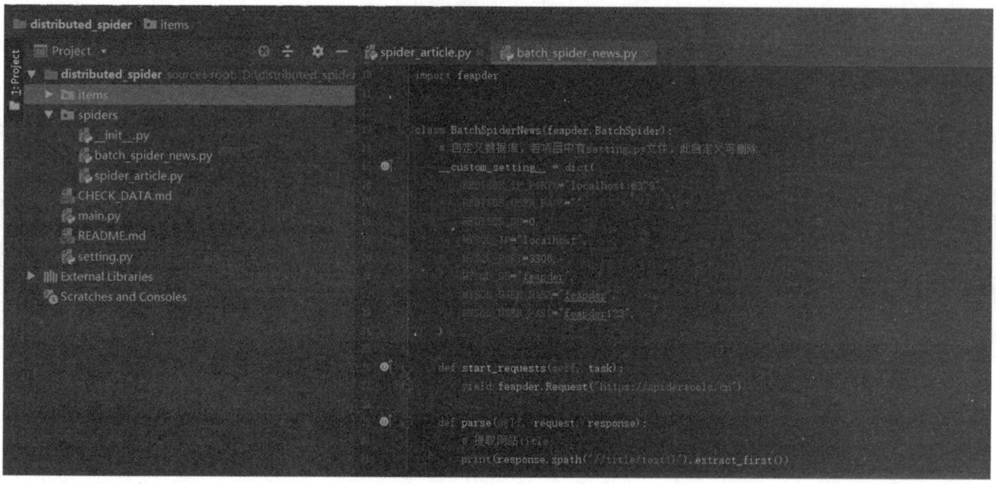


图 4-11　爬虫代码

### 2. 创建种子任务表

创建表的 SQL 语句如下：

```
CREATE TABLE 'batch_spider_task' (
  'id' int(10) unsigned NOT NULL AUTO_INCREMENT,
  'url' varchar(255) DEFAULT NULL,
  'state' int(11) DEFAULT '0',
  PRIMARY KEY ('id')
)
```

### 3. 往种子任务表中添加要采集的 url

本次我们分析的是一个天气网站(网址为 https://www.tianqi.com/news/index_1.html)，通过分析我们发现页数也是自增的，如图 4-12 所示。

根据上面的建表语句把批次任务表建好之后，我们可以使用程序把 url 写入种子任务表。打开 PyCharm，右击项目，在弹出的快捷菜单中选择 New→Python file 命令，创建一个名叫 db_util 的 Python 文件，如图 4-13 所示。

图 4-12　分析翻页代码

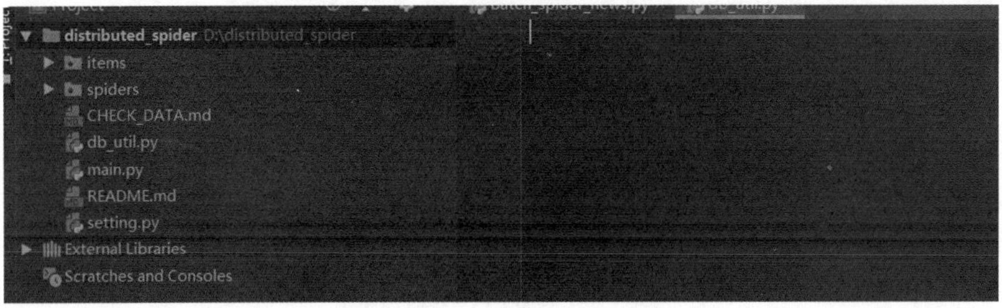


图 4-13　创建 Python

(1) 和我们的第一个案例一样，我们先导入 pymysql，定义一个数据库连接：

```
# -*- coding: utf-8 -*-
import pymysql
db = pymysql.connect(host="localhost", user="root", password="123",
database="spider_case")
# 声明一个游标
cursor = db.cursor()
```

(2) 再编写一个批量入库的方法。代码如下：

```
def insert_db(sql,list):
    try:
        # 执行 sql 语句
        cursor.executemany(sql, list)
        # 提交到数据库执行
        db.commit()
        print("批量插入成功")
    except:
        print("批量插入失败")
        # 如果发生错误则回滚
        db.rollback()
```

```
    finally:
        # 关闭游标
        cursor.close()
        # 关闭数据库连接
        db.close()
```

(3) 最后我们再编写一个任务入库的方法。代码如下：

```
def add_url_task():
    list=[]
    # 组织了 50 个 url
    for i in range(1, 51):
        url="https://www.tianqi.com/news/index_{}.html".format(i)
        # 把要下发的 url 存到列表里去，进行批量插入
        list.append(url)
    # SQL 插入语句
    sql = "insert into batch_spider_task(url) VALUES (%s)"
    # 调用定义好的批量入库方法,传入 sql 语句及列表
    insert_db(sql,list)
```

(4) 执行。代码如下：

```
if __name__ == '__main__':
    add_url_task()
```

运行结果如图 4-14 所示。

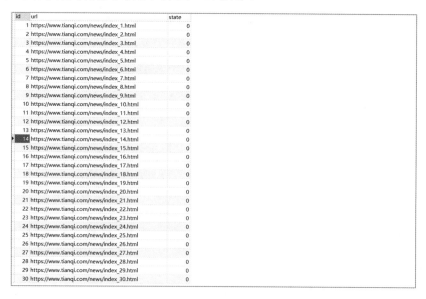


图 4-14　入库代码运行结果

数据表的结果都是待抓取状态，如图 4-15 所示。

| id | url | state |
|---|---|---|
| 1 | https://www.tianqi.com/news/index_1.html | 0 |
| 2 | https://www.tianqi.com/news/index_2.html | 0 |
| 3 | https://www.tianqi.com/news/index_3.html | 0 |
| 4 | https://www.tianqi.com/news/index_4.html | 0 |
| 5 | https://www.tianqi.com/news/index_5.html | 0 |
| 6 | https://www.tianqi.com/news/index_6.html | 0 |
| 7 | https://www.tianqi.com/news/index_7.html | 0 |
| 8 | https://www.tianqi.com/news/index_8.html | 0 |
| 9 | https://www.tianqi.com/news/index_9.html | 0 |
| 10 | https://www.tianqi.com/news/index_10.html | 0 |
| 11 | https://www.tianqi.com/news/index_11.html | 0 |
| 12 | https://www.tianqi.com/news/index_12.html | 0 |
| 13 | https://www.tianqi.com/news/index_13.html | 0 |
| 14 | https://www.tianqi.com/news/index_14.html | 0 |
| 15 | https://www.tianqi.com/news/index_15.html | 0 |
| 16 | https://www.tianqi.com/news/index_16.html | 0 |
| 17 | https://www.tianqi.com/news/index_17.html | 0 |
| 18 | https://www.tianqi.com/news/index_18.html | 0 |
| 19 | https://www.tianqi.com/news/index_19.html | 0 |
| 20 | https://www.tianqi.com/news/index_20.html | 0 |
| 21 | https://www.tianqi.com/news/index_21.html | 0 |
| 22 | https://www.tianqi.com/news/index_22.html | 0 |
| 23 | https://www.tianqi.com/news/index_23.html | 0 |
| 24 | https://www.tianqi.com/news/index_24.html | 0 |
| 25 | https://www.tianqi.com/news/index_25.html | 0 |
| 26 | https://www.tianqi.com/news/index_26.html | 0 |
| 27 | https://www.tianqi.com/news/index_27.html | 0 |
| 28 | https://www.tianqi.com/news/index_28.html | 0 |
| 29 | https://www.tianqi.com/news/index_29.html | 0 |
| 30 | https://www.tianqi.com/news/index_30.html | 0 |

图 4-15　任务表任务状态

完整代码如下：

```
# -*- coding: utf-8 -*-
import pymysql
db = pymysql.connect(host="localhost", user="root", password="123",
database="spider_case")
# 声明一个游标
cursor = db.cursor()


# 定义一个批量插入的方法，传入 sql 语句及 list
def insert_db(sql,list):
    try:
        # 执行 sql 语句
        cursor.executemany(sql, list)
        # 提交到数据库执行
        db.commit()
        print("批量插入成功")
    except:
        print("批量插入失败")
        # 如果发生错误则回滚
        db.rollback()
    finally:
        # 关闭游标
        cursor.close()
        # 关闭数据库连接
        db.close()

# 批量把 url 写入种子任务表
def add_url_task():
    list=[]
    # 组织了 50 个 url
    for i in range(1, 51):
        url="https://www.tianqi.com/news/index_{}.html".format(i)
        # 把要下发的 url 存到列表里去，进行批量插入
        list.append(url)
    # SQL 插入语句
    sql = "insert into batch_spider_task(url) VALUES (%s)"
    # 调用定义好的批量入库方法,传入 sql 语句及列表
    insert_db(sql,list)


if __name__ == '__main__':
    add_url_task()
```

### 4. 修改 main 方法 BatchSpider 的参数

```
if __name__ == "__main__":
    spider = BatchSpiderNews(
        redis_key="spider:news",  # redis 中存放任务等信息的根 key,自己定义的
        task_table="batch_spider_task", # MySQL 中的任务表,也就是我们刚刚入库的种子任务表
        task_keys=["id", "url"],  # 需要获取任务表里的字段名,可添加多个
        task_state="state",         # MySQL 中的任务状态字段
        batch_record_table="news_batch_record",    # MySQL 中的批次记录表
        batch_name="天气新闻批次爬虫",                # 批次名字
        batch_interval=1,           # 批次周期。以天为单位；若为小时，可写为 1/24
    )
```

```
spider.start_monitor_task() # 下发及监控任务
```

#### 5. master 端批次爬虫任务下发

```
    def start_requests(self, task):
        # 获取种子任务表的 id 和 url
            id, url = task
        # 下发任务
       yield feapder.Request(url,task_id=id )
```

(1) 由于分布式爬虫都是依赖 redis，因此我们得先开启 redis 才能运行。同时按住 Win+R 键，在弹出的“运行”对话框中输入 cmd 打开一个命令窗口，如图 4-16 所示。

图 4-16 打开命令行窗口

使用命令进入 D 盘，如图 4-17 所示。

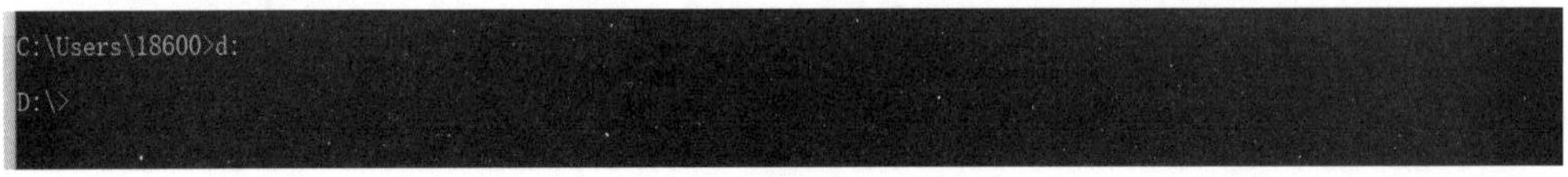


图 4-17 进入 D 盘

使用如下命令进入我们之前 redis 的安装目录，结果如图 4-18 所示。

```
cd redis
```

图 4-18 进入 redis 安装目录

使用如下命令打开 redis 服务端，结果如图 4-19 所示。

```
redis-server.exe redis.windows.conf
```

(2) 此时就可以运行 main 方法，启动 master 端下发任务。这个时候说明已经把种子任务下发到 redis 了。运行结果如图 4-20 所示。

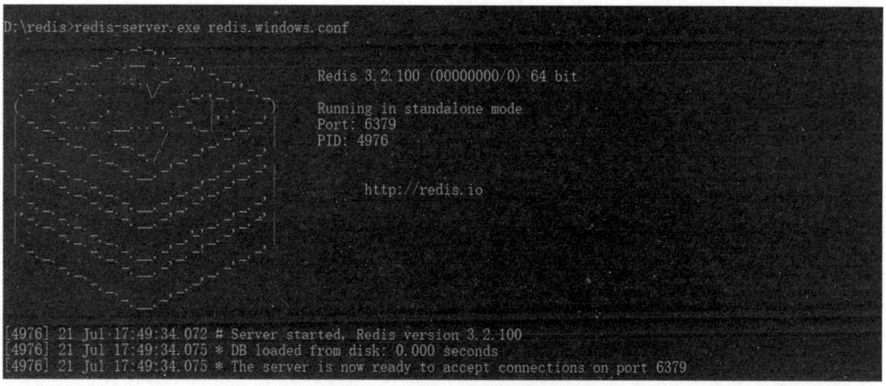


图 4-19　启动 Redis 服务端

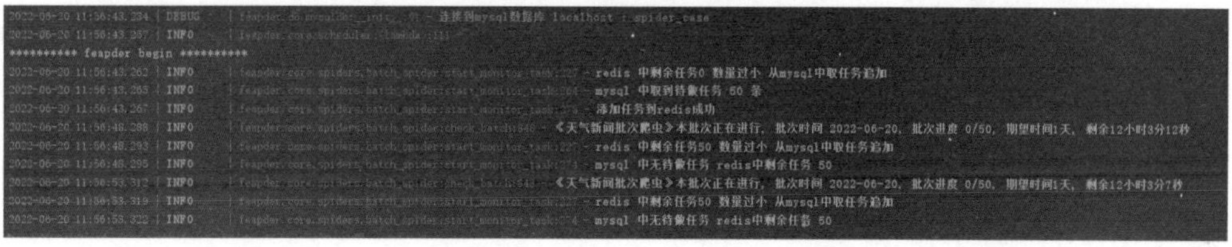

图 4-20　下发任务

在 redis 可视化工具中也已经看到了任务，如图 4-21 所示。

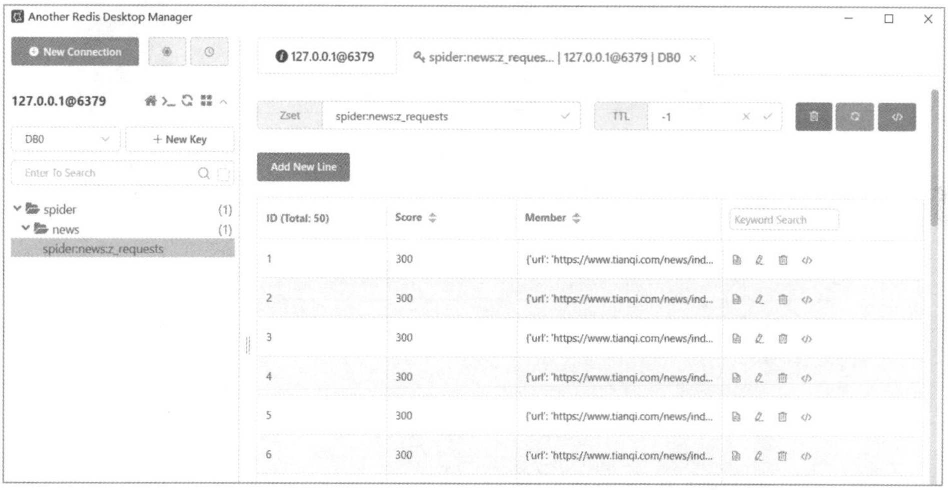


图 4-21　查看下发任务

master 端的完整代码如下：

```
import feapder


class BatchSpiderNews(feapder.BatchSpider):

    def start_requests(self, task):
        # 获取种子任务表的 id 和 url
        id, url = task
        # 下发任务
```

```
            yield feapder.Request(url, task_id=id)

    def parse(self, requests, response):
        pass

if __name__ == "__main__":
    spider = BatchSpiderNews(
        redis_key="spider:news",          # redis 中存放任务等信息的根 key,自己定义的
        task_table="batch_spider_task", # MySQL 中的任务表,也就是我们刚刚入库的种子任务表
        task_keys=["id", "url"],          # 需要获取任务表里的字段名，可添加多个
        task_state="state",               # mysql 中的任务状态字段
        batch_record_table="news_batch_record",  # MySQL 中的批次记录表
        batch_name="天气新闻批次爬虫",     # 批次名字
        batch_interval=1,                 # 批次周期。以天为单位；若为小时，可写为 1/24
    )

spider.start_monitor_task()  # 下发及监控任务，不会执行爬虫。我们通常称为 master 服务端
```

6. worker 端的批次爬虫解析

打开谷歌浏览器，分析 HTML 代码。发现是有两个列表的，那么我们也要对应写两个解析，如图 4-22 所示。

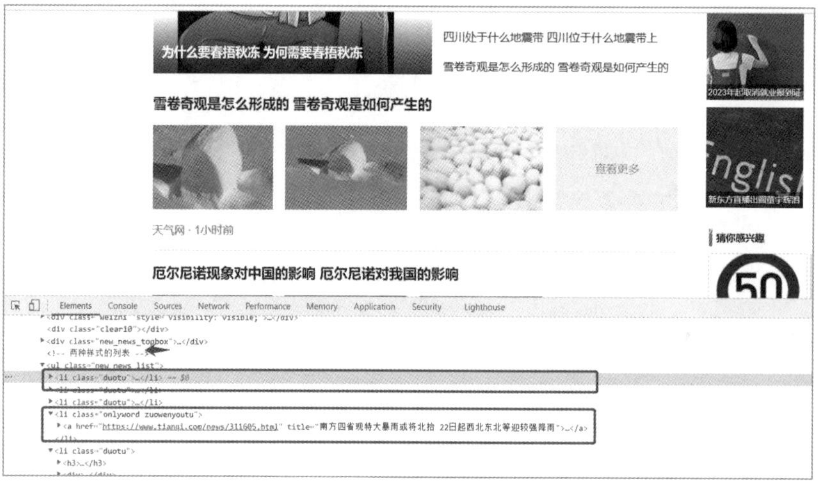


图 4-22　分析详情页代码

(1)　解析标签<li class="duotu">。

```
def parse(self, requests, response):
        # 先获取到 li 为 duotu
        duotu_list =
    response.xpath('//div[@class="left"]/ul[@class="new_news_list"]/li[@cla
ss="duotu"]')
        # 进行遍历
        for article in duotu_list:
            title=article.xpath('./h3/a/text()').extract_first() #获取标题
            url=article.xpath('./h3/a/@href').extract_first()  # 获取文章链接
            print("title:%s:%s,url:%s"%(title,url))
```

使用 spider.start() 测试运行结果。由于我们之前写的 master 端任务没完毕会一直运行，

因此这次需要先关闭程序，然后启动测试。

```
if __name__ == "__main__":
spider = BatchSpiderNews(
redis_key="spider:news",     # redis 中存放任务等信息的根 key，自己定义的
task_table="batch_spider_task", # MySQL 中的任务表，也就是我们刚刚入库的种子任务表
task_keys=["id", "url"],     # 需要获取任务表里的字段名，可添加多个
task_state="state",          # MySQL 中的任务状态字段
batch_record_table="news_batch_record", # MySQL 中的批次记录表
batch_name="天气新闻批次爬虫", # 批次名字
batch_interval=1,            # 批次周期。以天为单位；若为小时，可写为 1/24
)
spider.start()               # 采集
```

运行结果如图 4-23 所示。

图 4-23　运行爬虫

(2) 解析标签<li class="onlyword zuowenyoutu">。

```
# 先获取到 li 为 onlyword zuowenyoutu
      onlyword =
response.xpath('//div[@class="left"]/ul[@class="new_news_list"]/li[@class="
onlyword zuowenyoutu"]')
      # 进行遍历
      for article in onlyword:
          title = article.xpath('./a/h3/text()').extract_first()  # 获取标题
          url = article.xpath('./a/@href').extract_first()  # 获取文章链接
          jj = article.xpath('./a/p[@class="duodiandian"]/text()').
extract_first()  # 获取文章简介
          print("title:%s jj:%s url:%s" % (title, jj,url))
```

使用 spider.start() 测试运行结果。由于我们之前编写的 master 端任务没完毕会一直运行，因此这次需要先关闭程序，然后启动测试。

```
if __name__ == "__main__":
    spider = BatchSpiderNews(
        redis_key="spider:news",        # redis 中存放任务等信息的根 key，自己定义的
        task_table="batch_spider_task", # MySQL 中的任务表，也就是我们刚刚入库的种子任务表
        task_keys=["id", "url"],        # 需要获取任务表里的字段名，可添加多个
        task_state="state",             # MySQL 中的任务状态字段
        batch_record_table="news_batch_record",  # MySQL 中的批次记录表
        batch_name="天气新闻批次爬虫",     # 批次名字
        batch_interval=1,               # 批次周期。以天为单位；若为小时，可写为 1/24
    )
spider.start() # 采集
```

运行结果如图 4-24 所示。

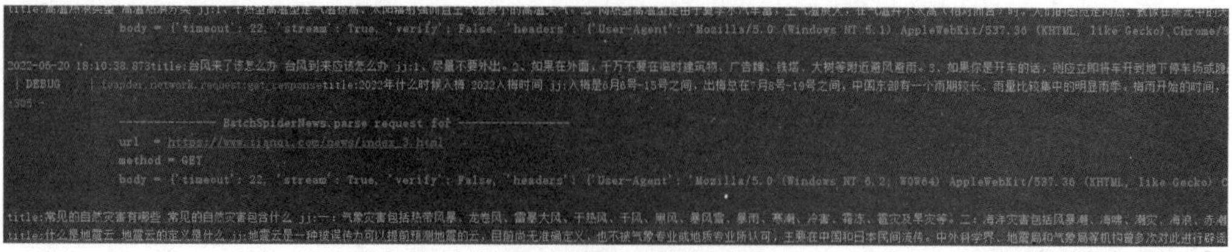

图 4-24　运行爬虫

worker 端的完整代码如下：

```
import feapder
from feapder import Item

class BatchSpiderNews(feapder.BatchSpider):


    def start_requests(self, task):
        # 获取种子任务表的 id 和 url
        id, url = task
        # 下发任务
        yield feapder.Request(url,task_id=id )

    def parse(self, requests, response):
        # 先获取到 li 为 duotu
        duotu_list = response.xpath('//div[@class="left"]/ul[@class=
"new_news_list"]/li[@class="duotu"]')
        # 进行遍历
        for article in duotu_list:
            title=article.xpath('./h3/a/text()').extract_first() #获取标题
            url=article.xpath('./h3/a/@href').extract_first()  # 获取文章链接
            print("title:%s:url:%s"%(title,url))

        # 先获取到 li 为 onlyword zuowenyoutu
        onlyword = response.xpath('//div[@class="left"]/ul[@class=
"new_news_list"]/li[@class="onlyword zuowenyoutu"]')
        # 进行遍历
        for article in onlyword:
            item = Item()
            item.table_name = "news"  # 表名
            item.title = article.xpath('./a/h3/text()').extract_first()# 获取标题
            item.url = article.xpath('./a/@href').extract_first()  # 获取文章链接
            item.jianjie = article.xpath('./a/p[@class="duodiandian"]/text()').
extract_first()  # 获取文章简介
            yield item
            yield  self.update_task_batch(request.task_id,1) #修改任务状态
            # print("title:%s jianjie:%s url:%s" % (title, jianjie,url))


if __name__ == "__main__":
    spider = BatchSpiderNews(
        redis_key="spider:news",  # redis 中存放任务等信息的根 key,自己定义的
        task_table="batch_spider_task",  # MySQL 中的任务表,也就是我们刚刚入库的种子
任务表
        task_keys=["id", "url"],  # 需要获取任务表里的字段名，可添加多个
        task_state="state",  # MySQL 中任务状态字段
        batch_record_table="news_batch_record",  # MySQL 中的批次记录表
```

```
        batch name="天气新闻批次爬虫",  # 批次名字
        batch interval=1,  # 批次周期。以天为单位；若为小时，可写为1/24
    )

    spider.start() # 采集，我们通常称为wokder 消费端
```

### 7. 创建入库结果表，创建 SQL

创建入库结果表，创建的 SQL 语句如下：

```
SET NAMES utf8mb4;
SET FOREIGN_KEY_CHECKS = 0;

-- ----------------------------
-- Table structure for news
-- ----------------------------
DROP TABLE IF EXISTS 'news';
CREATE TABLE 'news'  (
  'id' int(11) NOT NULL AUTO_INCREMENT,
  'title' varchar(255) CHARACTER SET utf8mb4 COLLATE utf8mb4_general_ci NULL
DEFAULT NULL,
  'jianjie' text CHARACTER SET utf8mb4 COLLATE utf8mb4_general_ci NULL,
  'url' varchar(255) CHARACTER SET utf8mb4 COLLATE utf8mb4_general_ci NULL
DEFAULT NULL,
  PRIMARY KEY ('id') USING BTREE
) ENGINE = InnoDB AUTO_INCREMENT = 21 CHARACTER SET = utf8mb4 COLLATE =
utf8mb4_general_ci ROW_FORMAT = Dynamic;

SET FOREIGN_KEY_CHECKS = 1;
```

### 8. 创建 item

回到 PyCharm 的控制台下，如图 4-25 所示。

Terminal
D:\distributed_spider>cd spiders
D:\distributed_spider\spiders>feapder create -s batch_spider_news 3
BatchSpiderNews 生成成功
D:\distributed_spider\spiders>
4: Run
6: TODO
Terminal
Python Console

图 4-25　进入 PyCharm 控制台

使用如下命令，退出当前目录，结果如图 4-26 所示。

```
cd ..
```

D:\distributed_spider\spiders>cd ..
D:\distributed_spider>

图 4-26　退出当前目录

使用如下命令，进入到 items 目录，结果如图 4-27 所示。

```
cd items
```

D:\distributed_spider>cd items
D:\distributed_spider\items>

图 4-27　items 目录

使用如下命令来生成一个 item，结果如图 4-28 所示。

```
feapder create -i news
```

D:\distributed_spider\items>feapder create -i news
2022-07-21 18:23:57.997 | DEBUG | feapder.db.mysqldb:__init__:line:90 | 连接到mysql数据库 localhost : spider_case
news_item.py 生成成功
D:\distributed_spider\items>
4: Run
6: TODO
Terminal
Python Console

图 4-28　生成 item

9. 编辑 item 入库

在前面解析测试的时候需要解析两个 li 标签，那么我们可以不指定 li 的 class 属性，直接获取所有 li 标签的值。代码如下：

```
    def parse(self, requests, response):
        #获取所有 li 标签
        all_li =
response.xpath('//div[@class="left"]/ul[@class="new_news_list"]/li')
        # 进行遍历
        for article in all_li:
            item = Item()
            item.table_name = "news"  # 表名
            # 由于两种 li 标签的标题和文章链接 html 不一样，我们先判断 li 为 duotu 是否有值，
如果没有就代表可直接获取 li 为 onlyword zuowenyoutu
            title = article.xpath('./h3/a/text()').extract_first()  # 获取 li 为
duotu 标题
            if title is None:  # 如果获取 li 为 duotu 为空的话就直接解析 li 为 onlyword
zuowenyoutu
                item.title = article.xpath('./a/h3/text()').extract_first()  # 获
取 li 为 onlyword zuowenyoutu 标题
                item.url = article.xpath('./a/@href').extract_first()  # 获取 li
为 onlyword zuowenyoutu 文章链接
                item.jianjie =
article.xpath('./a/p[@class="duodiandian"]/text()').extract_first()  # 获取
li 为 onlyword zuowenyoutu 文章简介
                yield item
            else:  # 不为空就解析 li 为 duotu
                item.title=title
                item.url = article.xpath('./h3/a/@href').extract_first()  # 获取
li 为 duotu 文章链接
                item.jianjie=''
```

```
            yield item
        yield self.update_task_batch(request.task_id, 1)  # 修改任务状态
```

### 10. 使用 worker 端运行

使用 worker 端运行的代码如下：

```
if __name__ == "__main__":
    spider = BatchSpiderNews(
        redis_key="spider:news",  # redis 中存放任务等信息的根 key,自己定义的
        task_table="batch_spider_task",  # MySQL 中的任务表,也就是我们刚刚入库的种子任务表
        task_keys=["id", "url"],  # 需要获取任务表里的字段名，可添加多个
        task_state="state",  # MySQL 中的任务状态字段
        batch_record_table="news_batch_record",  # MySQL 中的批次记录表
        batch_name="天气新闻批次爬虫",  # 批次名字
        batch_interval=1,  # 批次周期。以天为单位；若为小时，可写为 1/24
    )
spider.start()  # 采集，我们通常称为 worker 消费端
```

### 11. 程序运行结果

程序运行结果如图 4-29 所示。

图 4-29　运行结果

### 12. 结果表

结果表中的内容如图 4-30 所示。

| id | title | jianjie | url |
|---|---|---|---|
| 1 | 浙江夏天最热多少度 浙江夏天最热气温是几度 | [redacted] | https://www.tianqi.com/news/313024.html |
| 2 | 昆明夏天最热多少度 昆明夏天最高温度是几度 | | https://www.tianqi.com/news/313023.html |
| 3 | 上海夏天最热多少度 上海夏天最热天气是几度 | | https://www.tianqi.com/news/313022.html |
| 4 | 浙江福建仍持续高温闷热 四川湖北安徽等有大到暴雨 | | https://www.tianqi.com/news/313114.html |
| 5 | 哈尔滨夏天最热多少度 哈尔滨夏天最高气温是几度 | 哈尔滨夏天最热是42度，但近年来的夏季温度平 | https://www.tianqi.com/news/313021.html |
| 6 | 母伏头秋包伏什么意思 母伏头秋包伏的含义是什么 | | https://www.tianqi.com/news/313113.html |
| 7 | 临沂夏天最热多少度 临沂夏天最高温度是几度 | | https://www.tianqi.com/news/313020.html |
| 8 | 暖性反气旋对我国一年天气的影响 暖性反气旋对一年天气变化的影响 | | https://www.tianqi.com/news/313112.html |
| 9 | 40度高温天气什么概念 40度高温天气是什么意思 | | https://www.tianqi.com/news/313019.html |
| 10 | 天气45度人受得了吗 气温45度人忍得住吗 | | https://www.tianqi.com/news/313018.html |
| 11 | 暖性反气旋的形成原因 暖性反气旋的产生原因 | 暖性反气旋的形成原因是近地面低温，空气受冷 | https://www.tianqi.com/news/313111.html |
| 12 | 暖性反气旋的特点 暖性反气旋的特征 | | https://www.tianqi.com/news/313110.html |
| 13 | 热射病怎么急救 热射病的预防与救治 | 近来，因为高温天气不断，很多地方都出现了热 | https://www.tianqi.com/news/313017.html |
| 14 | 暖性反气旋是什么系统 暖性反气旋属于哪种系统 | | https://www.tianqi.com/news/313109.html |
| 15 | 热射病症状特点是什么 热射病有哪些表现 | | https://www.tianqi.com/news/313016.html |
| 16 | 常说视觉疲劳那会有嗅觉疲劳吗 有没有嗅觉疲劳一说 | | https://www.tianqi.com/news/313015.html |
| 17 | 暖性反气旋是伏旱吗 暖性反气旋属于伏旱吗 | | https://www.tianqi.com/news/313108.html |
| 18 | 暖性反气旋带来什么天气 暖性反气旋造成哪种天气 | 暖性反气旋带来晴朗天气，由于中心部分空气向 | https://www.tianqi.com/news/313107.html |
| 19 | 副热带高压是什么意思 副热带高压的含义是什么 | | https://www.tianqi.com/news/313106.html |
| 20 | 副热带高气压带的形成原因 副热带高气压带的产生原因 | | https://www.tianqi.com/news/313105.html |
| 21 | 夏天房间开空调怎么通风 夏季房间开空调如何通风 | | https://www.tianqi.com/news/313319.html |
| 22 | 为什么每次开空调都有辅热 为什么每一次使用空调都有辅热 | | https://www.tianqi.com/news/313318.html |
| 23 | 开空调要不要留点窗户 开空调窗户需要留缝吗 | | https://www.tianqi.com/news/313317.html |
| 24 | 开空调留个门缝好不好 开空调留点门缝好吗 | 留个门缝好，夏天在家开空调时，一定不要把门 | https://www.tianqi.com/news/313316.html |
| 25 | 夏天开空调多久开窗换气 夏季开空调多长时间开窗换气一次 | | https://www.tianqi.com/news/313315.html |
| 26 | 密闭房间开空调会死人吗 密闭房间开空调会致死吗 | | https://www.tianqi.com/news/313314.html |
| 27 | 开空调开窗户会增加耗电吗 开空调打开窗户是会多耗电吗 | | https://www.tianqi.com/news/313313.html |
| 28 | 7月20日国外天气预报：美国墨西哥中欧西欧等仍有极端高温 | 据最新7月20日国外天气预报，预计未来三天， | https://www.tianqi.com/news/313312.html |
| 29 | 成语泾渭分明中的自然景象可以在哪里看到 泾渭分明景象具体位置 | | https://www.tianqi.com/news/313311.html |

图 4-30　存入到 MySQL 的结果表

### 13. 生成的任务表结果

生成的任务表结果如图 4-31 所示。

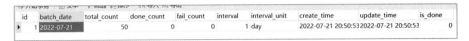

| id | batch_date | total_count | done_count | fail_count | interval | interval_unit | create_time | update_time | is_done |
|---|---|---|---|---|---|---|---|---|---|
| 1 | 2022-07-21 | 50 | 0 | 0 | 1 | day | 2022-07-21 20:50:53 | 2022-07-21 20:50:53 | 0 |

图 4-31　生成的任务表记录

完整代码如下：

```
import feapder
from  feapder import  Item

class BatchSpiderNews(feapder.BatchSpider):

    def start_requests(self, task):
        # 获取种子任务表的 id 和 url
        id, url = task
        # 下发任务
        yield feapder.Request(url, task_id=id)

    def parse(self, requests, response):

        #获取所有 li 标签
        all_li = response.xpath('//div[@class="left"]/ul[@class=
"new_news_list"]/li')
        # 进行遍历
        for article in all_li:
            item = Item()
            item.table_name = "news"  # 表名
            # 由于两种 li 标签的标题和文章链接 html 不一样，我们先判断 li 为 duotu 是否有值，
如果没有就代表可直接获取 li 为 onlyword zuowenyoutu
            title = article.xpath('./h3/a/text()').extract_first()
# 获取 li 为 duotu 标题
            if title is None:  #  如果获取 li 为 duotu 为空的话就直接解析 li 为 onlyword
zuowenyoutu
                item.title = article.xpath('./a/h3/text()').extract_first()
# 获取 li 为 onlyword zuowenyoutu 标题
                item.url = article.xpath('./a/@href').extract_first()
# 获取 li 为 onlyword zuowenyoutu 文章链接
                item.jianjie =
article.xpath('./a/p[@class="duodiandian"]/text()').extract_first()
# 获取 li 为 onlyword zuowenyoutu 文章简介
                yield item
            else:  # 不为空就解析 li 为 duotu
                item.title=title
                item.url = article.xpath('./h3/a/@href').extract_first()
# 获取 li 为 duotu 文章链接
                item.jianjie=''
                yield item
        yield self.update_task_batch(request.task_id, 1)  # 修改任务状态
        # print("title:%s jianjie:%s url:%s" % (title, jianjie,url))

if __name__ == "__main__":
    spider = BatchSpiderNews(
        redis_key="spider:news",  # redis 中存放任务等信息的根 key,自己定义的
```

```
        task_table="batch_spider_task",  # MySQL 中的任务表,也就是我们刚刚入库的种子任务表
        task_keys=["id", "url"],  # 需要获取任务表里的字段名，可添加多个
        task_state="state",  # MySQL 中的任务状态字段
        batch_record_table="news_batch_record",  # MySQL 中的批次记录表
        batch_name="天气新闻批次爬虫",  # 批次名字
        batch_interval=1,  # 批次周期。以天为单位；若为小时，可写为 1/24
    )
    spider.start()  # 采集，我们通常称为 worker 消费端

    # spider.start_monitor_task()  # 下发及监控任务，不会执行爬虫。我们通常称为 master 服务端
```

## 任务检查与评价

完成任务实施后，进行任务检查与评价，具体检查评价表如表 4-2 所示。

表 4-2　任务检查评价表

| | | | | |
|---|---|---|---|---|
| **项目名称** | 使用批次分布式爬虫采集天气数据 | | | |
| **任务名称** | 爬虫程序实践 | | | |
| **评价方式** | 可采用自评、互评、老师评价等方式 | | | |
| **说明** | 主要评价学生在学习项目过程中的操作技能、理论知识、学习态度、课堂表现、学习能力等 | | | |
| **评价内容与评价标准** | | | | |
| **序号** | **评价内容** | **评价标准** | **分值** | **得分** |
| 1 | 知识运用(20%) | 掌握相关理论知识；理解本次任务要求；制订详细计划，计划条理清晰、逻辑正确(20 分) | 20 分 | |
| | | 理解相关理论知识，能根据本次任务要求制订合理计划(15 分) | | |
| | | 了解相关理论知识，有制订计划(10 分) | | |
| | | 没有制订计划(0 分) | | |
| 2 | 专业技能(40%) | 结果验证全部满足(40 分) | 40 分 | |
| | | 结果验证只有一个功能不能实现，其他功能全部实现(30 分) | | |
| | | 结果验证只有一个功能实现，其他功能全部没有实现(20 分) | | |
| | | 结果验证功能均未实现(0 分) | | |
| 3 | 核心素养(20%) | 具有良好的自主学习能力和分析解决问题的能力，任务过程中有指导他人(20 分) | 20 分 | |
| | | 具有较好的学习能力和分析解决问题的能力，任务过程中没有指导他人(15 分) | | |
| | | 能够主动学习并收集信息，有请教他人帮助解决问题的能力(10 分) | | |
| | | 不主动学习(0 分) | | |
| 4 | 课堂纪律(20%) | 设备无损坏，无干扰课堂秩序言行(20 分) | 20 分 | |
| | | 无干扰课堂秩序言行(10 分) | | |
| | | 有干扰课堂秩序言行(0 分) | | |

## 任务小结

在本次任务中，学习了使用批量写入任务，进行了批次爬虫的实战操作，在案例中也碰到了两种格式的解析，学生可以通过实战中遇到的问题把学到的知识灵活应用起来。

## 任务拓展

分布式分为 master 端和 worker 端，在后面的案例会直接部署服务器，然后就是通过这两种方式来运行，相当于可以当成两份代码来独立运行。我们接下来在本机模拟运行场景。

(1) 运行 master 端。同时按住 Win+R 键，在弹出的“运行”对话框中输入 cmd，打开命令行窗口，如图 4-32 所示。

C:\Windows\system32\cmd.exe
icrosoft Windows [版本 10.0.19044.1826]
(c) Microsoft Corporation。保留所有权利。
:\Users\18600>a

图 4-32 打开命令行窗口

进入 D 盘，如图 4-33 所示。

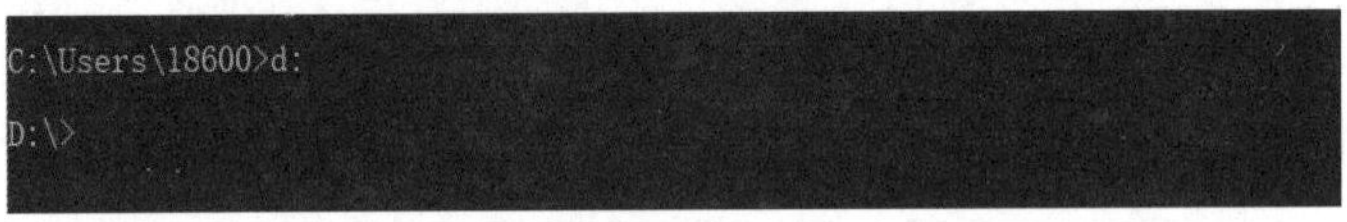
C:\Users\18600>d:
D:\>

图 4-33 进入 D 盘

使用如下命令进入项目目录，结果如图 4-34 所示。

```
cd distributed_spider
```

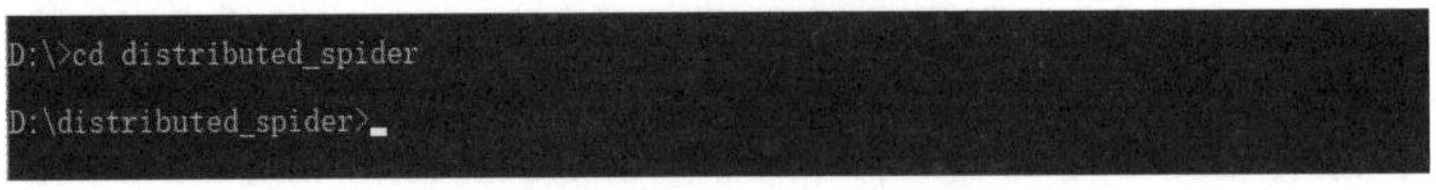
D:\>cd distributed_spider
D:\distributed_spider>

图 4-34 进入项目目录

使用如下命令进入爬虫目录，结果如图 4-35 所示。

```
cd spiders
```

D:\distributed_spider>cd spiders
D:\distributed_spider\spiders>

图 4-35 进入爬虫目录

修改 main 方法运行 master。代码如下：

```
if __name__ == "__main__":
```

```
    spider = BatchSpiderNews(
        redis_key="spider:news",  # redis 中存放任务等信息的根 key,自己定义的
        task_table="batch_spider_task",  # MySQL 中的任务表,也就是我们刚刚入库的种子
任务表
        task_keys=["id", "url"],  # 需要获取任务表里的字段名，可添加多个
        task_state="state",  # MySQL 中的任务状态字段
        batch_record_table="news_batch_record",  # MySQL 中的批次记录表
        batch_name="天气新闻批次爬虫",  # 批次名字
        batch_interval=1,  # 批次周期。以天为单位；若为小时，可写为 1/24
    )
spider.start_monitor_task()  # 下发及监控任务，不会执行爬虫。我们通常称为master 服务端
```

使用如下命令运行 master 端：

```
python batch_spider_news.py
```

运行结果如图 4-36 所示。

图 4-36 运行结果

这时 master 端已经运行起来了。

(2) 使用 PyCharm 运行 worker 端。修改 main 方法运行 worker 端。代码如下：

```
if __name__ == "__main__":
    spider = BatchSpiderNews(
        redis_key="spider:news",  # redis 中存放任务等信息的根 key,自己定义的
        task_table="batch_spider_task",  # MySQL 中的任务表,也就是我们刚刚入库的种子
任务表
        task_keys=["id", "url"],  # 需要获取任务表里的字段名，可添加多个
        task_state="state",  # MySQL 中的任务状态字段
        batch_record_table="news_batch_record",  # MySQL 中的批次记录表
        batch_name="天气新闻批次爬虫",  # 批次名字
        batch_interval=1,  # 批次周期。以天为单位；若为小时，可写为 1/24
    )

spider.start()  # 采集，我们通常称为worker 消费端
```

worker 端的运行结果如图 4-37 所示。

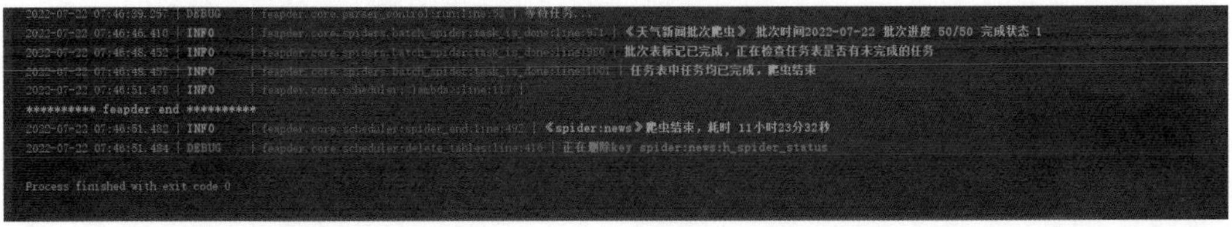


图 4-37 运行结果

我们再看看 master 端的运行结果，如图 4-38 所示。

```
2022-07-22 07:46:24.281 | INFO     | feapder.core.spiders.batch_spider:check_batch:line:851 | 《天气新闻批次爬虫》本批次
正在进行, 批次时间 2022-07-22, 批次进度 0/50, 期望时间1天, 剩余16小时13分36秒
2022-07-22 07:46:24.294 | INFO     | feapder.core.spiders.batch_spider:start_monitor_task:line:228 | redis 中剩余任务50
数量过小 从mysql中取任务追加
2022-07-22 07:46:24.303 | INFO     | feapder.core.spiders.batch_spider:start_monitor_task:line:275 | mysql 中无待做任务
redis中剩余任务 50
2022-07-22 07:46:29.309 | INFO     | feapder.core.spiders.batch_spider:check_batch:line:851 | 《天气新闻批次爬虫》本批次
正在进行, 批次时间 2022-07-22, 批次进度 0/50, 期望时间1天, 剩余16小时13分31秒
2022-07-22 07:46:29.321 | INFO     | feapder.core.spiders.batch_spider:start_monitor_task:line:228 | redis 中剩余任务50
数量过小 从mysql中取任务追加
2022-07-22 07:46:29.328 | INFO     | feapder.core.spiders.batch_spider:start_monitor_task:line:275 | mysql 中无待做任务
redis中剩余任务 50
2022-07-22 07:46:34.345 | INFO     | feapder.core.spiders.batch_spider:check_batch:line:851 | 《天气新闻批次爬虫》本批次
正在进行, 批次时间 2022-07-22, 批次进度 0/50, 期望时间1天, 剩余16小时13分26秒
2022-07-22 07:46:34.358 | INFO     | feapder.core.spiders.batch_spider:start_monitor_task:line:228 | redis 中剩余任务50
数量过小 从mysql中取任务追加
2022-07-22 07:46:34.362 | INFO     | feapder.core.spiders.batch_spider:start_monitor_task:line:275 | mysql 中无待做任务
redis中剩余任务 50
2022-07-22 07:46:39.368 | INFO     | feapder.core.spiders.batch_spider:check_batch:line:851 | 《天气新闻批次爬虫》本批次
正在进行, 批次时间 2022-07-22, 批次进度 0/50, 期望时间1天, 剩余16小时13分21秒
2022-07-22 07:46:39.383 | INFO     | feapder.core.spiders.batch_spider:start_monitor_task:line:228 | redis 中剩余任务50
数量过小 从mysql中取任务追加
2022-07-22 07:46:39.391 | INFO     | feapder.core.spiders.batch_spider:start_monitor_task:line:275 | mysql 中无待做任务
redis中剩余任务 50
2022-07-22 07:46:44.415 | INFO     | feapder.core.spiders.batch_spider:check_batch:line:685 | 《天气新闻批次爬虫》本批次
完成 批次时间 2022-07-22 共处理 50 条任务
2022-07-22 07:46:44.416 | INFO     | feapder.core.spiders.batch_spider:check_batch:line:719 | 《天气新闻批次爬虫》下次批
次时间未到

D:\distributed_spider\spiders>
```

图 4-38　运行结果

我们再去看看如下的 news_batch_record 任务批次表，其结果如图 4-39 所示。

| | | | | | | | | |
|---|---|---|---|---|---|---|---|---|
| 2 | 2022-07-22 | 50 | 50 | 0 | 1 day | 2022-07-22 07:43:03 | 2022-07-22 07:46:44 | 1 |

最后结果表里数据也已经写入进去了。

| | | | |
|---|---|---|---|
| 955 | 新疆昌吉州昌吉市发生4.8级地震 乌 | | https://www.tianqi.com/news/313287.html |
| 956 | 今浙江高温再度来袭 杭州最高气温 | | https://www.tianqi.com/news/313286.html |
| 957 | 江苏较强降雨和高温各自分布 南京 | | https://www.tianqi.com/news/313285.html |
| 958 | 广东珠三角西部等局部有大到暴雨 | 广东近来高温又不乏降水，所以体感上是比较闷 | https://www.tianqi.com/news/313284.html |
| 959 | 北京今山区有降雨 最高气温33℃ | | https://www.tianqi.com/news/313283.html |
| 960 | 2022全国交通天气最新预报：7月2 | | https://www.tianqi.com/news/313282.html |
| 961 | 江南华南等高温再度发展 西北华北 | | https://www.tianqi.com/news/313281.html |
| 962 | 开空调要不要放一盆水 开空调为什 | | https://www.tianqi.com/news/313280.html |
| 963 | 开空调除甲醛有效果吗 开空调去除 | | https://www.tianqi.com/news/313279.html |
| 964 | 开空调为什么要开窗通风 吹空调为 | 1、不会感觉闷气。从空调吹出来的冷风终究不是 | https://www.tianqi.com/news/313278.html |
| 965 | 高温下空气扭曲的现象叫什么 高温 | | https://www.tianqi.com/news/313277.html |
| 966 | 为什么热空气会扭曲 热空气为何会 | | https://www.tianqi.com/news/313276.html |
| 967 | 夏天的热浪是怎么回事 夏季的热浪 | | https://www.tianqi.com/news/313275.html |
| 968 | 热浪是怎么形成的 热浪是如何产生 | （1）目前热浪形成的直接原因是天气中出现的反 | https://www.tianqi.com/news/313274.html |
| 969 | 夏天地面上的热浪是什么现象 夏季 | | https://www.tianqi.com/news/313273.html |
| 970 | 为什么天气一年比一年热 为什么天 | | https://www.tianqi.com/news/313272.html |
| 971 | 为什么夏天人能看到热气 夏季为何 | | https://www.tianqi.com/news/313271.html |
| 972 | 为什么天气热会看到热浪 天气很热 | | https://www.tianqi.com/news/313270.html |
| 973 | 高温热浪天气形成原因 高温热浪天 | | https://www.tianqi.com/news/313269.html |
| 974 | 高温达到多少时称为高温天气 高温 | 高温达到35℃以上时称为高温天气。世界气象组 | https://www.tianqi.com/news/313268.html |
| 975 | 什么是高温热浪天气 高温热浪是哪 | | https://www.tianqi.com/news/313267.html |
| 976 | 超过多少度是高温天气 几度以上属 | | https://www.tianqi.com/news/313266.html |
| 977 | 高温热浪是一种气象灾害吗 高温热 | | https://www.tianqi.com/news/313265.html |
| 978 | 高温热浪的标准是什么 高温热浪最 | 目前国际上没有一个统一而明确的高温热浪标准, | https://www.tianqi.com/news/313264.html |
| 979 | 高温热浪的危害 高温热浪的影响 | | https://www.tianqi.com/news/313263.html |
| 980 | 高温热浪类型主要分为什么 高温热 | | https://www.tianqi.com/news/313262.html |

图 4-39　存入到 MySQL 的结果表

细心的同学已经发现了，master 和 worker 端就相差一行代码。一个是下发任务也就是 master 端，一个是消费任务也就是 worker 端。通过上面的场景模拟大家是不是理解起来很简单。

# 项目五 使用 Scrapy 爬虫爬取电影数据

电影是人们生活中休闲娱乐离不开的，人们会与朋友或家人分享那些好看的电影。国内外拍了很多电影，我们光靠双眼去一个个看每部电影的好评度是非常累的。我们可以通过采集数据的方式把电影采集下来，再通过多维度的分析或者是排序来直接看热度与好评最高的电影。

## 任务一　开发环境的准备和搭建

5.1 开发环境的准备和搭建

### 职业能力目标

通过本任务的教学，学生理解相关知识之后，应达成以下能力目标。

(1) 掌握 Scrapy 的安装。

(2) 了解 JavaScript 的扩展知识。

## 任务描述与要求

### 任务描述

此次页面的数据基于 JavaScript 实现数据交互，所以我们要了解 JavaScript，并学习 Scrapy 爬虫框架。

### 任务要求

(1) Scrapy 安装。
(2) 了解 JavaScript。

## 知识储备

## 一、Scrapy

Scrapy 使用了 Twisted(其主要对手是 Tornado)异步网络框架来处理网络通信，可以加快我们的下载速度，不用自己去实现异步框架。是纯 Python 实现的爬虫框架，具有架构清晰、模块间耦合度低、可扩展性强等特点。并且包含了各种中间件接口，可以灵活地满足各种需求。

图 5-1 显示了 Scrapy 架构及其组件的概述以及系统内部发生的数据流的概述(由箭头显示)。下面所述包含对组件的简要说明，以及有关它们的更多详细信息的链接。数据流也在下面描述。

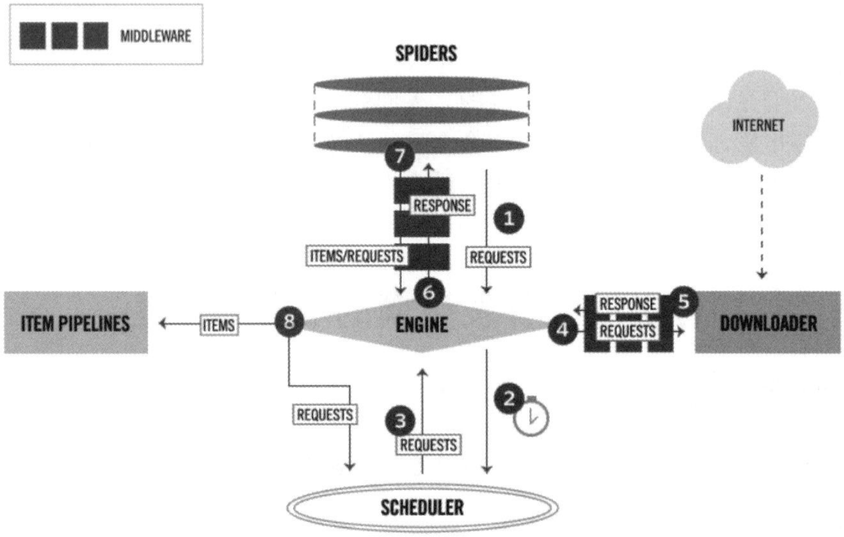


图 5-1 Scrapy 架构及其组件

### 1. Scrapy 中的数据流

Scrapy 中的数据流由执行引擎控制，如下所示。

(1) Engine(引擎)从 Spider 获取初始请求。

(2) Engine 在 Scheduler(调度器)中调度 Requests 并要求抓取下一个 Requests。

(3) Scheduler 将下一个 Requests 返回给 Engine。

(4) Engine 通过 Downloader Middlewares(下载器中间件)将 Requests 发送到 Downloaden 下载器。

(5) 页面完成下载后，Downloader 会生成一个 Response(与该页面一起)并将其发送到 Engine，通过 Downloader Middlewares(下载中间件)。

(6) Engine 接收来自 Downloader 的 Response 并将其发送给 Spider 进行处理，通过 Spider Middleware(蜘蛛中间件)。

(7) Spider 处理 Response 并将抓取的项目和新的 Requests(后续)返回到 Engine，通过 Spider Middleware。

(8) Engine 将处理后的项目发送到 Item Pipelines(项目管道)，然后将处理后的 Requests 发送到 Scheduler 并要求可能的下一个 Requests 进行爬取。

(9) 该过程重复(从第(3)步开始)，直到不再有来自 Scheduler 的请求。

### 2. Scrapy 中各组件的功能

讲完了数据流转，我们接下来讲解每个组件的功能介绍。整个框架由 Engine(引擎)、Item(项目)、Scheduler(调度器)、Downloader(下载器)、Spiders(蜘蛛)、Item Pipeline(项目管道)、Downloader Middlewares(下载中间件)、Spider Middlewares(蜘蛛中间件)组成。

(1) Engine：处理整个系统的数据流、事务，框架的核心 Redis 不只是支持简单的。

(2) Item：定义爬取结果的数据结果，爬取数据构建成该类型对象。

(3) Scheduler：接收引擎发过来的请求并加入队列，在引擎再次请求时提供给引擎。

(4) Item Pipeline：负责处理 Spider 从网页中抽取的项目，负责解析响应并生成提取结果和新的请求。

(5) Spider：定义爬取的逻辑和网页的解析规则，解析响应并提取新的请求。

(6) Downloader Middlewares：位于引擎和下载器之间的钩子框架，处理引擎与下载器之间的请求及响应。

(7) Spider Middlewares：位于引擎和蜘蛛之间的钩子框架，处理蜘蛛输入的响应和输出的结果及新的请求。

(8) 爬虫文件结构如图 5-2 所示。

```
scrapy.cfg
project/
    __init__.py
    items.py
    pipelines.py
    settings.py
    middlewares.py
    spiders/
        __init__.py
        spiderRequest.py
        ...
```

图 5-2　爬虫文件结构

说明如下。

scrapy.cfg：配置 Scrapy 项目，定义了项目的配置路径。部署相关信息等内容。

items.py：定义 Item 数据结构。

pipelines.py：定义 Item Pipeline 的实现。

settings.py：定义项目的全局配置。

middleware：定义 Spider middleware 和 Downloader Middleware 的实现。

spiders：包含具体 Spider 的实现。

### 3. Scrapy 的优点和缺点

最后我们讲一下 Scrapy 的优缺点。

其优点有：①Scrapy 是异步的；②采取可读性更强的 xpath 代替正则表达式；③强大的统计和 log 系统；④同时在不同的 url 上爬行；⑤支持 shell 方式，方便独立调试；⑥写 middleware，方便写一些统一的过滤器；⑦通过管道的方式存入数据库。

其缺点有：①基于 python 的爬虫框架，扩展性比较差；②基于 twisted 框架，运行中的 exception 是不会关闭 reactor(反应器)，并且异步框架出错后是不会停掉其他任务的，数据出错后难以察觉。

在求职面试中被问到最多的就是 Scrapy，从数据流到各个组件。有些同学可能不服，我会用就是不会说。那是不行的，那么多人面试，不可能全被录用。所以光会用不行，还得会说，深入了解整个框架才能编写出更优的爬虫。更多的资料大家可以在网上查阅，有能力的话看看源码最好。

## 二、JavaScript

首先，JavaScript 跟 Java 是完全不一样的语言，二者没有任何关系。JavaScript(通常简写成 JS)是一种高级的、解释型的编程语言，是一门基于原型、函数先行的语言，是一门多范式语言；它支持面向对象编程、命令式编程以及函数式编程。它提供语法来操纵文本、数组、日期以及正则表达式等；不支持 I/O，比如网络、存储和图形等，但这些都可以由它的宿主环境来提供支持。它由 ECMA(欧洲电脑制造商协会)通过 ECMAScript 实现语言的标准化(目前已制定 ES6 标准，2015 年 6 月发布)。

简而言之，JavaScript 是互联网上最流行的脚本语言，这门语言可用于 HTML 和 Web，更可广泛应用于服务器(nodejs)、PC、电脑、手机等设备。JavaScript 的特点具体如下。

(1) 脚本语言。JavaScript 是一种解释型的脚本语言，C、C++等语言先编译后执行，而 JavaScript 是在程序的运行过程中逐行进行解释。

(2) 基于对象。JavaScript 是一种基于对象的脚本语言，它不仅可以创建对象，也能使用现有的对象。

(3) 简单，JavaScript 语言中采用的是弱类型的变量类型，对使用的数据类型未做出严格的要求，是基于 Java 基本语句和控制的脚本语言；其设计简单紧凑。

(4) 主要用来向 HTML 页面添加交互行为。

(5) 动态性。JavaScript 是一种采用事件驱动的脚本语言，它不需要经过 Web 服务器就可以对用户的输入做出响应。在访问一个网页时，用鼠标在网页中进行点击或上下移动鼠标指针、移动窗口等操作，JavaScript 都可直接对这些事件给出相应的响应。

(6) 跨平台性。JavaScript 脚本语言不依赖于操作系统，仅需要浏览器的支持。因此一个 JavaScript 脚本在编写后可以带到任意机器上使用，前提是机器上的浏览器支持 JavaScript 脚本语言。JavaScript 已被大多数的浏览器支持。不同于服务器端脚本语言，例如 PHP 与 ASP，JavaScript 主要被作为客户端脚本语言在用户的浏览器上运行，不需要服务器的支持。所以在早期程序员比较倾向于使用 JavaScript 以减轻服务器的负担，与此同时也带来另一个问题——安全性。

(7) 随着服务器的强壮，虽然程序员更喜欢运行于服务端的脚本以保证安全，但 JavaScript 仍然以其跨平台、容易上手等优势大行其道。同时，有些特殊功能(如 Ajax)必须依赖 JavaScript 在客户端支持。

## 任务计划与决策

### Scrapy 安装与常用指令

除了安装，Scrapy 也是通过命令生成项目，爬虫开发中是比较重要的一部分。接下来的实践需要经过以下两个阶段。

(1) 安装 Scrapy。

(2) 使用命令创建项目和爬虫。

## 任务实施

Scrapy 的安装与命令的操作具体如下。

(1) 下载。同时按住 Win+R 键，在弹出的“运行”对话框中输入 cmd 并按 Enter 键，打开命令行窗口，如图 5-3 所示。

图 5-3 打开命令行窗口

进入 D 盘，如图 5-4 所示。

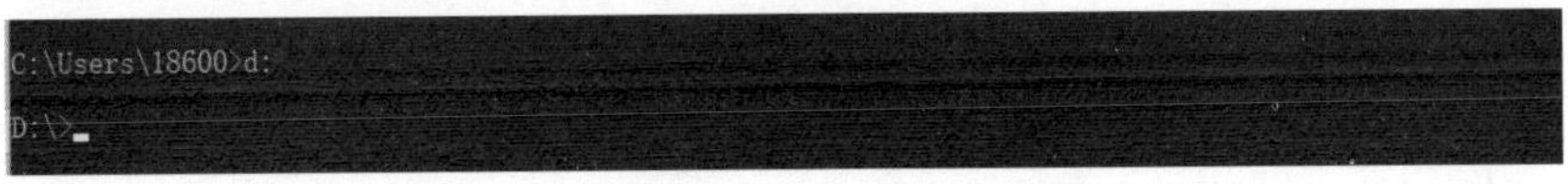


图 5-4 进入 D 盘

在命令行输入如下命令安装 Scrapy，结果如图 5-5 所示。

```
pip install scrapy
```

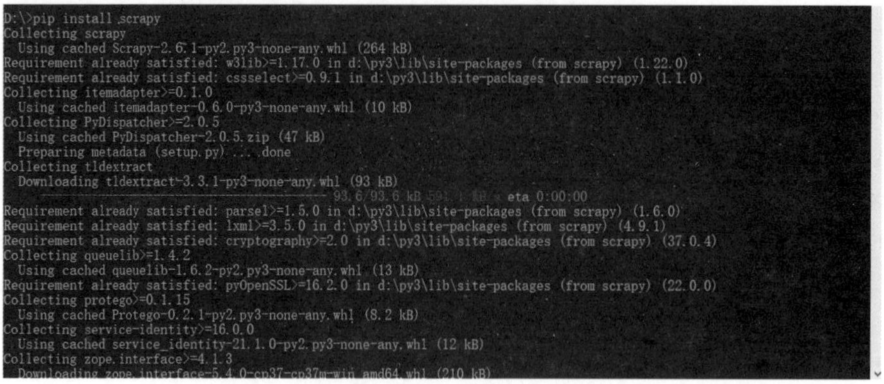
D:\>pip install scrapy
Collecting scrapy
Using cached Scrapy-2.6.1-py2.py3-none-any.whl (264 kB)
Requirement already satisfied: w3lib>=1.17.0 in d:\py3\lib\site-packages (from scrapy) (1.22.0)
Requirement already satisfied: cssselect>=0.9.1 in d:\py3\lib\site-packages (from scrapy) (1.1.0)
Collecting itemadapter>=0.1.0
Using cached itemadapter-0.6.0-py3-none-any.whl (10 kB)
Collecting PyDispatcher>=2.0.5
Using cached PyDispatcher-2.0.5.zip (47 kB)
Preparing metadata (setup.py) ... done
Collecting tldextract
Downloading tldextract-3.3.1-py3-none-any.whl (93 kB)
93.6/93.6 kB eta 0:00:00
Requirement already satisfied: parsel>=1.5.0 in d:\py3\lib\site-packages (from scrapy) (1.6.0)
Requirement already satisfied: lxml>=3.5.0 in d:\py3\lib\site-packages (from scrapy) (4.9.1)
Requirement already satisfied: cryptography>=2.0 in d:\py3\lib\site-packages (from scrapy) (37.0.4)
Collecting queuelib>=1.4.2
Using cached queuelib-1.6.2-py2.py3-none-any.whl (13 kB)
Requirement already satisfied: pyOpenSSL>=16.2.0 in d:\py3\lib\site-packages (from scrapy) (22.0.0)
Collecting protego>=0.1.15
Using cached Protego-0.2.1-py2.py3-none-any.whl (8.2 kB)
Collecting service-identity>=16.0.0
Using cached service_identity-21.1.0-py2.py3-none-any.whl (12 kB)
Collecting zope.interface>=4.1.3

图 5-5 安装 Scrapy

(2) 创建项目。创建项目的命令格式如下：

```
scrapy startproject name
```

示例如下，结果如图 5-6 所示。

```
scrapy startproject tutorial
```

我们打开项目所在目录发现项目已经创建好了，如图 5-7 所示。

D:\>scrapy startproject tutorial
New Scrapy project 'tutorial', using template directory 'd:\py3\lib\site-packages\scrapy\templates\project', created i
D:\tutorial
You can start your first spider with:
cd tutorial
scrapy genspider example example.com

图 5-6 创建爬虫项目

图 5-7 项目创建完成

这将创建一个名为 tutorial、包含以下内容的目录。

```
tutorial/
   scrapy.cfg  # deploy configuration file

   tutorial/ # project's Python module, you'll import your code from here
      __init__.py

      items.py          # project items definition file

      middlewares.py    # project middlewares file

      pipelines.py      # project pipelines file

      settings.py       # project settings file

      spiders/          # a directory where you'll later put your spiders
         __init__.py
```

(3) 创建爬虫。

爬虫是你定义的类，Scrapy 用它来从一个网站(或一组网站)抓取信息。它们必须子类 Spider 化并定义要发出的初始请求，可选择如何跟踪页面中的链接，以及如何解析下载的页面内容以提取数据。

创建爬虫的命令如下：

```
scrapy genspider 爬虫名 "抓取的目标站"
```

执行之前我们需要进入 spider 目录下。执行如下进入目录的命令，结果如图 5-8 所示。

```
cd tutorial
```

D:\>cd tutorial

D:\tutorial>

图 5-8　进入项目路径

执行如下命令进入项目所在目录，结果如图 5-9 所示。

```
cd tutorial
```

D:\tutorial>cd tutorial

D:\tutorial\tutorial>

图 5-9　进入项目目录

执行如下命令进入爬虫目录，结果如图 5-10 所示。

```
cd spiders
```

D:\tutorial\tutorial>cd spiders

D:\tutorial\tutorial\spiders>

图 5-10　进入爬虫目录

示例如下，创建结果如图 5-11 所示。

```
scrapy genspider quotes_spider "https://quotes.toscrape.com/page/1/"
```

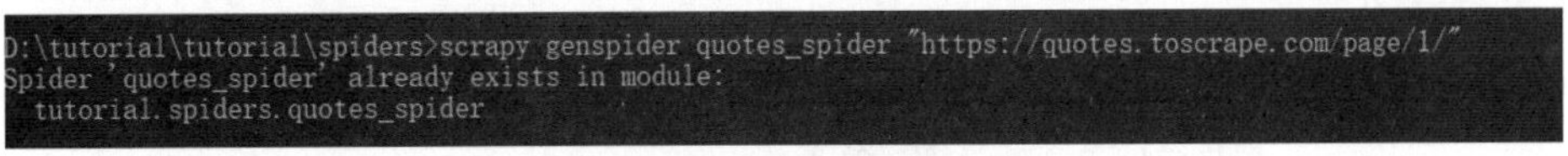
D:\tutorial\tutorial\spiders>scrapy genspider quotes_spider "https://quotes.toscrape.com/page/1/"
Spider 'quotes_spider' already exists in module:
  tutorial.spiders.quotes_spider

图 5-11　创建爬虫

生成的爬虫代码如下：

```
class QuotesSpiderSpider(scrapy.Spider):
    name = 'quotes_spider'
    allowed_domains = ['quotes.toscrape.com']
    start_urls = ['http://quotes.toscrape.com/']

    def parse(self, response):
        pass
```

(4)　运行。在爬虫项目所在的 spiders 目录下使用如下命令运行：

```
scrapy crawl name(爬虫文件里的 name)
```

示例如下，运行爬虫结果如图 5-12 所示。

```
scrapy crawl quotes_spider
```

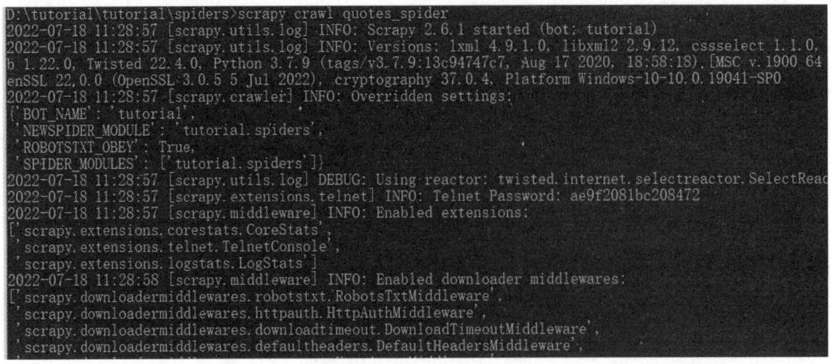


图 5-12　运行爬虫

## 任务检查与评价

完成任务实施后，进行任务检查与评价，具体检查评价表如表 5-1 所示。

表 5-1　任务检查评价表

| 项目名称 | 使用 Scrapy 爬虫爬取电影数据 | | | |
|---|---|---|---|---|
| 任务名称 | 开发环境的准备和搭建 | | | |
| 评价方式 | 可采用自评、互评、老师评价等方式 | | | |
| 说明 | 主要评价学生在学习项目过程中的操作技能、理论知识、学习态度、课堂表现、学习能力等 | | | |
| 评价内容与评价标准 | | | | |
| 序号 | 评价内容 | 评价标准 | 分值 | 得分 |
| 1 | 知识运用(20%) | 掌握相关理论知识；理解本次任务要求；制订详细计划，计划条理清晰、逻辑正确(20 分) | 20 分 | |
| | | 理解相关理论知识，能根据本次任务要求制订合理计划(15 分) | | |
| | | 了解相关理论知识，有制订计划(10 分) | | |
| | | 没有制订计划(0 分) | | |
| 2 | 专业技能(40%) | 结果验证全部满足(40 分) | 40 分 | |
| | | 结果验证只有一个功能不能实现，其他功能全部实现(30 分) | | |
| | | 结果验证只有一个功能实现，其他功能全部没有实现(20 分) | | |
| | | 结果验证功能均未实现(0 分) | | |
| 3 | 核心素养(20%) | 具有良好的自主学习能力和分析解决问题的能力，任务过程中有指导他人(20 分) | 20 分 | |
| | | 具有较好的学习能力和分析解决问题的能力，任务过程中没有指导他人(15 分) | | |
| | | 能够主动学习并收集信息，有请教他人帮助解决问题的能力(10 分) | | |
| | | 不主动学习(0 分) | | |
| 4 | 课堂纪律(20%) | 设备无损坏，无干扰课堂秩序言行(20 分) | 20 分 | |
| | | 无干扰课堂秩序言行(10 分) | | |
| | | 有干扰课堂秩序言行(0 分) | | |

## 任务小结

在本次任务中，学习了 Scrapy 的安装、功能、基本使用。介绍 JavaScript 是为了铺垫本次的案例，本次案例通过 JavaScript 请求的后端返回的数据，使学生能够进行后续的实践。

## 任务拓展

熟练掌握 Scrapy 常用操作指令。

# 任务二 爬虫程序实践

5.2 爬虫程序实践

## 职业能力目标

根据需求，从互联网爬取数据并存入 MySQL 数据库。
使用 Scrapy 爬虫框架爬取电影网站数据并存入 MySQL 数据库。

## 任务描述与要求

经过任务一的学习，学生已经对 Scrapy 爬虫框架有了初步的认识。在本任务中，我们将把所学到的知识应用到爬虫开发中，根据我们的需求，对电影网站数据进行爬取，并存入 MySQL 数据库。

## 知识储备

### 一、JSON 简介

JSON(JavaScript Object Notation) 是一种轻量级的数据交换格式，它能使人们很容易地进行阅读和编写，同时也方便了机器进行解析和生成。它是基于 JavaScript Programming Language，Standard ECMA-262 3rd Edition - December 1999 的一个子集。 JSON 采用完全独立于程序语言的文本格式，但是也使用了类 C 语言的习惯(包括 C、C++、C#、Java、JavaScript、Perl、Python 等)。这些特性使 JSON 成为理想的数据交换语言。

#### 1. JSON 基于两种结构

(1) “名称/值”对的集合(A collection of name/value pairs)。不同的编程语言中，它被理解为对象(object)、记录(record)、结构(struct)、字典(dictionary)、哈希表(hash table)、有键列表(keyed list)或者关联数组 (associative array)。

键值对形式如下：

```
{
  "person": {
    "name": "zhangsan",
    "age": "18",
    "sex": "man",
    "hometown": {
```

```
      "province": "广东省",
      "city": "广州市",
      "county": "白云区"
    }
  }
}
```

(2) 值的有序列表(An ordered list of values)。在大部分语言中，它被实现为数组(array)、矢量(vector)、列表(list)、序列(sequence)。JSON 的数组形式如下：

```
["zhangsan", 28, "man", "广东省广州市白云区"]
```

### 2. JSON 的 6 种数据类型

上面两种 JSON 形式内部都是包含 value 的，那 JSON 的 value 到底有哪些类型？而且前面我们说 JSON 其实就是从 JavaScript 的数据格式中提取了一个子集，那具体有哪几种数据类型呢？

其包含如下 6 种数据类型。

(1) string：字符串，必须要用双引号引起来。

(2) number：数值，与 JavaScript 的 number 一致，整数(不使用小数点或指数计数法)最多为 15 位，小数的最大位数是 17。

(3) object：JavaScript 的对象形式，表示方式为{ key:value }，可嵌套。

(4) array：数组，JavaScript 的数组表示方式为[ value ]，可嵌套。

(5) true/false：布尔类型，JavaScript 的 boolean 类型。

(6) null：空值，JavaScript 的 null。

## 二、JSON 使用场景

介绍完 JSON 的数据格式，那我们来看看 JSON 在企业中使用得比较多的场景。

### 1. 接口返回 JSON 数据

目前 JSON 在 Web 与 App 中都很普及了，现在的数据接口基本上都是返回的 JSON，具体细化的场景如下。

(1) Ajxa 异步访问数据。

(2) RPC 远程调用。

(3) 前后端分离时后端返回的数据。

(4) 开放 API，如百度、高德等一些开放接口。

(5) 企业间合作接口。

(6) App 端显示的数据。

这种 API 接口一般都会提供一个接口文档，说明接口的入口参数、出口参数等，在这里插入图片描述。一般的接口返回数据都会封装成 JSON 格式，比如类似下面这种。

```
{
   "code": 1,
   "msg": "success",
   "data": {
      "name": "zhangsan",
```

```
        "age": "28",
        "sex": "man",
        "hometown": {
            "province": "广东省",
            "city": "广州市",
            "county": "白云区"
        }
    }
}
```

2. 序列化

程序在运行时所有的变量都是保存在内存当中的，如果出现程序重启或者机器死机的情况，那这些数据就丢失了。一般情况下，运行时变量并不是那么重要，丢了就丢了，但有些内存中的数据需要保存供其他程序使用。

保存内存中的数据要么保存在数据库中，要么直接保存到文件中。将内存中的数据变成可保存或可传输的数据的过程叫作序列化，在 Python 中叫 pickling，在其他语言中被称为 serialization、marshalling、flattening 等，都是一个意思。

正常的序列化是将编程语言中的对象直接转成可保存或可传输的，这样会保存对象的类型信息，而 JSON 序列化不会保留对象类型。

JSON 对象序列化只保存属性数据，不保留 class 信息，下次使用 loads 加载到内存可以直接转成 dict 对象，当然也可以转为 Person 对象，但是需要写辅助方法。

JSON 序列化具有不能保存 class 信息的特点，那么 JSON 序列化还有什么用？答案是当然有用，对于不同编程语言序列化读取有用。比如：我用 Python 爬取数据然后转成对象，现在我需要将它序列化到磁盘，然后使用 Java 语言读取这份数据，这个时候由于跨语言数据类型不同，因此就需要用到 JSON 序列化。

存在即合理，两种序列化可根据需求自行选择。

3. 生成 Token

声明 Token 的形式多种多样，有 JSON、字符串、数字等，只要能满足需求即可。

JSON 格式的 Token 最有代表性的莫过于 JWT(JSON Web Tokens)。随着技术的发展、分布式 Web 应用的普及，通过 Session 管理用户登录状态成本越来越高，因此慢慢发展成为用 Token 的方式做登录身份校验，然后通过 Token 去取 redis 中的缓存的用户信息。随着之后 JWT 的出现，校验方式更加简单便捷化，无须通过 redis 缓存，而是直接根据 Token 取出保存的用户信息，以及对 Token 可用性校验，单点登录更为简单。曾经有人使用 JWT 做过 App 的登录系统，大概的流程是：①用户输入用户名和密码；②App 请求登录中心验证用户名和密码；③如果验证通过则生成一个 Token，Token 中包含用户的 uid、Token 过期时间、过期延期时间等，然后返回给 App；④App 获得 Token，保存在 cookie 中，下次请求其他服务则带上；⑤其他服务获取到 Token 之后调用登录中心接口验证；⑥验证通过则响应。

那么，JWT 登录认证有哪些优势呢？

(1) 性能好。服务器不需要保存大量的 session。①单点登录(登录一个应用，同一个企业的其他应用都可以访问)：使用 JWT 做一个认证。②登录中心基本确定，很容易实现。

(2) 兼容性好。支持移动设备，支持跨程序调用。Cookie 是不允许跨域访问的，而 Token 不存在这个问题。

(3) 安全性好。因为有签名，所以 JWT 可以防止被篡改。

更多 JWT 相关知识自行在网上学习，此处不过多介绍。

### 4. 配置文件

JSON 作为配置文件使用场景并不多，最具代表性的就是 npm 中的 package.json 包管理配置文件了。下面就是一个 npm 中的 package.json 配置文件内容。

```
{
  "name": "result",        //项目名称
  "version": "1.1.1",
  "private": true,
  "main": "result.js",     //项目入口地址，即执行 npm 后会执行的项目
  "scripts": {
    "start": "node ./bin/www" ///scripts 指定了运行脚本命令的 npm 命令行缩写
  },
  "dependencies": {
    "cookie-parser": "~1.4.3",     //指定项目开发所需的模块
    "debug": "~2.6.9",
    "express": "~4.16.0",
    "http-errors": "~1.6.2",
    "jade": "~1.11.0",
    "morgan": "~1.9.0"
  }
}
```

其实 JSON 并不适合做配置文件，因为它不能写注释、作为配置文件的可读性差。

配置文件的格式有很多种，如 toml、yaml、xml、ini 等，目前很多地方开始使用 yaml 作为配置文件。

## 三、在 Python 中使用 JSON

我们来看看 Python 中操作 JSON 的方法有哪些。在 Python 中操作 JSON 时需要引入 json 标准库：

```
import json
```

(1) Python 类型转 JSON：json.dump()。代码如下：

```
import json

# 1. Python 的 dict 类型转 JSON
person_dict = {'name': 'zhansan', 'age': 28, 'sex': 'man', 'hometown': '广州
白云'}
# indent 参数为缩进空格数
person_dict_json = json.dumps(person_dict, indent=4)
print(person_dict_json, '
')

# 2. Python 的列表类型转 JSON
person_list = 'zhansan', 28, 'man', '广州白云']
person_list_json = json.dumps(person_list)
```

```
print(person_list_json, '
')

# 3. Python 的对象类型转 JSON
person_obj = Person'zhansan', 28, 'man', '广州白云')
# 中间的匿名函数是获得对象所有属性的字典形式
person_obj_json = json.dumps(person_obj, default=lambda obj: obj.__dict__,
indent=4)
print(person_obj_json, '
')
```

(2) JSON 转 Python 类型：json.loads()。代码如下：

```
# 4. JSON 转 Python 的 dict 类型
person_json = '{ "name": 'zhansan', 28, "sex": "man", "hometown": "广州白云"}'
person_json_dict = json.loads(person_json)
print(type(person_json_dict), '
')

# 5. JSON 转 Python 的列表类型
person_json2 = 'zhansan', 28, "man", "广州白云"]'
person_json_list = json.loads(person_json2)
print(type(person_json_list), '
')

# 6. JSON 转 Python 的自定义对象类型
person_json = '{ "name": 'zhansan', 28, "sex": "man", "hometown": "广州白云"}'
# object_hook 参数是将 dict 对象转成自定义对象
person_json_obj = json.loads(person_json, object_hook=lambda d:
Person(d['name'], d['age'], d['sex'], d['hometown']))
print(type(person_json_obj), '
')
```

(3) 需要注意的要点具体如下。

① JSON 的键名和字符串都必须使用双引号引起来，而 Python 中单引号也可以表示为字符串，所以这是一个比较容易犯的错误。

② Python 类型与 JSON 相互转换的时候到底是用 load/dump 还是用 loads/dumps？它们之间有什么区别？什么时候该加 s 什么时候不该加 s？这个我们可以通过查看源码找到答案：不加 s 的方法入口参数多了一个 fp 表示 filepath，最后多了一个写入文件的操作。所以我们可以这样记忆：加 s 表示转成字符串(str)，不加 s 表示转成文件。

③ Python 自定义对象与 JSON 相互转换的时候需要辅助方法来指明属性与键名的对应关系，如果不指定一个方法则会抛出异常。

④ 有时候 json.dumps 方法将 Python 类型转 JSON 的时候，如果出现中文，则会出现 u6c5fu897fu629au5dde 这种东西，这是为什么呢？原因是：Python 3 中的 json 在做 dumps 操作时，会将中文转换成 unicode 编码，并以十六进制方式存储，而并不是 UTF-8 格式。

## 任务计划与决策

爬取电影网站数据，提取 JSON 数据，并存入 MySQL 数据库。

通过 Scrapy 框架采集电影网站数据，根据返回的数据进行解析入库。数据爬取主要包含以下三个方面。

(1) 能使用 Scrapy 分布式爬虫进行采集。

(2) 解析 JSON 数据。

(3) 将爬取到的数据存入 MySQL 数据库。

根据所学相关知识，请制订完成本次任务的实施计划。

## 任务实施

首先，我们要确定好目标网站，电影网站(https://spa1.scrape.center/)如图 5-13 所示。

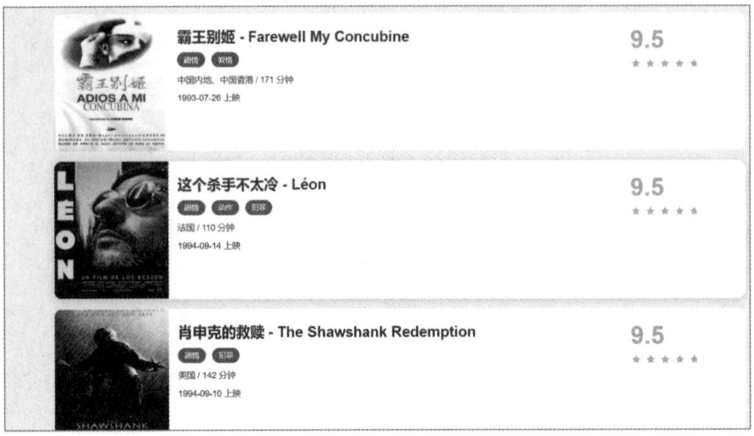

图 5-13　网站截图

(1) 网站分析。使用谷歌浏览器打开该网站，按 F12 功能键来到如图 5-14 所示的界面。

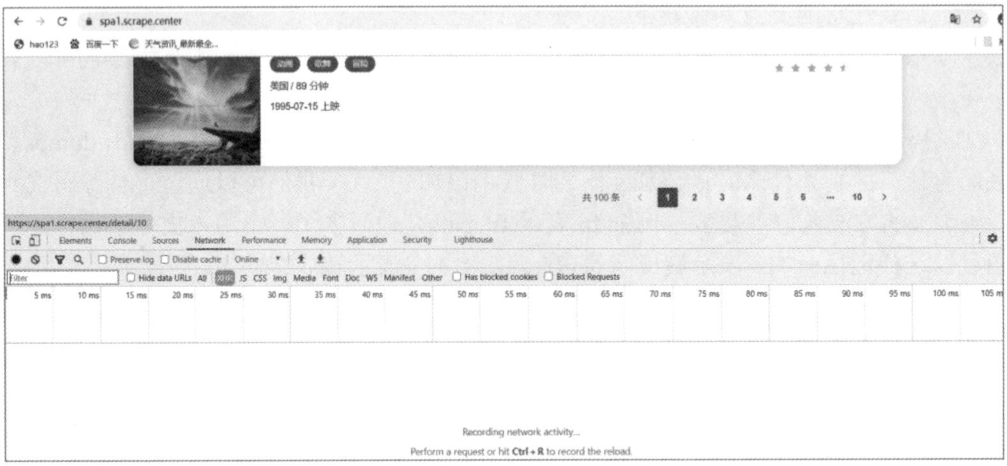

图 5-14　打开网页结构

第一步单击 Network，第二步单击 XHR，如图 5-15 所示。

此时我们重新刷新一下网页，就会出现请求数据的信息，如图 5-16 所示。

选中左下方第一条请求信息进行查看，右侧的标签中 Headers 就是请求头信息，下面的 Request URL 就是请求 URL，Request Method 是 get 请求，如图 5-17 所示。

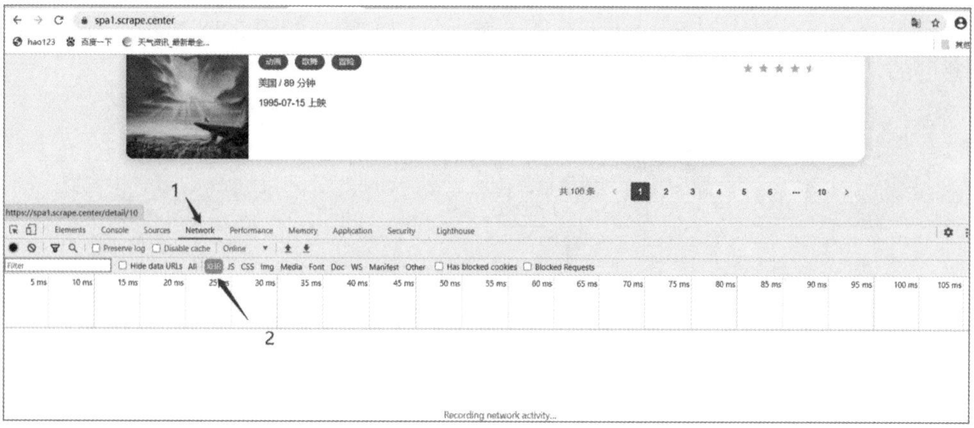


图 5-15　查看请求地方

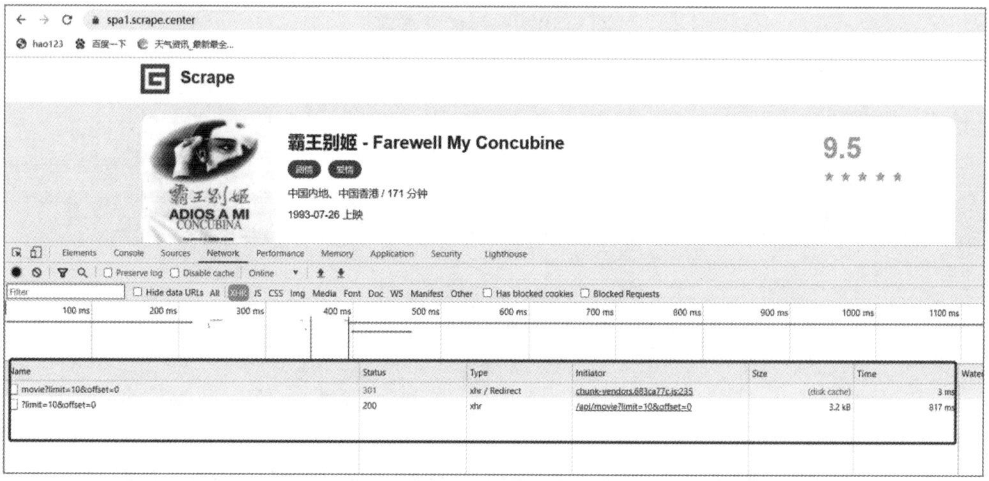


图 5-16　查看请求信息

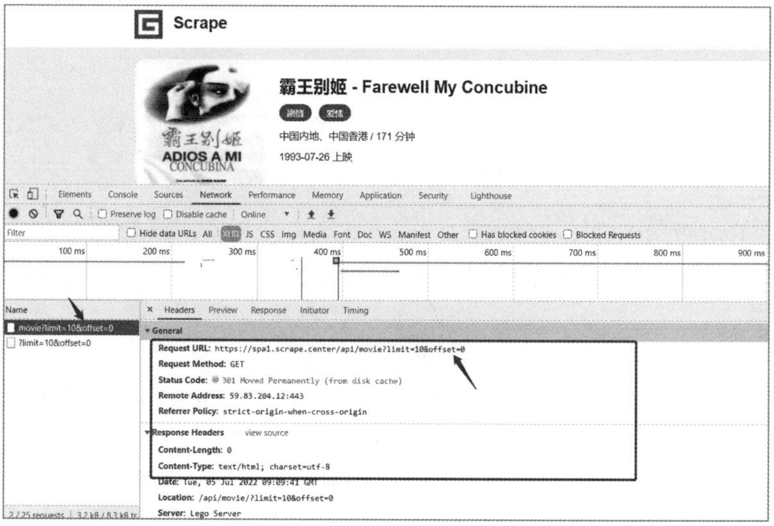


图 5-17　查看请求头

单击第一条信息对应的 Response 标签，发现返回为空，如图 5-18 所示，所以这就不是我们想要的请求 URL。

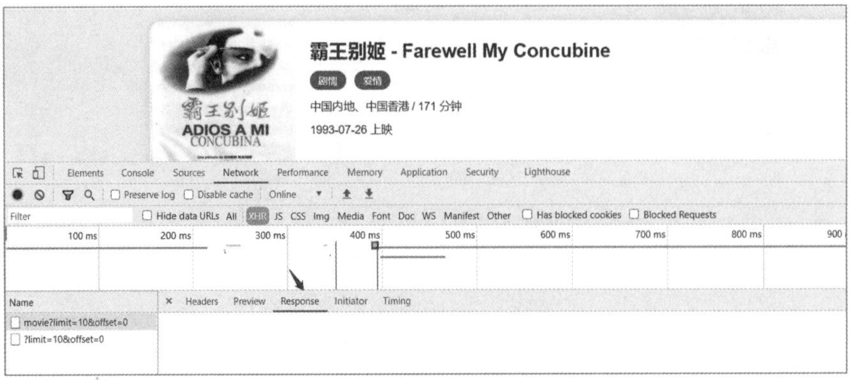

图 5-18　查找请求响应

选中左下方的第二条请求信息，单击右侧的 Headers 标签查看请求头信息，其中也是出现了请求 URL 和请求方法类型，依然是 get，如图 5-19 所示。

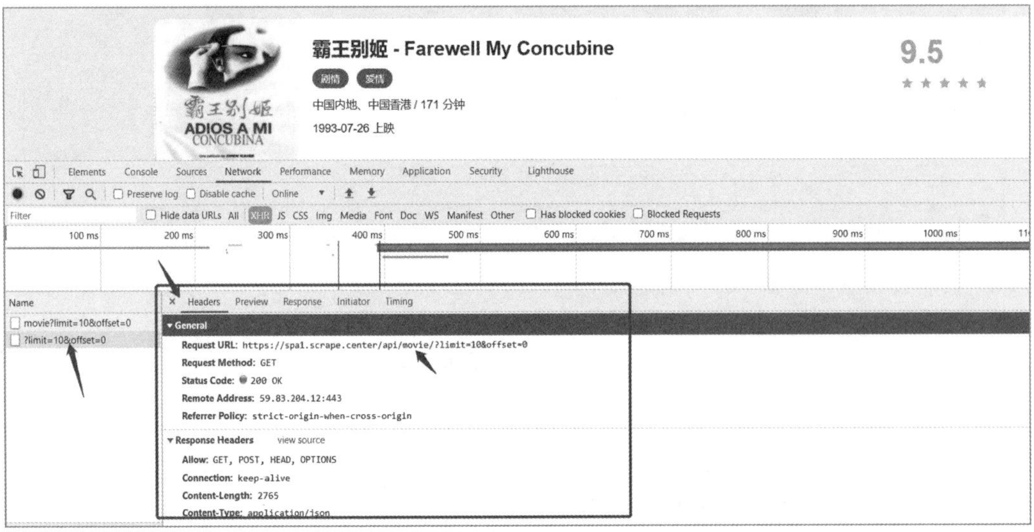

图 5-19　查看请求响应

继续单击 Response 标签，查看返回信息，发现有数据了，这就是 JSON 数据。仔细看一下里面的数据，对比我们页面展示的数据，是能对应上的，这就是我们要抓取的数据，如图 5-20 所示。

再单击 Headers 标签，选择 Request URL 里的值并右击，在弹出的快捷菜单中选择命令即可复制出来，得到 https://spa1.scrape.center/api/movie/?limit=10&offset=0，这个就是请求的 URL，如图 5-21 所示。

这时候我们获取到第一页的请求的 URL，接着分析如何翻页获取所有。单击“下一页”进入到第二页，左侧的请求信息又多了两条，细心的同学已经发现了，第 4 条的请求 url 的 offset=10，如图 5-22 所示。

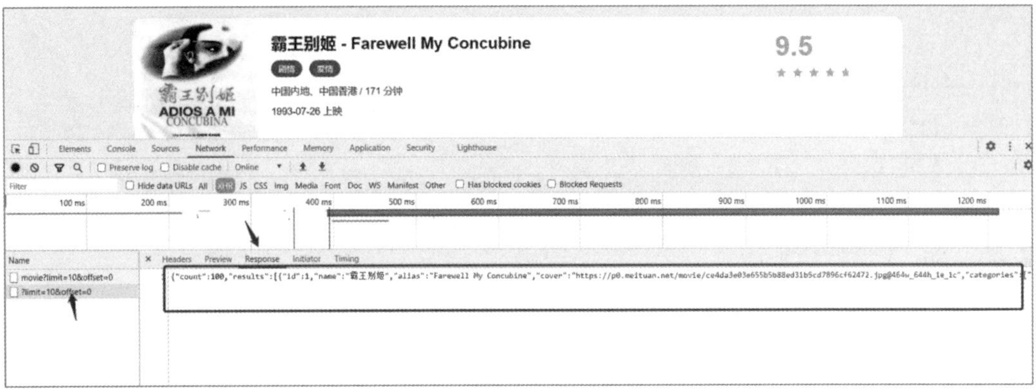

图 5-20　请求响应数据

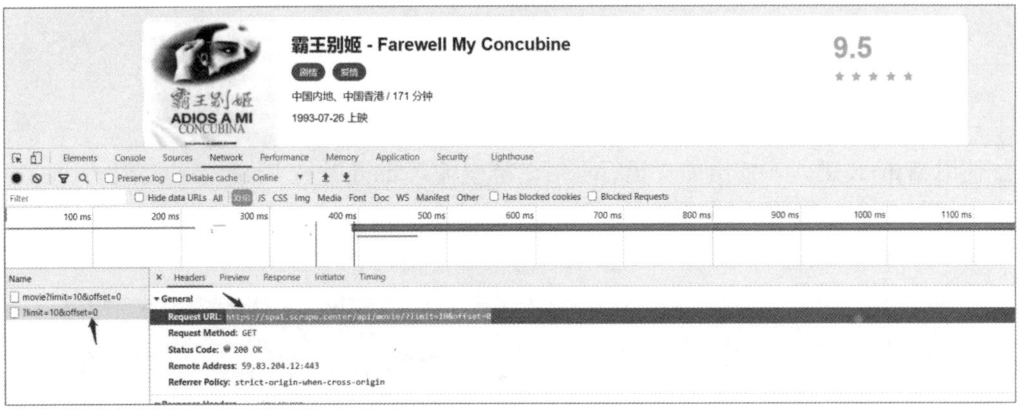

图 5-21　确定请求地址

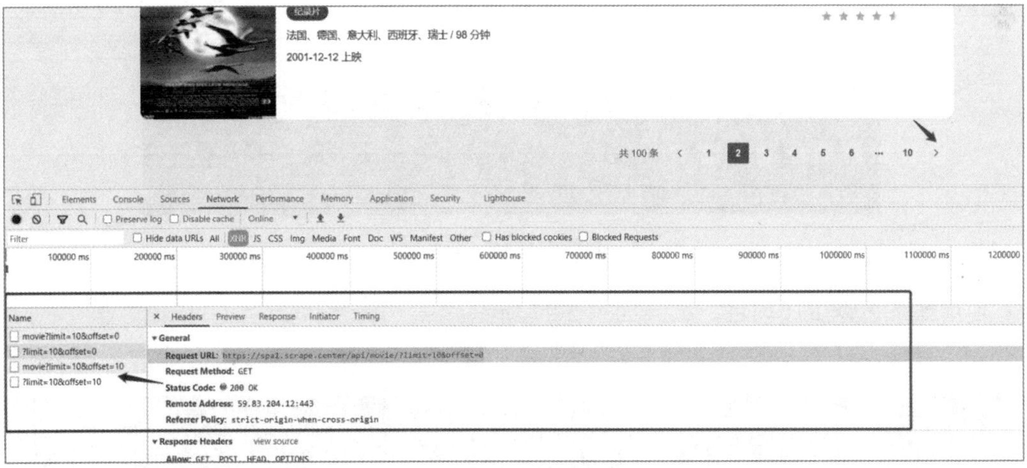

图 5-22　分析请求地址变化

再单击“下一页”按钮，发现 offset=30。相当于每次翻页的时候 offset 就会加 10，也就是通过 offset 来进行翻页的，那么可以通过在程序里每次翻页 offset 增加 10 就行了，如图 5-23 所示。

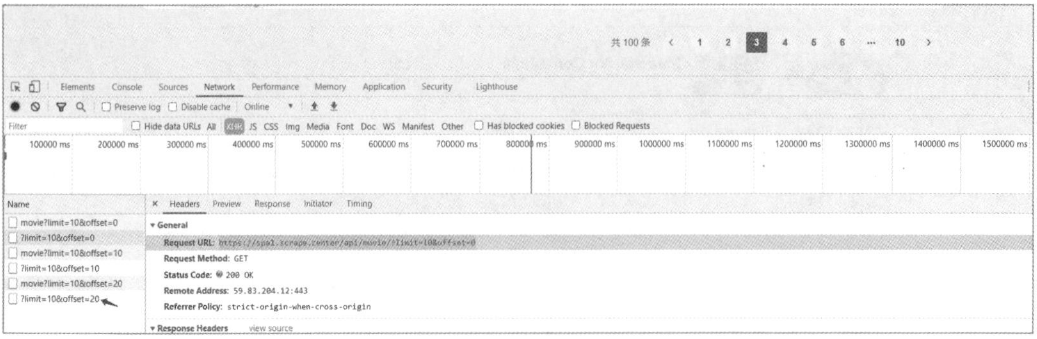


图 5-23　分析请求地址变化

(2) 创建项目。

在 D 盘创建一个文件夹，命名为 scrapy_space，如图 5-24 所示。

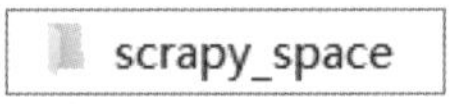

scrapy_space


图 5-24　文件夹

使用 Win+R 键，在弹出的“运行”对话框中输入 cmd 并按 Enter 键，打开一个命令行窗口，进入 D 盘，如图 5-25 所示。

```
d:
```

C:\Users\18600>d:
D:\>


图 5-25　通过命令进入 D 盘

在命令行输入如下命令进入刚刚创建好的 scrapy_space 目录，结果如图 5-26 所示。

```
cd scrapy_space
```

D:\>cd scrapy_space
D:\scrapy_space>


图 5-26　进入目录

使用如下命令生成项目，结果如图 5-27 所示。

```
scrapy startproject web_movie_spider
```

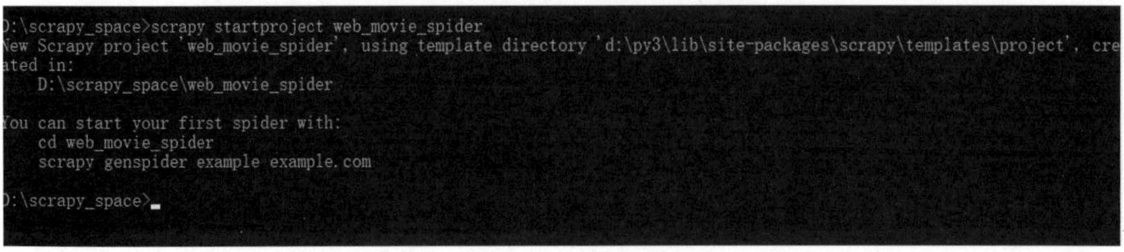

D:\scrapy_space>scrapy startproject web_movie_spider
New Scrapy project 'web_movie_spider', using template directory 'd:\py3\lib\site-packages\scrapy\templates\project', created in:
D:\scrapy_space\web_movie_spider
You can start your first spider with:
cd web_movie_spider
scrapy genspider example example.com
D:\scrapy_space>


图 5-27　生成爬虫项目

生成项目，结果如图 5-28 所示。

图 5-28　查看项目

(3) 打开 PyCharm，在菜单栏中选择 File→Open 命令打开刚刚创建好的项目，如图 5-29 所示。

在弹出的对话框中选择 Open in new window 单选按钮，以便新打开一个窗口，单击 OK 按钮，如图 5-30 所示。

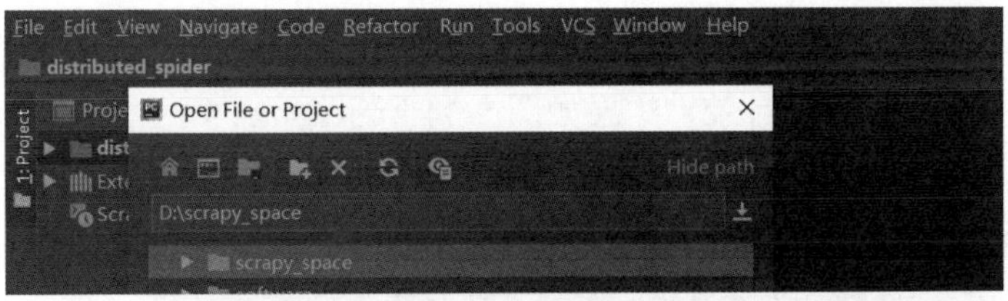


图 5-29　打开项目

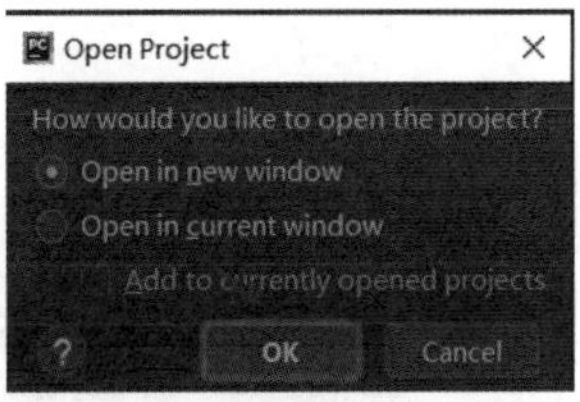


图 5-30　打开新的项目窗口

打开项目之后，在菜单栏中选择 File→Setting 命令，在弹出的界面中选择 Product Interpreter 选项，在下拉列表框中选择 Python 的安装目录，单击 OK 按钮，如图 5-31 所示。这时候 PyCharm 环境已经配置好了。

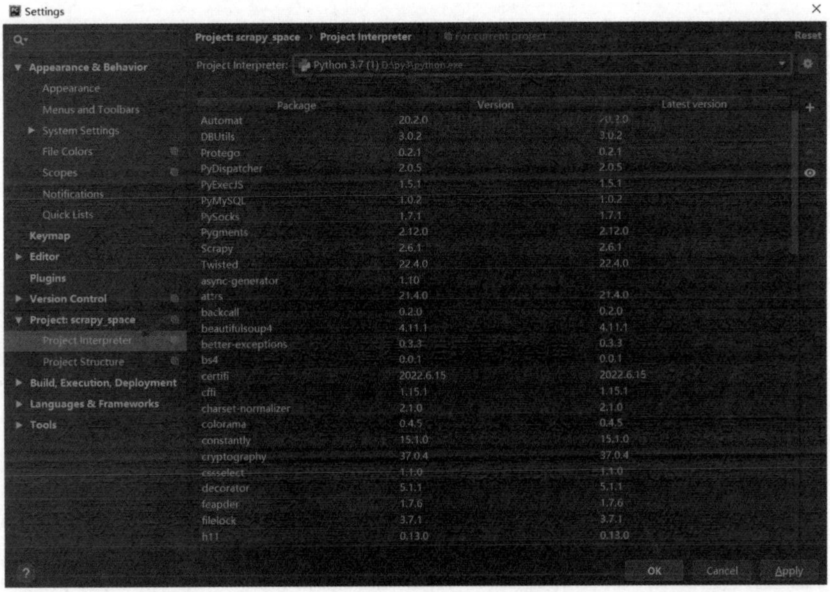


图 5-31　查看项目环境的类库

(4) 创建爬虫。

在命令行中输入如下命令进入爬虫所在目录，结果如图 5-32 所示。

```
cd web_movie_spider
```

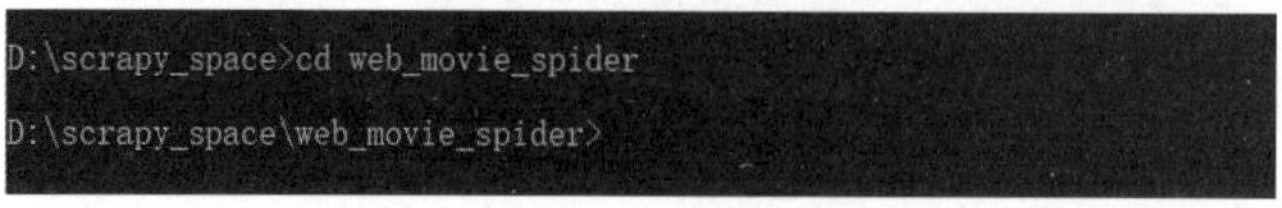
D:\scrapy_space>cd web_movie_spider
D:\scrapy_space\web_movie_spider>

图 5-32　进入爬虫项目路径

在命令行中输入如下命令再次进入爬虫项目所在目录，结果如图 5-33 所示。

```
cd web_movie_spider
```

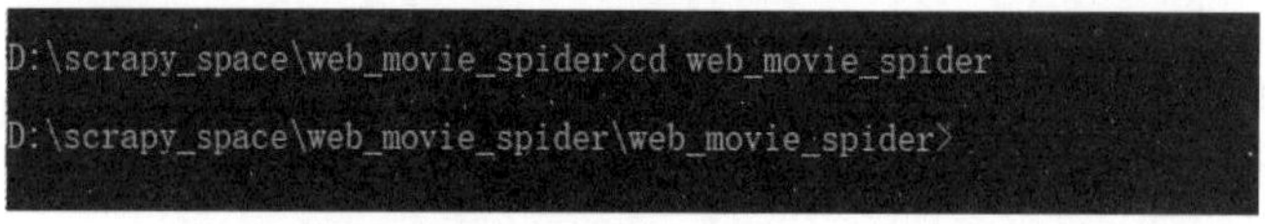
D:\scrapy_space\web_movie_spider>cd web_movie_spider
D:\scrapy_space\web_movie_spider\web_movie_spider>

图 5-33　进入爬虫项目目录

在命令行中输入如下命令进入爬虫所在目录，结果如图 5-34 所示。

```
cd spiders
```

D:\scrapy_space\web_movie_spider\web_movie_spider>cd spiders
D:\scrapy_space\web_movie_spider\web_movie_spider\spiders>

图 5-34　进入爬虫目录

在命令行中输入如下命令创建爬虫，结果如图 5-35 所示。

```
scrapy genspider js_movie_spider https://spa1.scrape.center/
```

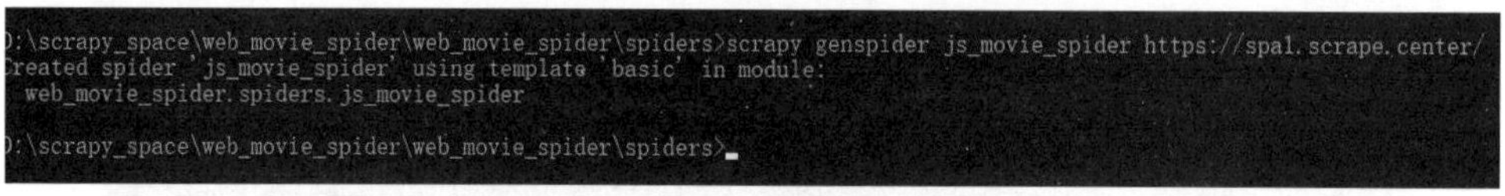
:\scrapy_space\web_movie_spider\web_movie_spider\spiders>scrapy genspider js_movie_spider https://spa1.scrape.center/
reated spider 'js_movie_spider' using template 'basic' in module:
web_movie_spider.spiders.js_movie_spider
:\scrapy_space\web_movie_spider\web_movie_spider\spiders>

图 5-35　创建爬虫

生成爬虫，如图 5-36 所示。

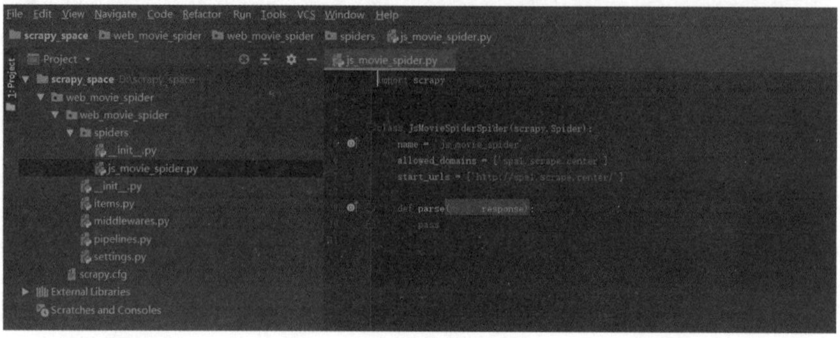


图 5-36　生成爬虫

说明：

```
name = 'js_movie_spider'  # 爬虫名，不能跟项目名称重复
allowed_domains = ['spa1.scrape.center']  # 允许的域名，域名之内的网址才会访问
start_urls = ['http://spa1.scrape.center/']  #入口 url，扔到调度器里边
parse(self, response)  # 解析函数
```

(5) 编写爬虫。

上面我们通过命令生成了爬虫，由于我们之前填写的是网站 URL，我们需要修改 start_urls 的值，改成我们分析过的实际数据交互的请求 URL，https://spa1.scrape.center/api/movie/? limit=10&offset=0。

修改代码如下：

```
class JsMovieSpiderSpider(scrapy.Spider):
    name = 'js_movie_spider'  # 爬虫名，不能和项目名称重
    allowed_domains = ['spa1.scrape.center']  # 允许的域名，域名之内的网址才会访问
    start_urls = ['https://spa1.scrape.center/api/movie/?limit=10&offset=0']
# 入口 url，扔到调度器里边

    #解析函数
    def parse(self, response):
        print(response.text)  #打印返回值
```

回到命令行窗口，在项目里 spiders 目录下使用命令运行：

```
scrapy crawl js_movie_spider
```

运行结果如图 5-37 所示。

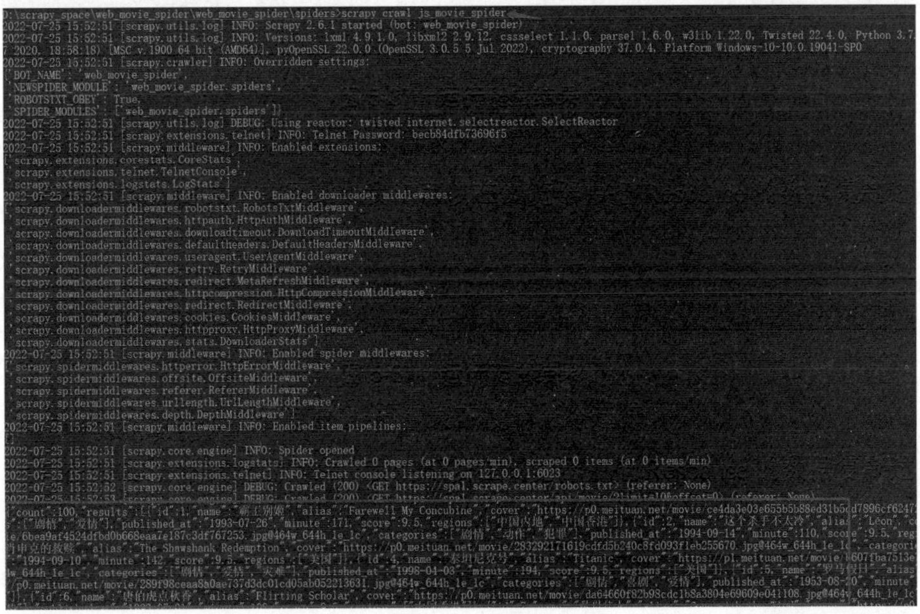

图 5-37 运行爬虫结果

(6) 解析 Json 数据。

网上有在线 Json 格式化的网站，我们可以在浏览器中把 Response 的数据复制过去，这

样就方便查看解析了，如图 5-38 所示。

图 5-38　Json 格式化

由于需要解析 Json 数据，那就少不了用如下命令导入 Json 库，结果如图 5-39 所示。

```
import json
```

图 5-39　引入 Json 类库

在 parse 函数里编写解析代码：

```
def parse(self, response):
        res_json = json.loads(response.text)
        listData = res_json['results']
        if listData:
            for data in listData:
                id = data['id']
                name = data['name']
                alias = data['alias']
                cover = data['cover']
                categories = data['categories']
                published_at = data['published_at']
                minute = data['minute']
                score = data['score']
                regions = data['regions']
                print("name:%s minute:%s score:%s" % (name, minute,score))
```

我们使用如下命令在 spiders 目录下再次运行下：

```
scrapy crawl js_movie_spider
```

运行爬虫结果如图 5-40 所示。

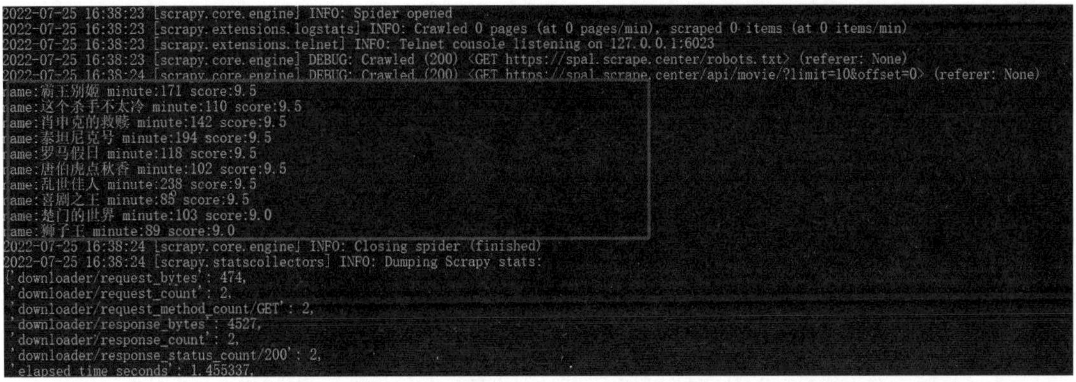


图 5-40 运行爬虫结果

(7) 下发翻页任务。

首先新定义一个初始化函数，用来使 offset 值自增。代码如下：

```
    def __init__(self):
        self.offset = 0  # 定义全局变量实现 offset 自增
```

接着我们在 parse 函数中编写翻页下发任务：

```
#解析函数
    def parse(self, response):
        res_json = json.loads(response.text)
        listData = res_json['results']
        if listData:
            for data in listData:
                id = data['id']  # 电影 id
                name = data['name']   # 电影名字
                alias = data['alias']  # 电影别名
                cover = data['cover']  # 电影封面图片地址
                categories = data['categories'] # 类别名
                published_at = data['published_at']  # 电影发布时间
                minute = data['minute']  # 电影时长
                score = data['score']  # 电影评分
                regions = data['regions']  # 地区
                print("name:%s minute:%s score:%s" % (name, minute, score))
            self.offset += 10  # 翻页加 10
            next_url = f"https://spa1.scrape.center/api/movie/?limit=10&offset=
{self.offset}"  # 拼接下一页 url
            yield scrapy.Request(next_url, callback=self.parse,
dont_filter=False)  # 下发翻页任务
```

我们使用如下命令在 spiders 目录下再次运行，看看最后一页抓到了没有：

```
scrapy crawl js_movie_spider
```

运行结果如图 5-41 所示。

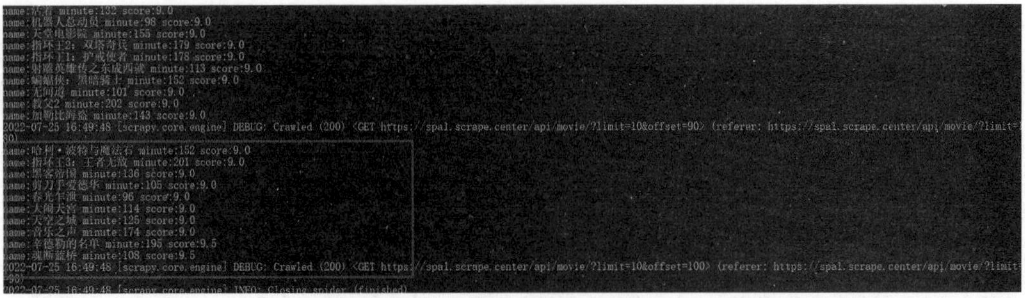


图 5-41　运行爬虫结果

我们在打印的结果中发现网站最后一页的数据了，说明下发翻页没问题。

(8)　创建表。

根据我们解析的字段创建表进行保存，如图 5-42 所示。

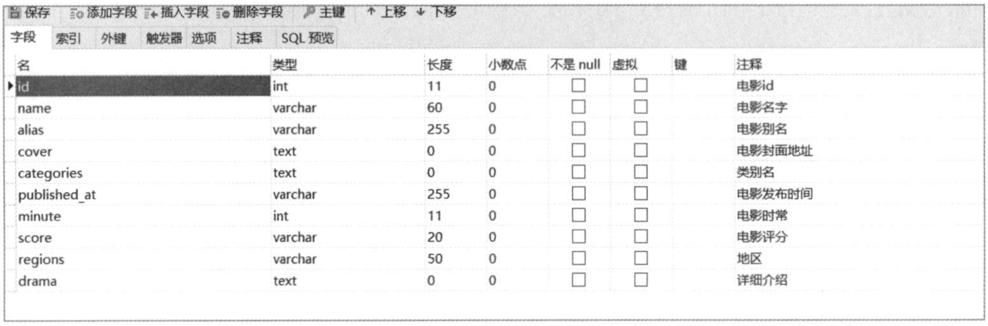


| 名 | 类型 | 长度 | 小数点 | 不是 null | 虚拟 | 键 | 注释 |
|---|---|---|---|---|---|---|---|
| id | int | 11 | 0 | ☐ | ☐ | | 电影id |
| name | varchar | 60 | 0 | ☐ | ☐ | | 电影名字 |
| alias | varchar | 255 | 0 | ☐ | ☐ | | 电影别名 |
| cover | text | 0 | 0 | ☐ | ☐ | | 电影封面地址 |
| categories | text | 0 | 0 | ☐ | ☐ | | 类别名 |
| published_at | varchar | 255 | 0 | ☐ | ☐ | | 电影发布时间 |
| minute | int | 11 | 0 | ☐ | ☐ | | 电影时常 |
| score | varchar | 20 | 0 | ☐ | ☐ | | 电影评分 |
| regions | varchar | 50 | 0 | ☐ | ☐ | | 地区 |
| drama | text | 0 | 0 | ☐ | ☐ | | 详细介绍 |

图 5-42　表结构

SQL 代码如下：

```
CREATE TABLE 'web_movie'  (
  'id' int(11) NULL DEFAULT NULL COMMENT '电影 id',
  'name' varchar(60) CHARACTER SET utf8mb4 COLLATE utf8mb4_general_ci NULL
DEFAULT NULL COMMENT '电影名字',
  'alias' varchar(255) CHARACTER SET utf8mb4 COLLATE utf8mb4_general_ci NULL
DEFAULT NULL COMMENT '电影别名',
  'cover' text CHARACTER SET utf8mb4 COLLATE utf8mb4_general_ci NULL COMMENT
'电影封面地址',
  'categories' text CHARACTER SET utf8mb4 COLLATE utf8mb4_general_ci NULL
COMMENT '类别名',
  'published_at' varchar(255) CHARACTER SET utf8mb4 COLLATE utf8mb4_general_ci
NULL DEFAULT NULL COMMENT '电影发布时间',
  'minute' int(11) NULL DEFAULT NULL COMMENT '电影时长',
  'score' varchar(20) CHARACTER SET utf8mb4 COLLATE utf8mb4_general_ci NULL
DEFAULT NULL COMMENT '电影评分',
  'regions' varchar(50) CHARACTER SET utf8mb4 COLLATE utf8mb4_general_ci NULL
DEFAULT NULL COMMENT '地区',
  'drama' text CHARACTER SET utf8mb4 COLLATE utf8mb4_general_ci NULL COMMENT
'详细介绍'
) ENGINE = InnoDB CHARACTER SET = utf8mb4 COLLATE = utf8mb4_general_ci ROW_FORMAT
= Dynamic;

SET FOREIGN_KEY_CHECKS = 1;
```

(9) 创建 item。

在 PyCharm 中打开 items.py，需要手动编辑内容。完整代码如下(参见图 5-43)：

```
class WebMovieSpiderItem(scrapy.Item):
    id = scrapy.Field()  # 电影 id
    name = scrapy.Field()  # 电影名字
    alias = scrapy.Field()  # 电影别名
    cover = scrapy.Field()  # 电影封面图片地址
    categories = scrapy.Field()  # 类别名
    published_at = scrapy.Field()  # 电影发布时间
    minute = scrapy.Field()  # 电影时长
    score = scrapy.Field()  # 电影评分
    regions = scrapy.Field()  # 地区
```

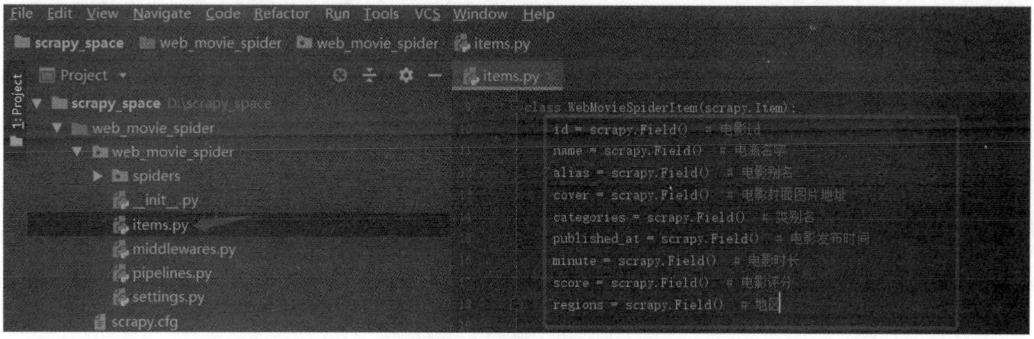


图 5-43 生成的 item 代码

(10) 入库。

需要在 parse 函数里给 item 赋值，首先用如下命令导入 items(参见图 5-44)。

```
from web_movie_spider.items import WebMovieSpiderItem
```

图 5-44 引入 Item 模块

修改 parse 函数给 item 赋值，根据前面介绍创建表字段属性，其中'minute'、'categories'、'regions'需要类型转换一下，不然会报错。

```
    #解析函数
    def parse(self, response):
        res_json = json.loads(response.text)
        listData = res_json['results']
        if listData:
            for data in listData:
                move_item = WebMovieSpiderItem()  # 使用 item 对各字段进行赋值
                move_item['id'] = data['id']  # 电影 id
                move_item['name'] = data['name']  # 电影名字
                move_item['alias'] = data['alias']  # 电影别名
                move_item['cover'] = data['cover']  # 电影封面图片地址
```

```
                move_item['categories'] =','.join(data['categories'])  # 类别名
                move_item['published_at'] = data['published_at']  # 电影发布时间
                move_item['minute'] =int(data['minute'])  # 电影时长
                move_item['score'] = data['score']  # 电影评分
                move_item['regions'] =','.join(data['regions'])  # 地区
                yield move_item
                # print("name:%s minute:%s score:%s" % (name, minute, score))
            self.offset += 10  # 翻页加10
            next_url = f"https://spa1.scrape.center/api/movie/?limit=10&offset={self.offset}"  # 拼接下一页url
            yield scrapy.Request(next_url, callback=self.parse, dont_filter=False)  # 下发翻页任务
```

(11) 修改 setting 配置，如图 5-45 所示。

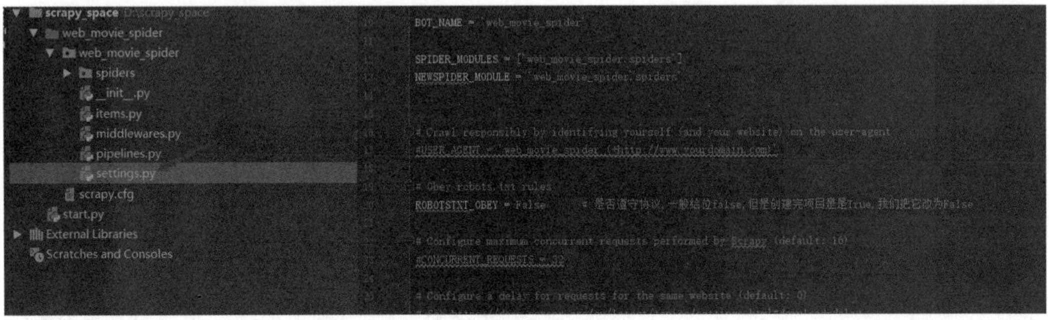

图 5-45　修改 setting

需要修改文件里的两处值：

```
ROBOTSTXT_OBEY = False   # 是否遵守协议,一般赋值为False,但是创建完项目时赋值为True,我们把它改为False

ITEM_PIPELINES = {
   'web_movie_spider.pipelines.WebMovieSpiderPipeline': 300,  #执行入库需要Pipline，所以需要取消注释
}
```

(12) 修改 Pipeline.py，如图 5-46 所示。

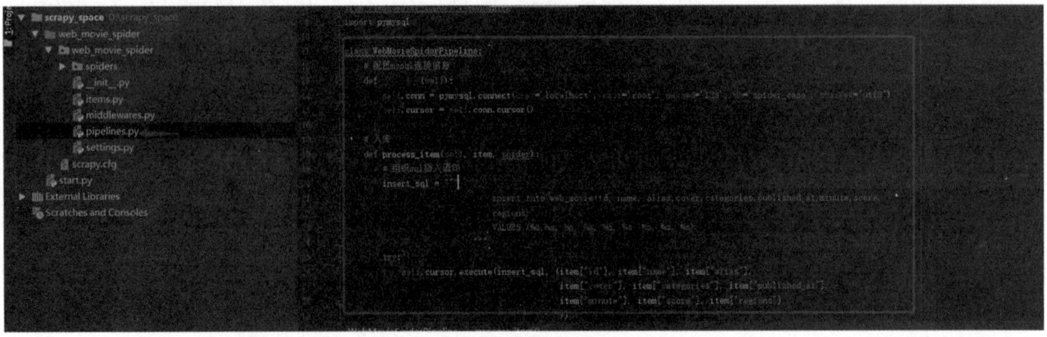

图 5-46　修改后的 pipeline

完整代码如下：

```
import pymysql

class WebMovieSpiderPipeline:
    # 配置mysql连接信息
    def __init__(self):
        self.conn = pymysql.connect(host='localhost', user='root', passwd='123',
db='spider_case', charset="utf8")
        self.cursor = self.conn.cursor()

    # 入库
    def process_item(self, item, spider):
        # 组织sql插入语句
        insert_sql = """
                        insert into web_movie(id, name,
alias,cover,categories,published_at,minute,score,
                        regions)
                        VALUES (%s,%s, %s, %s, %s, %s, %s, %s, %s)
                    """
        try:
            self.cursor.execute(insert_sql, (item["id"], item["name"],
item["alias"],
                                    item["cover"], item["categories"],
item["published_at"],
                                    item["minute"], item["score"],
item["regions"]
                                    ))
            self.conn.commit()  # 提交事务
        except Exception as e:
            print(e)



        return item

    # 关闭连接
    def close_spider(self):
        self.cursor.close()
        self.conn.close()
```

(13) 运行爬虫。

使用如下命令在 spiders 目录下运行，如图 5-47 所示。

```
scrapy crawl js_movie_spider
```

```
D:\scrapy_space\web_movie_spider\web_movie_spider\spiders>scrapy crawl js_movie_spider
```

图 5-47　运行爬虫

运行结果如图 5-48 所示。

```
'id': 99,
'minute': 195,
'name': '辛德勒的名单',
'published_at': '1993-11-30',
'regions': '美国',
'score': 9.5}
2022-07-25 19:38:11 [scrapy.core.scraper] DEBUG: Scraped from <200 https://spa1.scrape.center/api/movie/?limit=10&offset=90>
{'alias': 'Waterloo Bridge',
'categories': '剧情,爱情,战争',
'cover': 'https://p0.meituan.net/movie/58782fa5439c25d764713f711ebecd1e201941.jpg@464w_644h_1e_1c',
'id': 100,
'minute': 108,
'name': '魂断蓝桥',
'published_at': '1940-05-17',
'regions': '美国',
'score': 9.5}
2022-07-25 19:38:11 [scrapy.core.engine] DEBUG: Crawled (200) <GET https://spa1.scrape.center/api/movie/?limit=10&offset=100> (referer: https://spa1.scrape.center/api/mo
=90)
2022-07-25 19:38:11 [scrapy.core.engine] INFO: Closing spider (finished)
2022-07-25 19:38:11 [scrapy.core.engine] ERROR: Scraper close failure
Traceback (most recent call last):
  File "d:\py3\lib\site-packages\twisted\internet\defer.py", line 858, in _runCallbacks
    current.result, *args, **kwargs
TypeError: close_spider() takes 1 positional argument but 2 were given
2022-07-25 19:38:11 [scrapy.statscollectors] INFO: Dumping Scrapy stats:
{'downloader/request_bytes': 3386,
'downloader/request_count': 11,
'downloader/request_method_count/GET': 11,
'downloader/response_bytes': 32817,
'downloader/response_count': 11,
'downloader/response_status_count/200': 11,
'elapsed_time_seconds': 8.055555,
'finish_reason': 'finished',
'finish_time': datetime.datetime(2022, 7, 25, 11, 38, 11, 514659),
'item_scraped_count': 100,
'log_count/DEBUG': 112,
'log_count/ERROR': 1,
'log_count/INFO': 10,
'request_depth_max': 10,
'response_received_count': 11,
'scheduler/dequeued': 11,
'scheduler/dequeued/memory': 11,
'scheduler/enqueued': 11,
'scheduler/enqueued/memory': 11,
'start_time': datetime.datetime(2022, 7, 25, 11, 38, 3, 459104)}
2022-07-25 19:38:11 [scrapy.core.engine] INFO: Spider closed (finished)
```

图 5-48　运行结果

数据库表中的结果如图 5-49 所示。

开始事务　文本 · 筛选　排序　导入　导出

| id | name | alias | cover | categories | published_at | minute | score | regions |
|---|---|---|---|---|---|---|---|---|
| 1 | 霸王别姬 | Farewell | https://p( | 剧情,爱情 | 1993-07-26 | 171 | 9.5 | 中国内地,中 |
| 2 | 这个杀手 | Léon | https://p1 | 剧情,动作,犯罪 | 1994-09-14 | 110 | 9.5 | 法国 |
| 3 | 肖申克的 | The Sha | https://p( | 剧情,犯罪 | 1994-09-10 | 142 | 9.5 | 美国 |
| 4 | 泰坦尼克 | Titanic | https://p1 | 剧情,爱情,灾难 | 1998-04-03 | 194 | 9.5 | 美国 |
| 5 | 罗马假日 | Roman I | https://p( | 剧情,喜剧,爱情 | 1953-08-20 | 118 | 9.5 | 美国 |
| 6 | 唐伯虎点 | Flirting | https://p( | 喜剧,爱情,古装 | 1993-07-01 | 102 | 9.5 | 中国香港 |
| 7 | 乱世佳人 | Gone wi | https://p( | 剧情,爱情,历史, | 1939-12-15 | 238 | 9.5 | 美国 |
| 8 | 喜剧之王 | The King | https://p( | 剧情,喜剧,爱情 | 1999-02-13 | 85 | 9.5 | 中国香港 |
| 9 | 楚门的世 | The Trur | https://p( | 剧情,科幻 | (Null) | 103 | 9 | 美国 |
| 10 | 狮子王 | The Lior | https://p( | 动画,歌舞,冒险 | 1995-07-15 | 89 | 9 | 美国 |
| 11 | V字仇杀队 | V for Ve | https://p1 | 剧情,动作,科幻, | 2005-12-11 | 132 | 8.9 | 美国,英国,德 |
| 12 | 少年派的 | Life of P | https://p( | 剧情,奇幻,冒险 | 2012-11-22 | 127 | 8.9 | 美国,中国台 |
| 13 | 美丽心灵 | A Beauti | https://p( | 剧情,传记 | 2001-12-13 | 135 | 8.8 | 美国 |
| 14 | 初恋这件 | สิ่งเล็กเล็ก | https://p1 | 喜剧,爱情 | 2012-06-05 | 118 | 8.9 | 泰国 |
| 15 | 借东西的 | 借りぐら | https://p1 | 动画,奇幻,冒险 | 2010-07-17 | 94 | 8.8 | 日本 |
| 16 | —— | Yi yi: A C | https://p( | 剧情,爱情,家庭 | 2000-05-15 | 173 | 8.8 | 中国台湾,日 |
| 17 | 美丽人生 | La vita è | https://p1 | 战争,剧情,爱情 | 2020-01-03 | 116 | 9.1 | 意大利 |
| 18 | 海上钢琴 | La legge | https://p( | 剧情,爱情,音乐 | 2019-11-15 | 126 | 9.1 | 意大利 |
| 19 | 千与千寻 | 千と千尋 | https://p( | 动画,冒险,奇幻, | 2019-06-21 | 125 | 9.1 | 日本 |
| 20 | 迁徙的鸟 | The Trav | https://p1 | 纪录片 | 2001-12-12 | 98 | 9.1 | 法国,德国,意 |
| 21 | 黄金三镖 | Il buono | https://p( | 西部,冒险 | 1966-12-23 | 161 | 9.1 | 意大利,西班 |
| 22 | 海洋 | Océans | https://p1 | 纪录片 | 2011-08-12 | 104 | 9.1 | 法国,瑞士,西 |
| 23 | 我爱你 | 그대를 사 | https://p1 | 剧情,爱情 | 2011-02-17 | 118 | 9.1 | 韩国 |
| 24 | 阿飞正传 | Days of | https://p( | 剧情,爱情,犯罪 | 2018-06-25 | 94 | 9.1 | 中国香港 |
| 36 | 7号房的礼 | 7번방의 | https://p1 | 剧情,喜剧,家庭 | 2013-01-23 | 127 | 8.8 | 韩国 |
| 25 | 爱·回家 | 집으로... | https://p( | 剧情,家庭 | 2002-04-05 | 80 | 9.1 | 韩国 |
| 26 | 龙猫 | となりの | https://p( | 动画,冒险,奇幻, | 2018-12-14 | 86 | 9.1 | 日本 |
| 27 | 七武士 | 七人の侍 | https://p1 | 剧情,动作,冒险 | 1954-04-26 | 207 | 8.8 | 日本 |
| 28 | 美国往事 | Once Up | https://p1 | 剧情,犯罪 | 2015-04-23 | 229 | 8.8 | 意大利,美国 |
| 29 | 完美的世 | A Perfec | https://p1 | 剧情,犯罪 | 1993-11-24 | 138 | 8.8 | 美国 |

图 5-49　存入到 MySQL 的结果表

js_movie_spider.py 中的完整代码如下：

```
import scrapy
import json
from web_movie_spider.items import WebMovieSpiderItem

class JsMovieSpiderSpider(scrapy.Spider):
    def __init__(self):
        self.offset = 0  # 定义全局变量实现 offset 自增

    name = 'js_movie_spider'  # 爬虫名，不能和项目名称重
    allowed_domains = ['spa1.scrape.center']  # 允许的域名，域名之内的网址才会访问
    start_urls = ['https://spa1.scrape.center/api/movie/?limit=10&offset=0']
# 入口 url，扔到调度器里边


    #解析函数
    def parse(self, response):
        res_json = json.loads(response.text)
        listData = res_json['results']
        if listData:
            for data in listData:
                move_item = WebMovieSpiderItem()  # 使用 item 对各字段进行赋值
                move_item['id'] = data['id']  # 电影 id
                move_item['name'] = data['name']  # 电影名字
                move_item['alias'] = data['alias']  # 电影别名
                move_item['cover'] = data['cover']  # 电影封面图片地址
                move_item['categories'] =','.join(data['categories'])  # 类别名
                move_item['published_at'] = data['published_at']  # 电影发布时间
                move_item['minute'] =int(data['minute'])  # 电影时长
                move_item['score'] = data['score']  # 电影评分
                move_item['regions'] =','.join(data['regions'])  # 地区
                yield move_item
                # print("name:%s minute:%s score:%s" % (name, minute, score))
            self.offset += 10  # 翻页加 10
            next_url =
f"https://spa1.scrape.center/api/movie/?limit=10&offset={self.offset}"  # 拼
接下一页 url
            yield scrapy.Request(next_url, callback=self.parse,
dont_filter=False)  # 下发翻页任务
```

## 任务检查与评价

完成任务后，进行任务检查与评价，具体检查评价表如表 5-2 所示。

表 5-2 任务检查评价表

| 项目名称 | 使用 Scrapy 爬虫爬取电影数据 | | | |
|---|---|---|---|---|
| 任务名称 | 爬虫程序实践 | | | |
| 评价方式 | 可采用自评、互评、老师评价等方式 | | | |
| 说明 | 主要评价学生在学习项目过程中的操作技能、理论知识、学习态度、课堂表现、学习能力等 | | | |
| 评价内容与评价标准 | | | | |
| 序号 | 评价内容 | 评价标准 | 分值 | 得分 |
| 1 | 知识运用(20%) | 掌握相关理论知识；理解本次任务要求；制订详细计划，计划条理清晰、逻辑正确(20 分) | 20 分 | |
| | | 理解相关理论知识，能根据本次任务要求制订合理计划(15 分) | | |
| | | 了解相关理论知识，有制订计划(10 分) | | |
| | | 没有制订计划(0 分) | | |
| 2 | 专业技能(40%) | 结果验证全部满足(40 分) | 40 分 | |
| | | 结果验证只有一个功能不能实现，其他功能全部实现(30 分) | | |
| | | 结果验证只有一个功能实现，其他功能全部没有实现(20 分) | | |
| | | 结果验证功能均未实现(0 分) | | |
| 3 | 核心素养(20%) | 具有良好的自主学习能力和分析解决问题的能力，任务过程中有指导他人(20 分) | 20 分 | |
| | | 具有较好的学习能力和分析解决问题的能力，任务过程中没有指导他人(15 分) | | |
| | | 能够主动学习并收集信息，有请教他人帮助解决问题的能力(10 分) | | |
| | | 不主动学习(0 分) | | |
| 4 | 课堂纪律(20%) | 设备无损坏，无干扰课堂秩序言行(20 分) | 20 分 | |
| | | 无干扰课堂秩序言行(10 分) | | |
| | | 有干扰课堂秩序言行(0 分) | | |

## 任务小结

在本次任务中，学生需要使用 Scrapy 爬取电影网站的数据，并将爬取到的数据存入 MySQL。通过本任务，学生可以了解网页渲染后 html 数据交互，并使用 json 来解析采集到的数据。

## 任务拓展

在整个案例中，我们都使用命令行来运行爬虫，如果想在 PyCharm 中运行，则按照以下步骤来执行。

(1) 新建一个主函数运行入口的文件。右击项目，在弹出的快捷菜单中选择 New→Python File 命令，如图 5-50 所示。

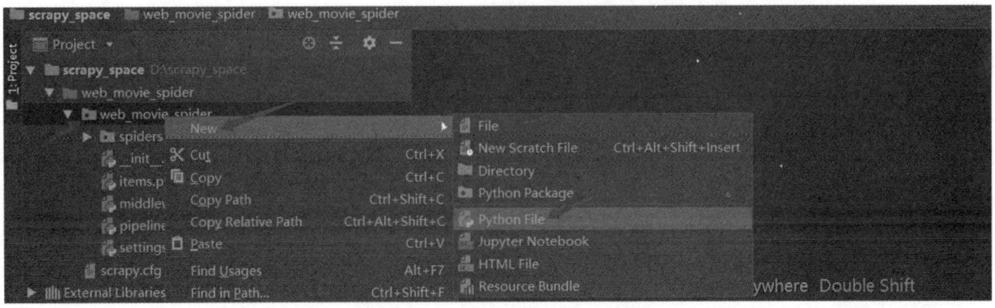


图 5-50 新建 Python 文件

命名为 start，单击 OK 按钮，如图 5-51 所示。

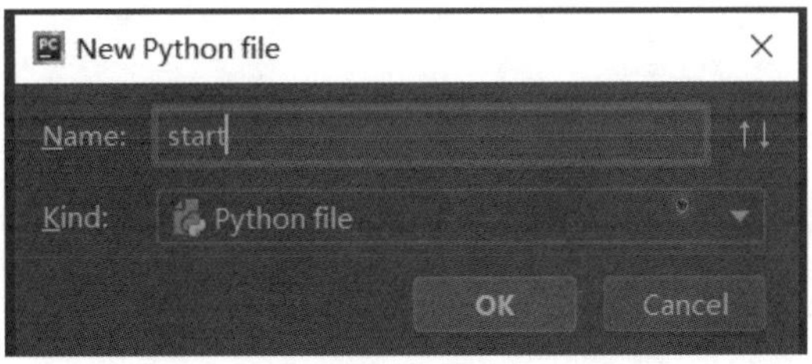


图 5-51 命名为 Python 文件

(2) 编辑 start.py。其完整代码如下：

```
# -*- coding:utf-8 -*-
from scrapy import cmdline


cmdline.execute("scrapy crawl js_movie_spider".split())  # 运行
js_movie_spider
```

(3) 运行结果如图 5-52 所示。

图 5-52 编写爬虫启动入口代码

在运行结果里发现 id 有 100 了，说明数据全部采集下来了。日志打印出来就是红色的，所以不要觉得报错了。

# 项目六 App 爬虫的实践

在前面我们学习都是基于 Web 的案例，相信大家都掌握得不错。现在 App 采集也是需求非常大的，接下来介绍 App 相关的采集。

## 任务一　开发环境的准备和搭建

6.1 开发环境的准备和搭建

### 职业能力目标

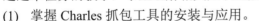

通过本任务的教学，学生理解相关知识之后，应达成以下能力目标。

(1) 掌握 Charles 抓包工具的安装与应用。

(2) 了解 Jadx 的安装与应用。

### 任务描述与要求

#### 任务描述

App 的采集先需要抓包，抓包就离不开抓包工具。Charles 是众多抓包工具中的一种，所以我们必须要掌握。Jadx 也是可以通过源代码去分析 App 的实现的方法，也需要学习和了解。

任务要求

(1) 安装 Charles。

(2) 安装 Jadx。

## 知识储备

### 一、Charles

Charles 其实是一款代理服务器，通过成为电脑或者浏览器的代理，然后截取请求和请求结果达到分析抓包的目的。该软件是用 Java 编写的，能够在 Windows、Mac、Linux 上使用，安装 Charles 的时候要先装好 Java 环境(可以自行从网上查看如何下载及安装)。

Charles 是一款常用的网络封包截取工具。在做移动开发时，我们为了调试与服务器端的网络通信协议，常常需要截取网络封包来分析。Charles 通过将自己设置成系统的网络访问代理服务器，使得所有的网络访问请求都通过它来完成，从而实现了网络封包的截取和分析。除了在做移动开发中调试端口外，Charles 也可以用于分析第三方应用的通信协议。配合 Charles 的 SSL 功能，Charles 还可以用于分析 HTTP 协议。

Charles 是收费软件，可以免费试用 30 天。试用期过后，未付费的用户仍然可以继续使用，但是每次使用时间不能超过 30 分钟，并且启动时会有 10 秒钟的延时。因此，该付费方案对广大用户还是相当友好的，即使你长期不付费，也能使用完整的软件功能。只是当你需要长时间进行封包调试时，会因为 Charles 强制关闭而受到影响。

其工作原理如图 6-1 所示。

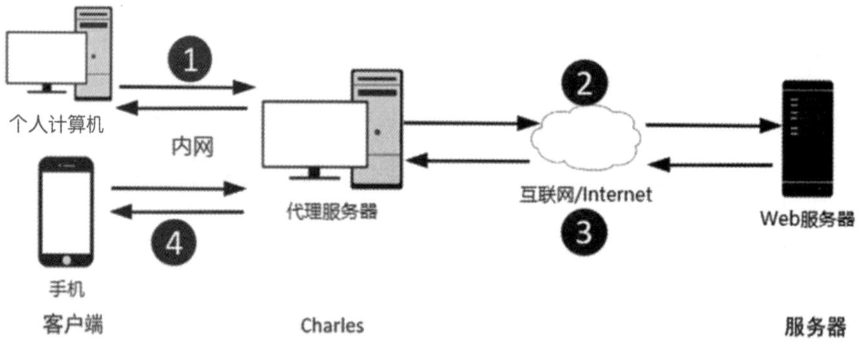


图 6-1 charles 的工作原理

Charles 主要的功能、特点如下。

(1) 截取 HTTP 和 HTTPs 网络封包。

(2) 支持重发网络请求，方便后端调试。

(3) 支持修改网络请求参数。

(4) 支持网络请求的截获并动态修改。

(5) 支持模拟慢速网络。

(6) 跨平台使用，支持 Windows、Linux 以及 Mac 等操作系统。

## 二、Jadx

Jadx 是一个非常好用的反编译工具，它的功能非常强大，使用起来简单方便(拖曳式操作)，不光提供了命令行程序，还提供了 GUI 程序。它可以处理大部分反编译的需求，基本上是我们反编译工具的首选。Jadx 的优点如下。

(1) Jadx 提供的搜索功能非常强大，而且搜索速度也不慢。Jadx 的搜索，支持四种维度——Class、Method、Field、Code，我们可以根据搜索的内容进行勾选。范围最大的就是 Code，基本上就是文本匹配搜索。

(2) 直接搜索到引用的代码：有时候找到关键代码了，可以查看哪些地方调用或者引用了它。

(3) 一般 Apk 在发布出去之前，都是会被混淆的，这基本上是国内 App 的标配。这样一个类，最终会被混淆成 a.b.c，方法也会变成 a.b.c.a()，这样其实非常不利于我们阅读。

(4) 一键导出 Gradle 工程。虽然 jadx-gui 可以直接阅读代码，还是很方便的。但是毕竟没有我们常见的编辑器方便。正好 Jadx 还支持将反编译后的项目直接导出成一个 Gradle 编译的工程。

## 任务计划与决策

### 1. Charles 的安装与手机设置

除了安装，Charles 抓包需要与手机配合，我们这里用的是 Android 手机。接下来的实践需要经过以下两个阶段：Charles 安装；Android 手机设置。

### 2. Jadx 的安装

Jadx 是一个反编译工具，我们先学会安装，知道它是干什么的、有什么功能。后面的案例会教大家如何使用。

## 任务实施

关于 Charles 的安装与 Android 手机设置，具体要点如下。

(1) 在浏览器的地址栏中输入下载地址 http://www.charlesproxy.cn/Download.html。在弹出的界面中选择 Windows 版本，如图 6-2 所示。

(2) 双击下载好的文件进行安装，在安装向导的欢迎界面中单击 Next 按钮，如图 6-3 所示。

(3) 在弹出的最终用户许可证协议的界面中选中我接受许可证协议条款的选项，单击 Next 按钮，如图 6-4 所示。

(4) 单击 Change 按钮(见图 6-5)可以选择安装目录，或直接单击 Next 按钮默认安装。

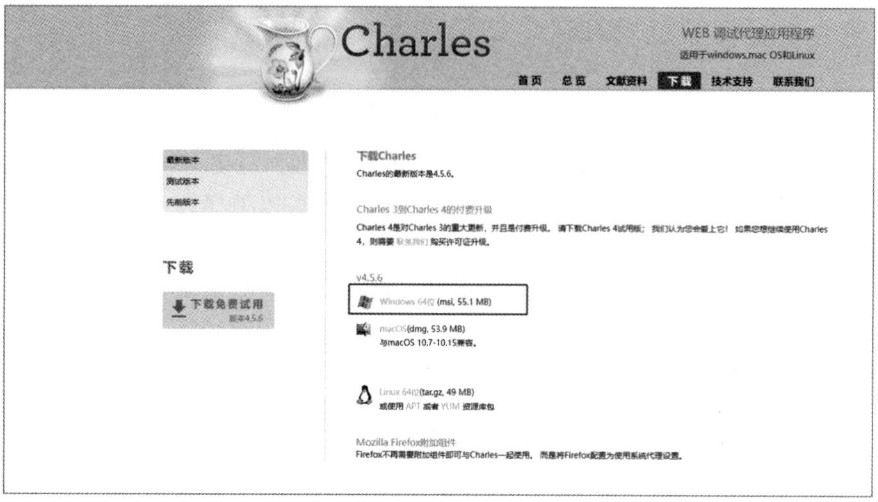


图 6-2　选择 Windows 版本

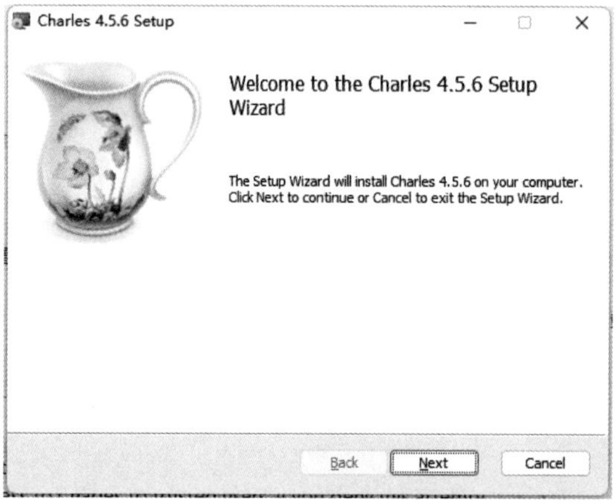


图 6-3　确认安装

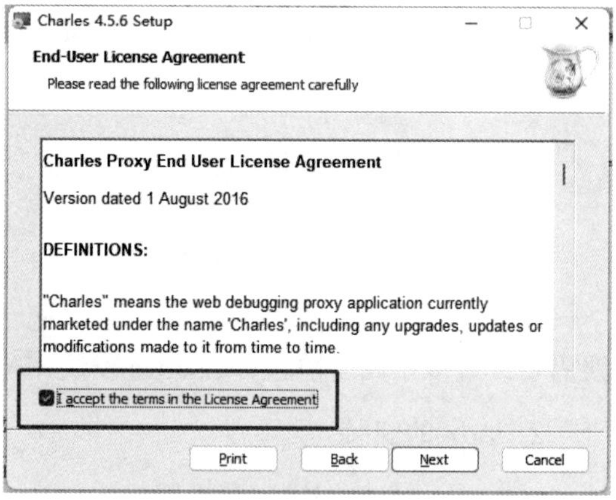


图 6-4　同意协议

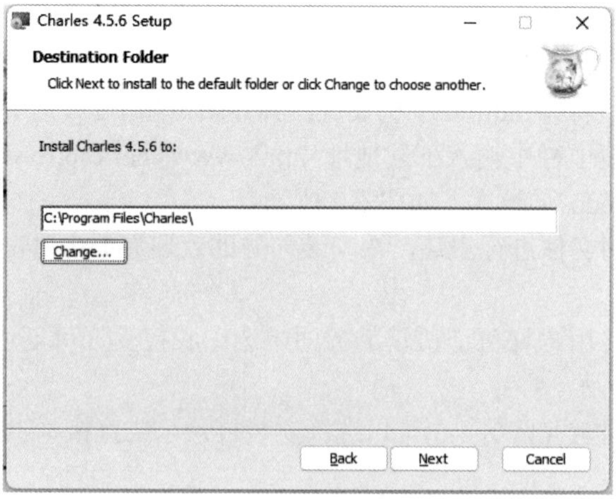


图 6-5　选择安装目录

(5) 在 Charles 的菜单栏中选择 Proxy→Proxy Settings 命令，在弹出的对话框中设置一个本地没有其他程序占用的端口，这里我们默认选择 8888，选中 Enable transparent HTTP proxying 选项，单击 OK 按钮，如图 6-6 所示。

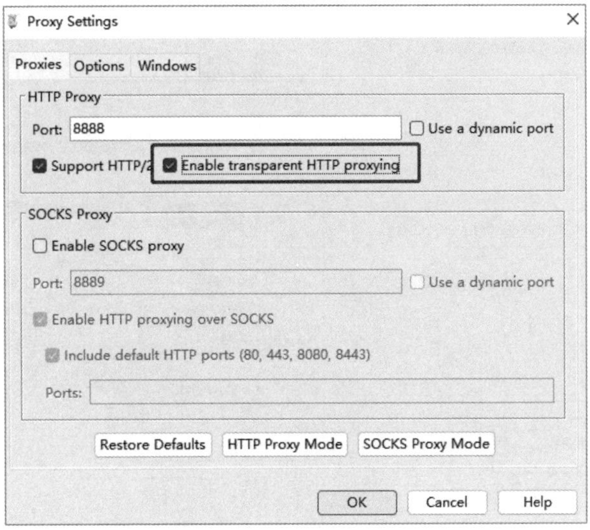


图 6-6 配置端口

(6) 安装 Charles 证书，在 Charles 的菜单栏中选择 Help→SSL Proxying→Install Charles Root Certificate 命令，如图 6-7 所示。

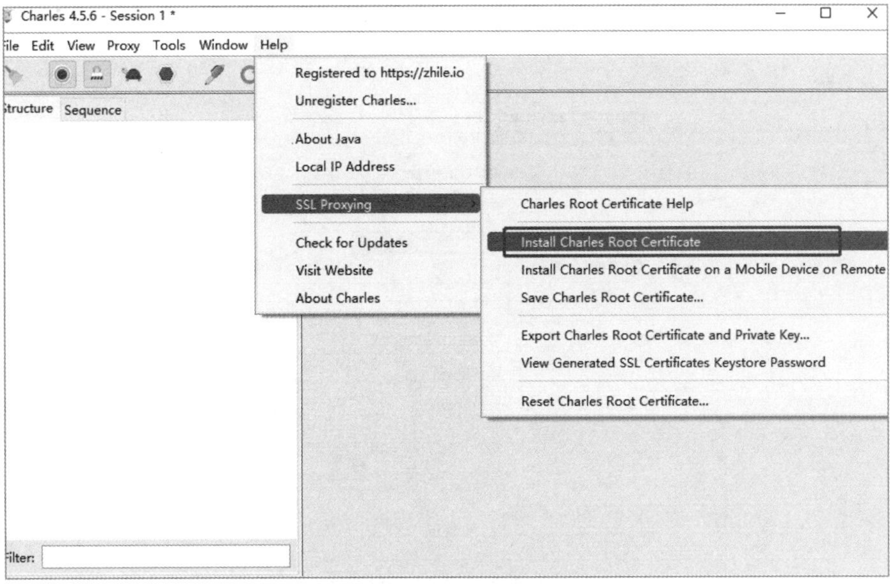


图 6-7 安装证书

(7) 接着安装，在弹出的“证书”对话框中单击“安装证书”按钮，如图 6-8 所示。

(8) 在证书导入向导的欢迎界面中选择“本地计算机”单选按钮，如图 6-9 所示。

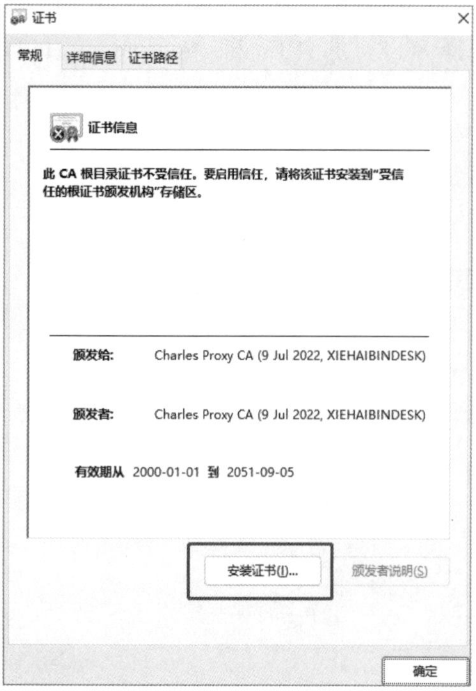


图 6-8　确认安装

图 6-9　安装到本机

(9) 将证书存储在“受信任的根证书颁发机构”，如图 6-10 所示。

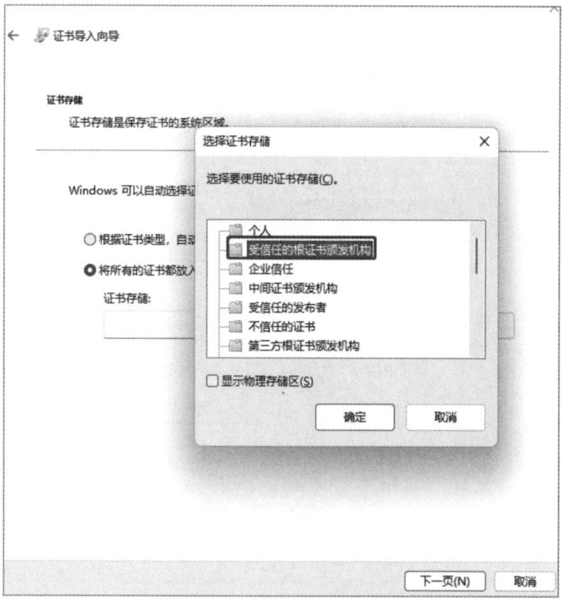


图 6-10　存储到信任机构

(10) 导入成功后就安装好了。需要一部安卓手机，接下来我们需要配置手机 Wi-Fi 的代理设置，需将计算机与手机连接至同一 Wi-Fi，并打开手机中 Wi-Fi 设置，长按 Wi-Fi 名，单击“修改网络”，如图 6-11 所示。

(11) 打开电脑控制台，输入 ipconfig，找到本地电脑的局域网 IP，如图 6-12 所示为 192.168.0.100。

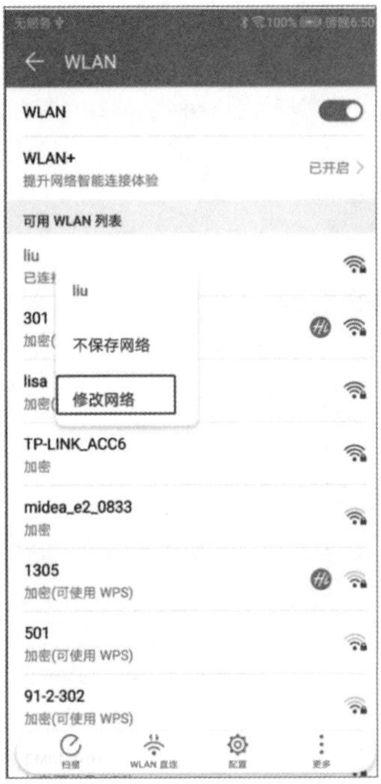


图 6-11　手机界面

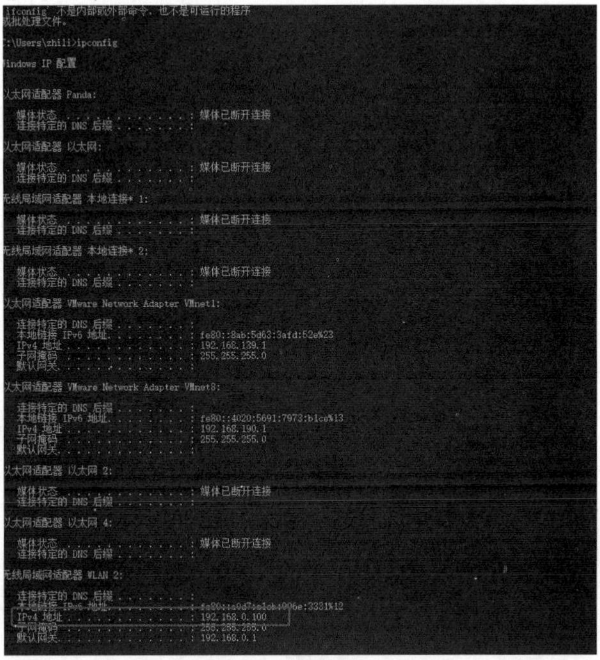


图 6-12　查看本机 IP

(12) 在手机端选中“显示高级选项”，将 Wi-Fi 代理配置为你自己的局域网 IP，端口设置为 Charles 的代理端口 8888，如图 6-13 所示，单击“保存”按钮即可。

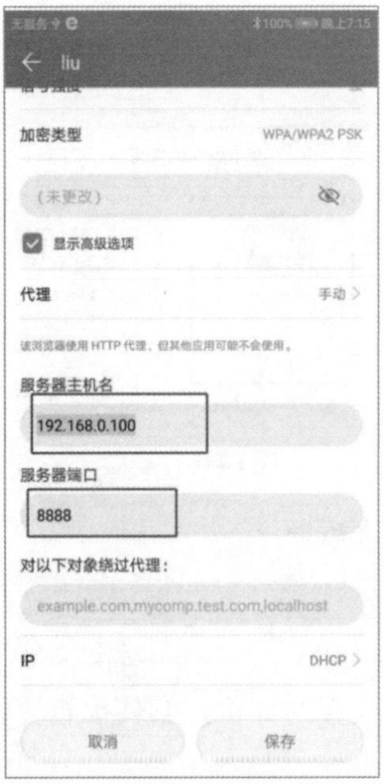


图 6-13　配置手机上的 IP 和端口

(13) 接着 Charles 会弹出一个对话框，单击 Allow 按钮允许即可，如图 6-14 所示。

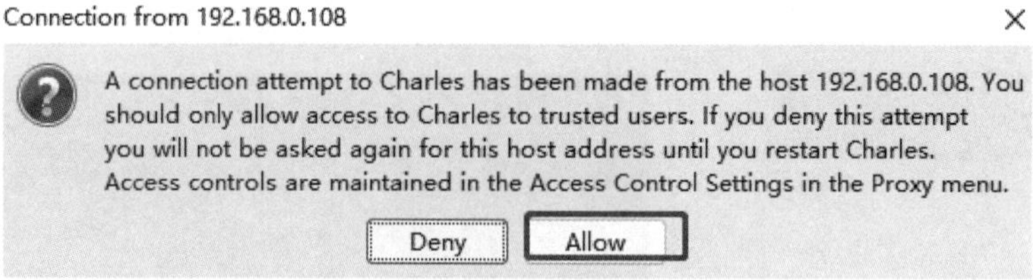


图 6-14　允许

(14) 现在我们可以抓 HTTP 的包了。如果想要抓取 HTPPS 的包，还需要在手机端安装 Charles 证书，打开手机浏览器，输入 chls.pro/ssl，单击“下载”按钮，如图 6-15 所示。

(15) 在“下载管理”界面中找到刚刚下载的证书，单击会弹出一个弹窗，选择“证书安装器”，如图 6-16 所示。

(16) 为证书命名(随意起名)，如图 6-17 所示，单击“确定”按钮。

图 6-15　下载

图 6-16　安装

图 6-17　命名文件

到此整体安装及手机设置已完成。

## 任务检查与评价

完成任务实施后，进行任务检查与评价，具体检查评价表如表 6-1 所示。

表 6-1　任务检查评价表

<table>
<tr><td>项目名称</td><td colspan="4">App 爬虫的实践</td></tr>
<tr><td>任务名称</td><td colspan="4">开发环境的准备和搭建</td></tr>
<tr><td>评价方式</td><td colspan="4">可采用自评、互评、老师评价等方式</td></tr>
<tr><td>说明</td><td colspan="4">主要评价学生在学习项目过程中的操作技能、理论知识、学习态度、课堂表现、学习能力等</td></tr>
<tr><td colspan="5">评价内容与评价标准</td></tr>
<tr><td>序号</td><td>评价内容</td><td>评价标准</td><td>分值</td><td>得分</td></tr>
<tr><td rowspan="4">1</td><td rowspan="4">知识运用<br>(20%)</td><td>掌握相关理论知识；理解本次任务要求；制订详细计划，计划条理清晰、逻辑正确(20 分)</td><td rowspan="4">20 分</td><td rowspan="4"></td></tr>
<tr><td>理解相关理论知识，能根据本次任务要求制订合理计划(15 分)</td></tr>
<tr><td>了解相关理论知识，有制订计划(10 分)</td></tr>
<tr><td>没有制订计划(0 分)</td></tr>
<tr><td rowspan="4">2</td><td rowspan="4">专业技能<br>(40%)</td><td>结果验证全部满足(40 分)</td><td rowspan="4">40 分</td><td rowspan="4"></td></tr>
<tr><td>结果验证只有一个功能不能实现，其他功能全部实现(30 分)</td></tr>
<tr><td>结果验证只有一个功能实现，其他功能全部没有实现(20 分)</td></tr>
<tr><td>结果验证功能均未实现(0 分)</td></tr>
<tr><td rowspan="4">3</td><td rowspan="4">核心素养<br>(20%)</td><td>具有良好的自主学习能力和分析解决问题的能力，任务过程中有指导他人(20 分)</td><td rowspan="4">20 分</td><td rowspan="4"></td></tr>
<tr><td>具有较好的学习能力和分析解决问题的能力，任务过程中没有指导他人(15 分)</td></tr>
<tr><td>能够主动学习并收集信息，有请教他人帮助解决问题的能力(10 分)</td></tr>
<tr><td>不主动学习(0 分)</td></tr>
<tr><td rowspan="3">4</td><td rowspan="3">课堂纪律<br>(20%)</td><td>设备无损坏，无干扰课堂秩序言行(20 分)</td><td rowspan="3">20 分</td><td rowspan="3"></td></tr>
<tr><td>无干扰课堂秩序言行(10 分)</td></tr>
<tr><td>有干扰课堂秩序言行(0 分)</td></tr>
</table>

## 任务小结

在本次任务中，学习了 Jadx 安装，也学习了 Charles 的安装与手机的设置。本次的案例将会教大家如何运用这些工具。

## 任务拓展

大家可以打开百度或是其他网页，查看抓包信息。

# 任务二　爬虫程序实践

6.2 爬虫程序实践

## 职业能力目标

根据需求，从 App 里爬取数据并存入 MySQL 数据库。

使用 feapder 爬虫框架内置的 AirSpider 爬虫从网上爬取数据并存入 MySQL 数据库。

## 任务描述与要求

### 爬取 App 电影数据

经过任务一的学习，已经知道如何对 App 进行抓包。在本任务中，我们将再次使用爬虫框架到爬虫开发中，根据我们的需求，对 App 电影进行爬取，并存入 MySQL 数据库。

## 知识储备

前面我们讲了 feapder 的框架以及 JSON 等相关知识，本次也要使用到。

## 任务计划与决策

本次我们需要爬取 App 电影数据，提取 JSON 数据，并存入 MySQL 数据库。通过 feapder 框架内置的 AirSpider 爬虫采集电影网站数据，根据返回的数据进行解析入库。数据爬取主要包含以下三个方面。

(1) 能使用 AirSpider 爬虫进行采集。

(2) 解析 JSON 数据。

(3) 将爬取到的数据存入 MySQL 数据库。

根据所学相关知识，请制订完成本次任务的实施计划。

## 任务实施

首先，我们本次要抓取的是 App，将会提供一个 apk 给大家，大家通过 QQ 或其他工具进行安装。

(1) App 抓包。

将 apk 安装到手机上，打开 apk，滑动屏幕，查看 Charles 上截取的流量包，如图 6-18 所示。

接着分析抓到的 App 包，如图 6-19 所示。

分析出请求的 url 为 https://app1.scrape.center/api/movie/?offset=0&limit=10，方法为 get，接下来我们可以开始编写爬虫。

(2) 创建爬虫。

使用 PyCharm 打开我们之前用 feapder 框架编写的爬虫项目，其界面如图 6-20 所示。

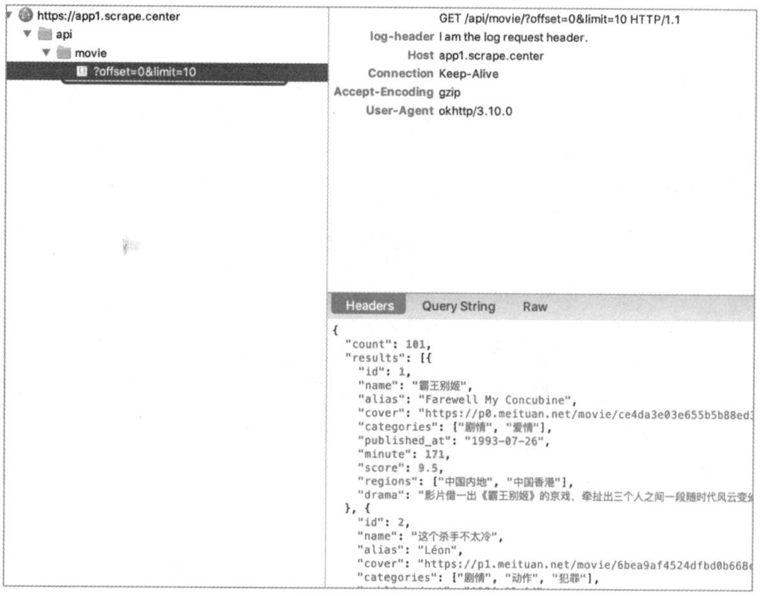


图 6-18　请求信息

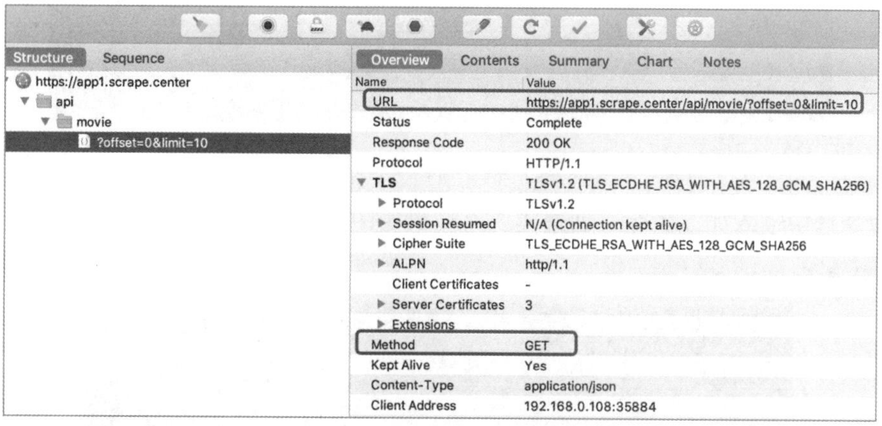


图 6-19　请求方法类型

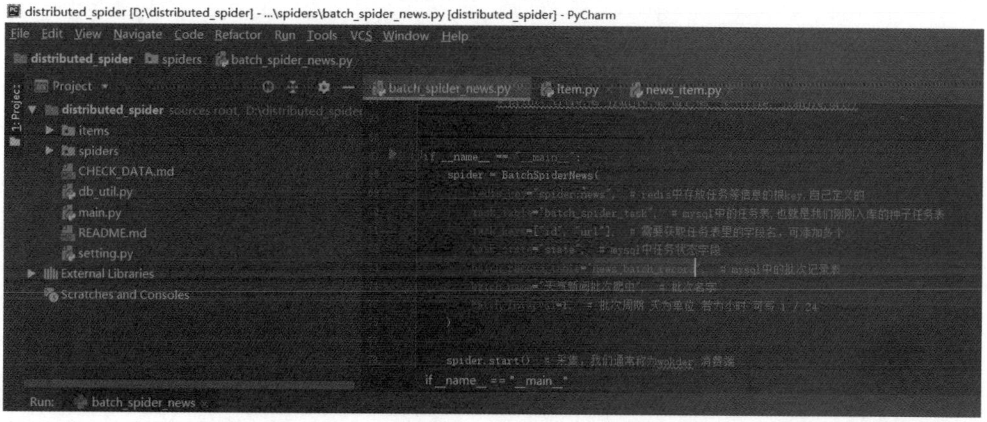


图 6-20　打开项目

在运行界面中单击下方的 Terminal 标签，如图 6-21 所示。

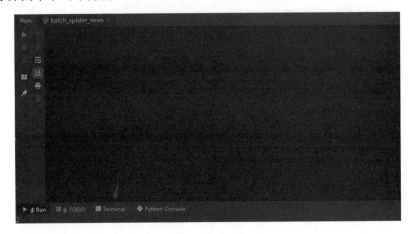


图 6-21　打开控制台

在命令行中输入如下命令，进入爬虫目录，结果如图 6-22 所示。

```
cd spider
```

图 6-22　进入爬虫目录

在命令行中输入如下命令，创建爬虫，结果如图 6-23 所示。

```
feapder create -s app_spider 1
```

图 6-23　创建爬虫

查看生成的爬虫代码，如图 6-24 所示。

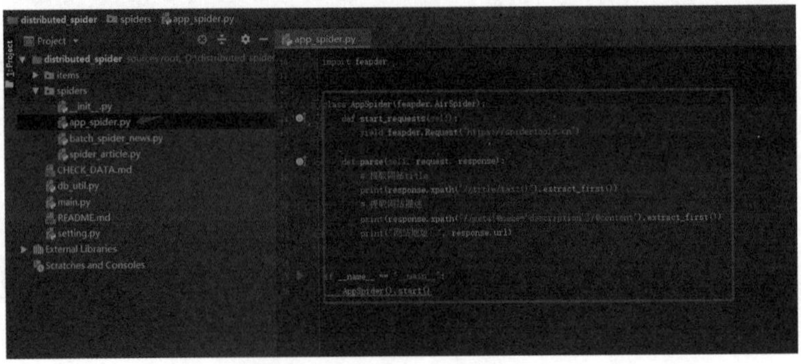


图 6-24　生成的爬虫代码

(3) 编写下发任务。

start_requests 将首次请求的 url 改为第一页请求的 url，如图 6-25 所示。

```
def start_requests(self):
      yield
feapder.Request("https://app1.scrape.center/api/movie/?offset=0&limit=10")
```

图 6-25 下发任务

然后我们在 parse 函数里打印出返回的数据，如图 6-26 所示。

```
   def parse(self, requests, response):
      print("App 数据: ", response.text)
```

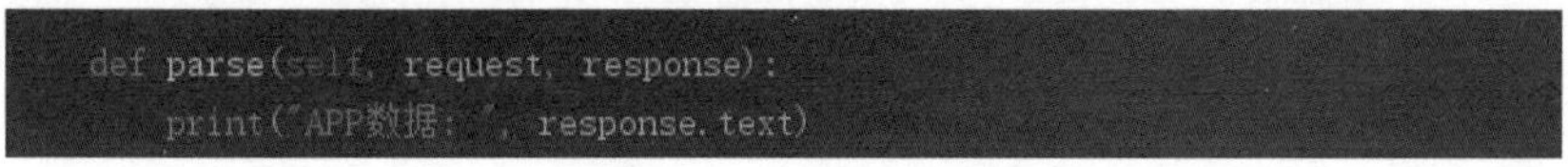


图 6-26 打印 parse 函数的值

运行 main 方法，结果如图 6-27 所示。

图 6-27 运行结果

发现其返回的数据是 Json 数据。

(4) 编写解析。

在前面我们只采集了一页，由于不知道总页数，那么我们可以在 parse 方法里翻页和下发任务抓取所有数据。我们先再次下拉 App，查看 Charles 里抓包的变化，如图 6-28 所示。

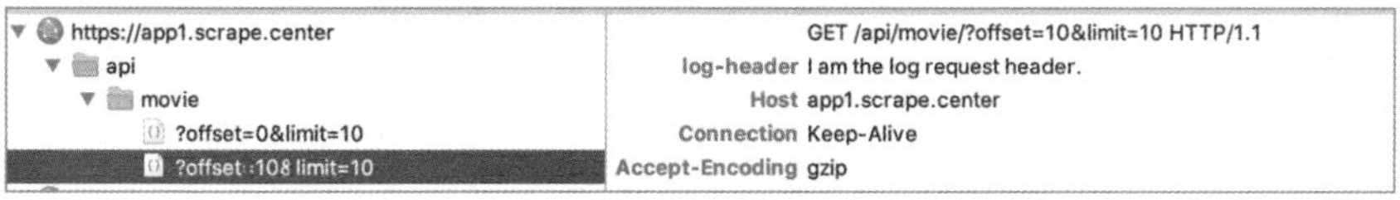


图 6-28 App 抓包展示图

发现每次翻页 offset 加 10，因此我们编写翻页逻辑，拼接下一页 url。这里引入 re 包，re 模块称为正则表达式；作用：创建一个“规则表达式”，用于验证和查找符合规则的文本，广泛用于各种搜索引擎、账户密码的验证等。我们通过 re 正则表达式来解析 url 里面 offset 对应的数字，\d 表示匹配所有的十进制数字 0-9；search 表示在整个目标文本中进行匹配；group 用于查看指定分组匹配到的内容；group(1)表示取出匹配到的正则内容，即为 offset 对应的数字。引入 re 包。代码如下：

```
import re
修改 parse 方法。
```

```
    def parse(self, requests, response):
        data = response.json  # 将返回的数据转换为json格式便于解析
        results = data.get('results')  # 解析对应的数据列表
        if results:  # 判断数据是否还有，没有则终止
            print(results)
            for result in results:  # 返回结果是一个列表，因此遍历它
                id = result.get('id')  # 电影id
                name = result.get('name')  # 电影名字
                alias = result.get('alias')  # 电影别名
                cover = result.get('cover')  # 电影封面图片地址
                categories = result.get('categories')  # 类别名
                published_at = result.get('published_at')  # 电影发布时间
                minute = result.get('minute')  # 电影时长
                score = result.get('score')  # 电影评分
                regions = result.get('regions')  # 地区
                drama = result.get('drama')  # 详细介绍
            # 翻页
            current_offset = re.search('offset=(\d+)&', request.url).group(1)
# 获取当前页面的offset
            next_offset = int(current_offset) + 10  # 翻页加10
            next_url = f"https://app1.scrape.center/api/movie/?offset=
{next_offset}&limit=10"  # 拼接下一页url
            yield feapder.Request(next_url)
```

运行结果如图 6-29 所示。

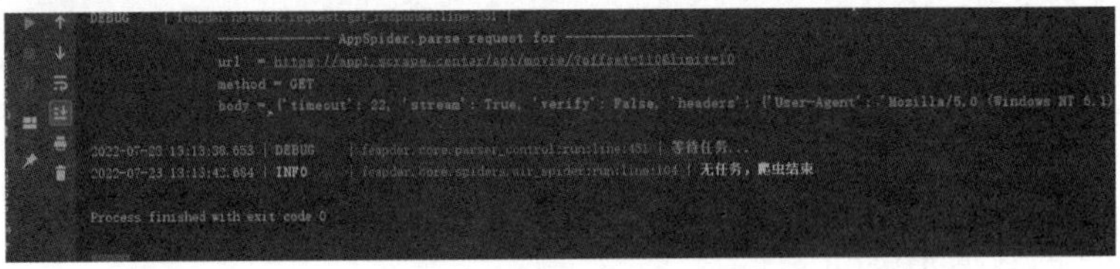


图 6-29　运行爬虫结果

(5) 创建表，如图 6-30 所示。

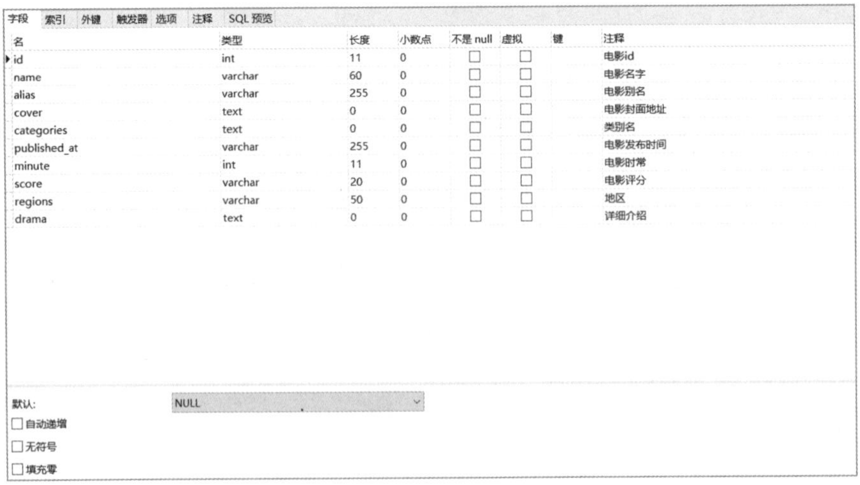

| 名 | 类型 | 长度 | 小数点 | 不是 null | 虚拟 | 键 | 注释 |
|---|---|---|---|---|---|---|---|
| id | int | 11 | 0 | ☐ | ☐ | | 电影id |
| name | varchar | 60 | 0 | ☐ | ☐ | | 电影名字 |
| alias | varchar | 255 | 0 | ☐ | ☐ | | 电影别名 |
| cover | text | 0 | 0 | ☐ | ☐ | | 电影封面地址 |
| categories | text | 0 | 0 | ☐ | ☐ | | 类别名 |
| published_at | varchar | 255 | 0 | ☐ | ☐ | | 电影发布时间 |
| minute | int | 11 | 0 | ☐ | ☐ | | 电影时常 |
| score | varchar | 20 | 0 | ☐ | ☐ | | 电影评分 |
| regions | varchar | 50 | 0 | ☐ | ☐ | | 地区 |
| drama | text | 0 | 0 | ☐ | ☐ | | 详细介绍 |



图 6-30　表结构

创建表的 SQL 代码如下：

```
CREATE TABLE 'movie'  (
  'id' int(11) NULL DEFAULT NULL COMMENT '电影 id',
  'name' varchar(60) CHARACTER SET utf8mb4 COLLATE utf8mb4_general_ci NULL
DEFAULT NULL COMMENT '电影名字',
  'alias' varchar(255) CHARACTER SET utf8mb4 COLLATE utf8mb4_general_ci NULL
DEFAULT NULL COMMENT '电影别名',
  'cover' text CHARACTER SET utf8mb4 COLLATE utf8mb4_general_ci NULL COMMENT
'电影封面地址',
  'categories' text CHARACTER SET utf8mb4 COLLATE utf8mb4_general_ci NULL
COMMENT '类别名',
  'published_at' varchar(255) CHARACTER SET utf8mb4 COLLATE utf8mb4_general_ci
NULL DEFAULT NULL COMMENT '电影发布时间',
  'minute' int(11) NULL DEFAULT NULL COMMENT '电影时长',
  'score' varchar(20) CHARACTER SET utf8mb4 COLLATE utf8mb4_general_ci NULL
DEFAULT NULL COMMENT '电影评分',
  'regions' varchar(50) CHARACTER SET utf8mb4 COLLATE utf8mb4_general_ci NULL
DEFAULT NULL COMMENT '地区',
  'drama' text CHARACTER SET utf8mb4 COLLATE utf8mb4_general_ci NULL COMMENT
'详细介绍'
) ENGINE = InnoDB CHARACTER SET = utf8mb4 COLLATE = utf8mb4_general_ci ROW_FORMAT
= Dynamic;

SET FOREIGN_KEY_CHECKS = 1;
```

(6) 创建 item。

由于之前我们在项目里配置过 MySQL 的连接信息，因此就不需要再配置了。单击 PyCharm 的 Terminal，退出当前目录，如图 6-31 所示。

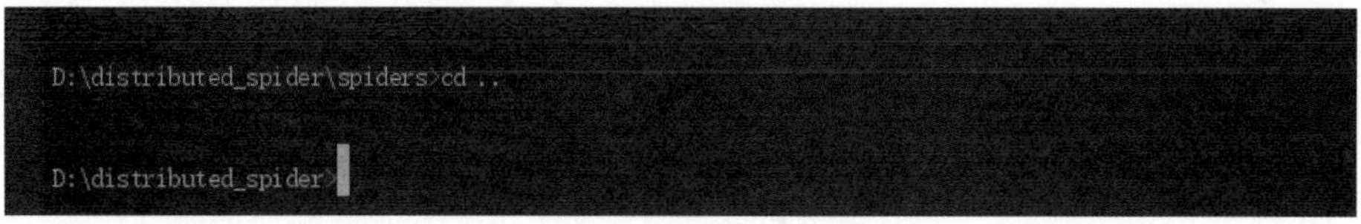
D:\distributed_spider\spiders>cd ..
D:\distributed_spider>

图 6-31 打开控制台

使用如下命令进入 items 目录，结果如图 6-32 所示。

```
cd items
```

D:\distributed_spider>cd items
D:\distributed_spider\items>

图 6-32 进入 items 目录

创建项目的命令如下，结果如图 6-33 所示。

```
feapder create -i movie
```

图 6-33　创建 item

生成的 item 信息如图 6-34 所示。

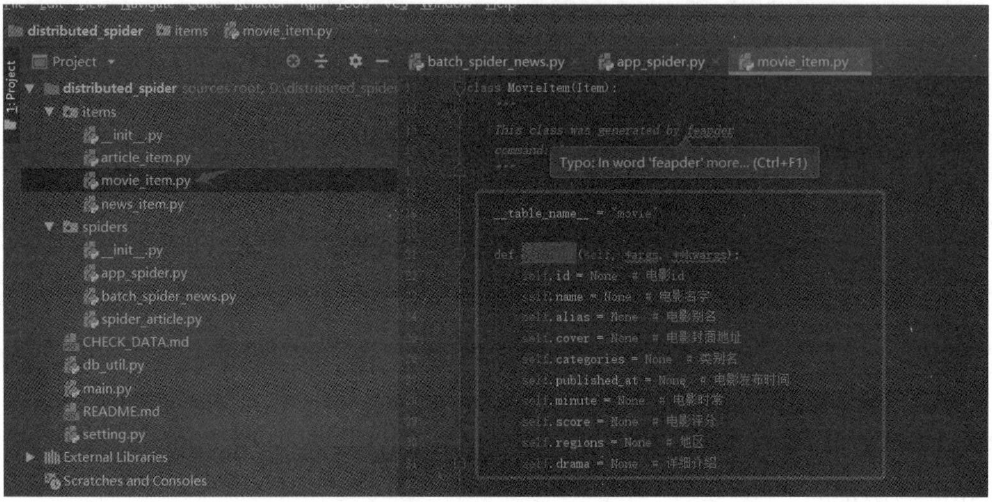


图 6-34　生成 item 代码

(7)　执行入库。

引入 item。代码如下：

```
from feapder import Item
```

为 item 赋值。代码如下：

```
def parse(self, requests, response):
    data = response.json  # 将返回的数据转换为json格式便于解析
    results = data.get('results')  # 解析对应的数据列表
    if results:  # 判断数据是否还有，没有则终止
        print(results)
        for result in results:  # 返回结果是一个列表，因此遍历它
            item = Item()
            item.table_name = "movie"  # 表名
            for result in results:  # 返回结果是一个列表，因此进行遍历
                item.id = result.get('id')  # 电影id
                item.name = result.get('name')  # 电影名字
                item.alias= result.get('alias')  # 电影别名
                item.cover= result.get('cover')  # 电影封面图片地址
                item.categories = result.get('categories')  # 类别名
                item.published_at = result.get('published_at')  # 电影发布时间
                item.minute = result.get('minute')  # 电影时长
                item.score = result.get('score')  # 电影评分
                item.regions = result.get('regions')  # 地区
```

```
                item.drama= result.get('drama')  # 详细介绍
                yield item
```

运行结果如图 6-35 所示。

图 6-35　运行爬虫保存数据

表中的内容如图 6-36 所示。

| id | name | alias | cover | categories | published_at | minute | score | regions | drama |
|---|---|---|---|---|---|---|---|---|---|
| 1 | 霸王别姬 | Farewell | https://p( | ["剧情", "爱情"] | 1993-07-26 | 171 | 9.5 | ["中国内地", | 影片借一出 |
| 2 | 这个杀手不 | Léon | https://p1 | ["剧情", "动作", | 1994-09-14 | 110 | 9.5 | ["法国"] | 里昂（让·雷 |
| 3 | 肖申克的救 | The Sha | https://p( | ["剧情", "犯罪"] | 1994-09-10 | 142 | 9.5 | ["美国"] | 20世纪40年 |
| 4 | 泰坦尼克号 | Titanic | https://p1 | ["剧情", "爱情", | 1998-04-03 | 194 | 9.5 | ["美国"] | 1912年4月 |
| 5 | 罗马假日 | Roman H | https://p( | ["剧情", "喜剧", | 1953-08-20 | 118 | 9.5 | ["美国"] | 欧洲某国的 |
| 6 | 唐伯虎点秋 | Flirting S | https://p( | ["喜剧", "爱情", | 1993-07-01 | 102 | 9.5 | ["中国香港"] | 唐伯虎（周 |
| 7 | 乱世佳人 | Gone wi | https://p( | ["剧情", "爱情", | 1939-12-15 | 238 | 9.5 | ["美国"] | 美国南北战 |
| 8 | 喜剧之王 | The King | https://p( | ["剧情", "喜剧", | 1999-02-13 | 85 | 9.5 | ["中国香港"] | 尹天仇（周 |
| 9 | 楚门的世界 | The Tru | https://p( | ["剧情", "科幻"] | (Null) | 103 | 9 | ["美国"] | 30年前奥妮 |
| 10 | 狮子王 | The Lior | https://p( | ["动画", "歌舞", | 1995-07-15 | 89 | 9 | ["美国"] | 辛巴是荣耀 |
| 11 | V字仇杀队 | V for Ve | https://p1 | ["剧情", "动作", | 2005-12-11 | 132 | 8.9 | ["美国", "英 | 在未来英国 |
| 12 | 少年派的奇 | Life of P | https://p( | ["剧情", "奇幻", | 2012-11-22 | 127 | 8.9 | ["美国", "中 | 《少年派的 |
| 13 | 美丽心灵 | A Beauti | https://p( | ["剧情", "传记"] | 2001-12-13 | 135 | 8.8 | ["美国"] | 英俊而又十 |
| 14 | 初恋这件小 | สิ่งเล็กเล็ก | https://p1 | ["喜剧", "爱情"] | 2012-06-05 | 118 | 8.9 | ["泰国"] | 初中生小水 |
| 15 | 借东西的小 | 借りぐら | https://p1 | ["动画", "奇幻", | 2010-07-17 | 94 | 8.8 | ["日本"] | 虽然患有心 |
| 16 | —— | Yi yi: A C | https://p( | ["剧情", "爱情", | 2000-05-15 | 173 | 8.8 | ["中国台湾", | NJ（吴念真 |
| 17 | 美丽人生 | La vita è | https://p1 | ["战争", "剧情", | 2020-01-03 | 116 | 9.1 | ["意大利"] | 犹太青年圭 |
| 18 | 海上钢琴师 | La legge | https://p( | ["剧情", "爱情", | 2019-11-15 | 126 | 9.1 | ["意大利"] | 1900年的第 |
| 19 | 千与千寻 | 千と千尋 | https://p( | ["动画", "冒险", | 2019-06-21 | 125 | 9.1 | ["日本"] | 千寻和爸爸 |
| 20 | 迁徙的鸟 | The Trav | https://p1 | ["纪录片"] | 2001-12-12 | 98 | 9.1 | ["法国", "德 | 当鸟儿用羽 |
| 21 | 黄金三镖客 | Il buono | https://p( | ["西部", "冒险"] | 1966-12-23 | 161 | 9.1 | ["意大利", " | 故事发生在 |
| 22 | 海洋 | Océans | https://p1 | ["纪录片"] | 2011-08-12 | 104 | 9.1 | ["法国", "瑞 | 影片讲述了 |
| 23 | 我爱你 | 그대를 사 | https://p1 | ["剧情", "爱情"] | 2011-02-17 | 118 | 9.1 | ["韩国"] | 每天清晨骑 |
| 24 | 阿飞正传 | Days of | https://p( | ["剧情", "爱情", | 2018-06-25 | 94 | 9.1 | ["中国香港"] | 英俊不凡的 |
| 36 | 7号房的礼 | 7번방의 | https://p1 | ["剧情", "喜剧", | 2013-01-23 | 127 | 8.8 | ["韩国"] | 1997年，只 |
| 25 | 爱·回家 | 집으로... | https://p( | ["剧情", "家庭"] | 2002-04-05 | 80 | 9.1 | ["韩国"] | 坐完火车， |
| 26 | 龙猫 | となりの | https://p( | ["动画", "冒险", | 2018-12-14 | 86 | 9.1 | ["日本"] | 小月（日高 |
| 27 | 七武士 | 七人の侍 | https://p1 | ["剧情", "动作", | 1954-04-26 | 207 | 8.8 | ["日本"] | 日本战国时 |
| 28 | 美国往事 | Once Up | https://p1 | ["剧情", "犯罪"] | 2015-04-23 | 229 | 8.8 | ["意大利", " | 二十年代的 |
| 29 | 完美的世界 | A Perfec | https://p1 | ["剧情", "犯罪"] | 1993-11-24 | 138 | 8.8 | ["美国"] | 单亲孩子菲 |

图 6-36　存入到 MySQL 的结果表

完整代码如下：

```
import feapder
from feapder import Item
import re
class AppSpider(feapder.AirSpider):
    def start_requests(self):
        yield
feapder.Request("https://app1.scrape.center/api/movie/?offset=0&limit=10")

    def parse(self, requests, response):
        data = response.json  # 将返回的数据转换为json格式便于解析
        results = data.get('results')  # 解析对应的数据列表
        if results:  # 判断数据是否还有，没有则终止
            for result in results:  # 返回结果是一个列表，因此遍历它
                item = Item()
                item.table_name = "movie"  # 表名
```

```
                item.id = result.get('id')  # 电影id
                item.name = result.get('name')  # 电影名字
                item.alias = result.get('alias')  # 电影别名
                item.cover = result.get('cover')  # 电影封面图片地址
                item.categories = result.get('categories')  # 类别名
                item.published_at = result.get('published_at')  # 电影发布时间
                item.minute = result.get('minute')  # 电影时长
                item.score = result.get('score')  # 电影评分
                item.regions = result.get('regions')  # 地区
                item.drama = result.get('drama')  # 详细介绍
                yield item
            # 翻页
            current_offset = re.search('offset=(\d+)&', request.url).group(1)  #
获取当前页面的offset
            next_offset = int(current_offset) + 10  # 翻页加10
            next_url =
f"https://app1.scrape.center/api/movie/?offset={next_offset}&limit=10"  # 拼
接下一页url
            yield feapder.Request(next_url)


if __name__ == "__main__":
    AppSpider().start()
```

## 任务检查与评价

完成任务实施后，进行任务检查与评价，具体检查评价表如表 6-2 所示。

**表 6-2　任务检查评价表**

| | | | | |
|---|---|---|---|---|
| **项目名称** | App 爬虫的实践 | | | |
| **任务名称** | 爬虫程序实践 | | | |
| **评价方式** | 可采用自评、互评、老师评价等方式 | | | |
| **说明** | 主要评价学生在学习项目过程中的操作技能、理论知识、学习态度、课堂表现、学习能力等 | | | |
| **评价内容与评价标准** | | | | |
| **序号** | **评价内容** | **评价标准** | **分值** | **得分** |
| 1 | 知识运用(20%) | 掌握相关理论知识；理解本次任务要求；制订详细计划，计划条理清晰、逻辑正确(20 分) | 20 分 | |
| | | 理解相关理论知识，能根据本次任务要求制订合理计划(15 分) | | |
| | | 了解相关理论知识，有制订计划(10 分) | | |
| | | 没有制订计划(0 分) | | |
| 2 | 专业技能(40%) | 结果验证全部满足(40 分) | 40 分 | |
| | | 结果验证只有一个功能不能实现，其他功能全部实现(30 分) | | |
| | | 结果验证只有一个功能实现，其他功能全部没有实现(20 分) | | |
| | | 结果验证功能均未实现(0 分) | | |

续表

| 序号 | 评价内容 | 评价标准 | 分值 | 得分 |
|---|---|---|---|---|
| 3 | 核心素养(20%) | 具有良好的自主学习能力和分析解决问题的能力，任务过程中有指导他人(20 分) | 20 分 | |
| | | 具有较好的学习能力和分析解决问题的能力，任务过程中没有指导他人(15 分) | | |
| | | 能够主动学习并收集信息，有请教他人帮助解决问题的能力(10 分) | | |
| | | 不主动学习(0 分) | | |
| 4 | 课堂纪律(20%) | 设备无损坏，无干扰课堂秩序言行(20 分) | 20 分 | |
| | | 无干扰课堂秩序言行(10 分) | | |
| | | 有干扰课堂秩序言行(0 分) | | |

## 任务小结

在本次任务中，学生需要使用 feapder 框架 AirSpider 爬取 App 电影数据，并将爬取到的数据存入 MySQL。通过该任务，学生在不知道总页数的情况下，在 parse 方法里进行翻页和任务下发，从而达到灵活地使用框架来对 App 进行数据爬取。

## 任务拓展

我们学习了 Charles，但是 Jadx 反编译工具还没有使用到。我们接下来使用它查看 App 的源代码。有同学可能就要问了：为什么要反编译呢？因为在实际工作中，多数 App 都进行了安全防护防止数据被采集，所以我们需要去逆向 App，去反编译查看源代码，分析出相关的构造，从而进行爬虫开发。

(1) 打开 jadx-gui.exe，来到如图 6-37 所示的界面。

图 6-37 Jadx 界面

(2) 将我们的目标 App 拖到 Jadx 窗口，即可反编译 App。反编译后的代码如图 6-38 所示。

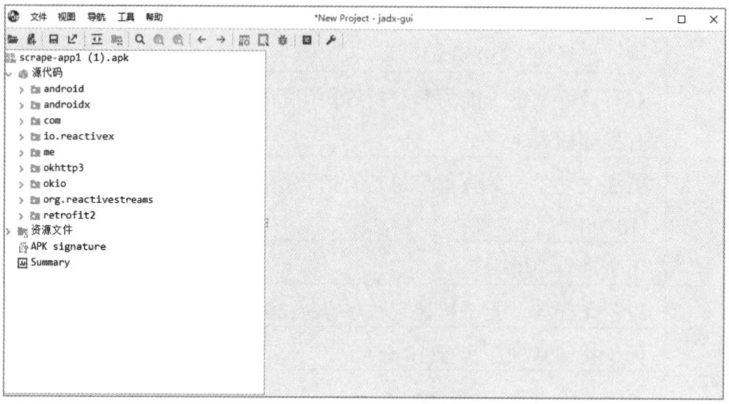

图 6-38 App 结构

(3) 按 Ctrl+Shift+F 键打开全局搜索，搜索我们刚刚抓包到的 api，如图 6-39 所示。

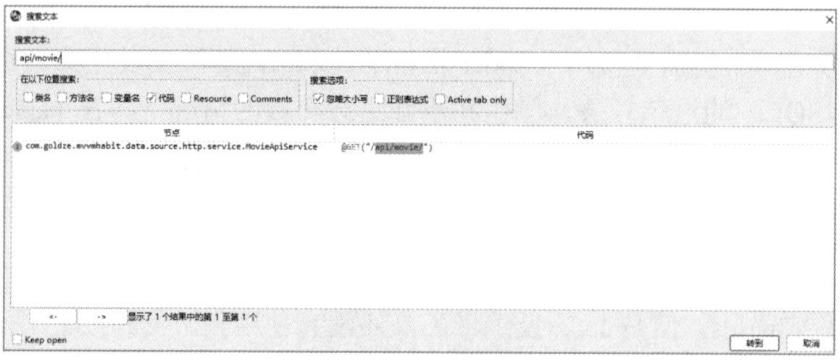

图 6-39 搜索请求

(4) 双击搜索到的代码，可以看到具体的代码逻辑，如图 6-40 所示。

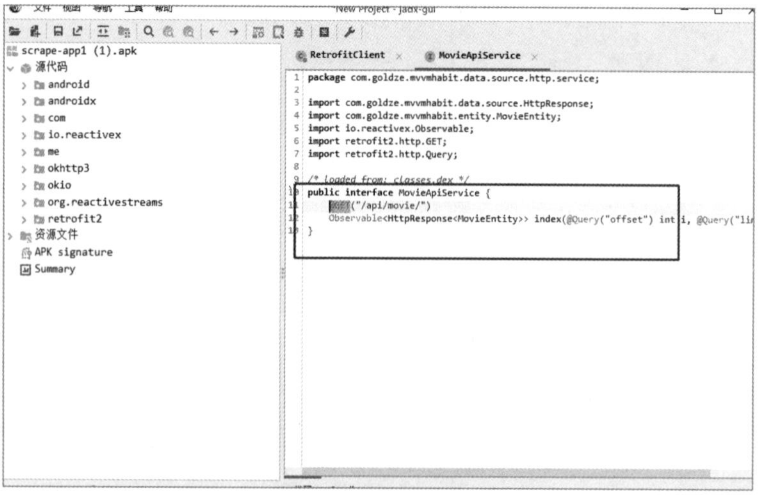

图 6-40 查找请求方法(1)

(5) 双击选中方法名，单击 x 查找用例，可以看到哪里引用了这个方法，具体分析代码逻辑，如图 6-41 所示。

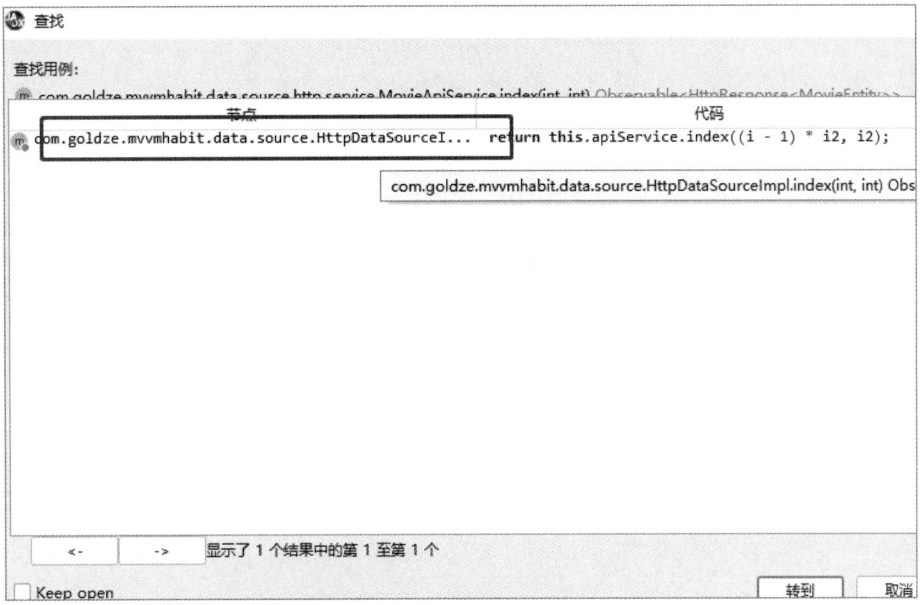

图 6-41 查找请求方法(2)

(6) 双击进入，即可查看代码逻辑，如图 6-42 所示。

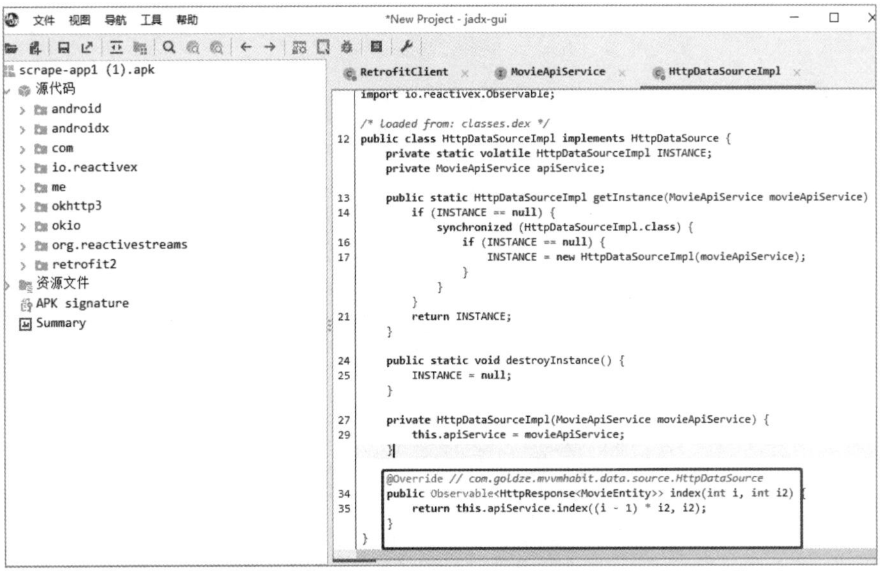

图 6-42 查看请求方法代码

至此，我们就了解了 App 内的 api 的内部实现方法。

# 项目七 企业项目部署与应用

前面我们学习了爬虫的开发，以及在本地运行爬虫，这里我们将学习把写好的爬虫项目部署到服务器。服务器我们通常使用 Linux 系统，所有的公司部署项目用的基本都是 Linux 系统。

## 任务一　开发环境的准备和搭建

7.1 开发环境的准备和搭建

### 职业能力目标

通过本任务的教学，学生理解相关知识之后，应达成以下能力目标。

(1) Linux 系统：了解 Linux。

(2) Docker 容器：Docker 学习及安装。

(3) 爬虫管理系统。

这里我们将学习 FEAPLAT，它用来部署及管理我们的爬虫项目。

## 任务描述与要求

(1) 在 Linux 上安装 Docker。

(2) 安装部署爬虫管理系统。

## 知识储备

### 一、Linux 系统

Linux 内核最初只是由芬兰人林纳斯·托瓦兹(Linus Torvalds)在赫尔辛基大学上学时出于个人爱好而编写的。

Linux 是一套免费使用和自由传播的类 UNIX 操作系统，是一个基于 POSIX 和 UNIX 的多用户、多任务、支持多线程和多 CPU 的操作系统。

Linux 能运行主要的 UNIX 工具软件、应用程序和网络协议，它支持 32 位和 64 位硬件。Linux 继承了 UNIX 以网络为核心的设计思想，是一个性能稳定的多用户网络操作系统。

Linux 主要就是擅长服务器领域，其特点如下。

(1) 大量的可用软件及免费软件。Linux 系统上有着大量的可用软件，且绝大多数是免费的，比如声名赫赫的 Apache、Samba、PHP、MySQL 等，构建成本低廉，是 Linux 被众多企业青睐的原因之一。当然，这和 Linux 出色的性能是分不开的，否则，节约成本就没有任何意义。

(2) 良好的可移植性及灵活性。Linux 系统有良好的可移植性，它几乎支持所有的 CPU 平台，这使得它便于裁剪和定制。我们可以把 Linux 放在 U 盘、光盘等存储介质中，也可以在嵌入式领域广泛应用。

(3) 优良的稳定性和安全性。著名的黑客埃里克·雷蒙德(Eric S. Raymond)有一句名言："足够多的眼睛，就可让所有问题浮现"。举个例子，假如笔者在演讲，台下人山人海，明哥中午吃饭不小心，有几个饭粒粘在衣领上了，几分钟就会被大家发现，因为看的人太多了；如果台下就稀稀落落几个人且离得很远，那就算明哥衣领上有一大块油渍也不会被发现。

Linux 开放源代码，将所有代码放在网上，全世界的程序员都看得到，有什么缺陷和漏洞，很快就会被发现，从而成就了它的稳定性和安全性。

提到 Linux 的安全性，我们可以做一个实验：在一台计算机上，在安装 Windows 系统后不安装杀毒软件联网一个月，看看会发生什么情况；同样，在安装 Linux 系统后不安装杀毒软件联网一个月，我们比较一下，大家就明白了什么是 Linux 的安全性。Windows 系统不安装杀毒软件，相信大家都知道会是什么下场吧。

(4) 支持几乎所有的网络协议及开发语言。大家可能会有疑问：Linux 是不是对 TCP/IP 支持不好？是不是 Java 开发环境不灵？等等。UNIX 系统是与 C 语言、TCP/IP 一同发展起来的，而 Linux 是 UNIX 的一种，C 语言又衍生出了现今主流的语言 PHP、Java、C++等，而哪一个网络协议与 TCP/IP 无关呢？所以，Linux 对网络协议和开发语言的支持很好。

## 二、Docker 简介

Docker 是什么？Docker 是一款容器软件。

Docker 是一个开源项目，诞生于 2013 年初，最初是 dotCloud 公司内部的一个业余项目。它基于 Google 公司推出的 Go 语言实现。项目后来加入了 Linux 基金会，遵从了 Apache 2.0 协议，项目代码在 GitHub 上进行维护。

Docker 是一个开源的引擎，可以轻松地为任何应用创建一个轻量级的、可移植的、自给自足的容器。开发者可以打包他们的应用以及依赖包到一个可移植的镜像中，然后发布到任何支持 Docker 的机器上运行。容器完全使用沙盒机制，相互之间不会有任何接口调用。

Docker 的思想来自集装箱，集装箱解决了什么问题？在一艘大船上，可以把货物规整地摆放起来，各种各样的货物被装在集装箱里，集装箱和集装箱之间不会互相影响。那么就不需要专门运送蔬菜的船和专门运送其他货物的船了，只要这些货物在集装箱里封装得好好的就行，我可以用一艘大船把它们都运走。

Docker 就是类似的理念：云计算就好比大货轮，Docker 就是集装箱。

### 1. Docker 的优点

(1) 快。运行时的性能快，管理操作(启动、停止、开始、重启等)都是以秒或毫秒为单位的。

(2) 敏捷。像虚拟机一样敏捷，而且会更便宜，在 bare metal (裸机)上部署像点一个按钮一样简单。

(3) 灵活。将应用和系统“容器化”，不添加额外的操作系统。

(4) 轻量。在一台服务器上可以部署 100～1000 个 Containers 容器。

(5) 便宜。开源的，免费的，低成本的。

docker-ce：社区版。

docker-ee：商业版。

### 2. Docker 的缺点

所有容器共用 Linux kernel 资源，所以存在资源能否实现最大限度利用的问题，而且在安全上也存在漏洞。

### 3. Docker 与虚拟机的比较

在云时代，开发者创建的应用必须能很方便地在网络上传播，也就是说应用必须脱离底层物理硬件的限制；同时必须满足“任何时间任何地点”可获取可使用的特点。因此，开发者们需要一种新型的创建分布式应用程序的方式，快速分发部署，而这正是 Docker 所能够提供的最大优势。Docker 提供了一种更为聪明的方式，通过容器来打包应用、解耦应用和运行平台。这意味着迁移的时候，只需要在新的服务器上启动需要的容器就可以了，无论新旧服务器是否同一类别的平台。这无疑帮助我们节约了大量的宝贵时间，并可降低部署过程出现问题的风险。

## 三、FEAPLAT 简介

FEAPLAT 可以用来部署写好的爬虫项目、管理运行的爬虫，可称作爬虫管理平台，如图 7-1 所示。

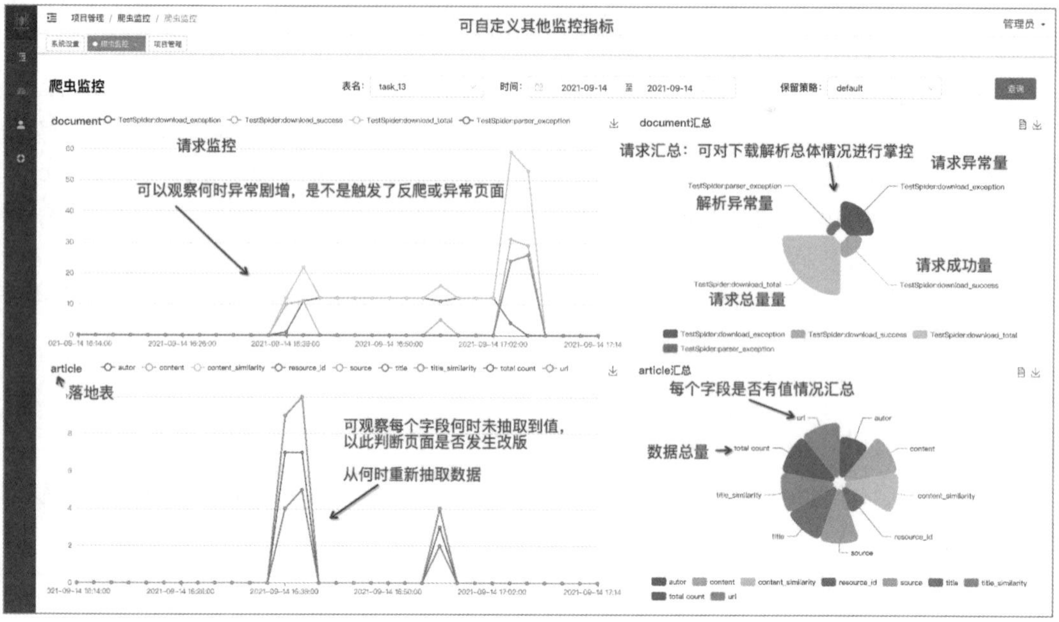


图 7-1　监控图

其特性具体如下。

(1)　支持任何 Python 脚本，包括不限于 feapder、scrapy。

(2)　支持浏览器渲染，支持有头模式。浏览器支持 playwright、selenium。

(3)　支持部署服务，可自动负载均衡。

(4)　支持服务器集群管理。

(5)　支持监控，监控内容可自定义。

(6)　支持启动多个实例，如分布式爬虫场景。

(7)　支持弹性伸缩。

(8)　支持自定义 worker 镜像，如自定义 Java 的运行环境、机器学习环境等，即根据自己的需求自定义(FEAPLAT 分为 master——调度端和 worker——运行任务端)运行时的性能快，管理操作(启动、停止、开始、重启等等)都是以秒或毫秒为单位。

(9)　docker 一键部署，架设在 docker swarm 集群上。

为什么用 FEAPLAT 爬虫管理系统？请看图 7-2。

worker 节点根据任务动态生成，一个 worker 只运行一个任务实例，任务做完 worker 销毁，稳定性高；多个服务器间自动均衡分配，弹性伸缩。

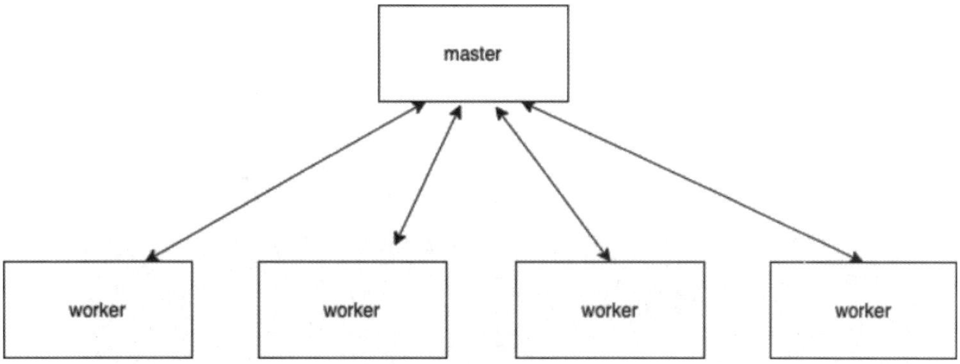


图 7-2 工作伸缩图

## 任务计划与决策

FEAPLAT 依赖 Docker，所以我们先安装 Docker，再使用 Git 去下载项目然后部署 FEAPLAT。

(1) 安装 Dcoker。

(2) 部署 FEAPLAT。

## 任务实施

Docker 的安装具体如下。

(1) 在 Linux 上使用命令执行。

```
yum install -y yum-utils device-mapper-persistent-data lvm2 && python2
/usr/bin/yum-config-manager --add-repo
http://mirrors.aliyun.com/docker-ce/linux/centos/docker-ce.repo && yum
install docker-ce -y
```

(2) 启动 Docker。

我们的 docker 目录默认存放在/var/lib/docker 目录下，我们输入 ls，查看该目录下都有哪些文件，这里我们介绍以下常用的几个目录，如图 7-3 所示。

[root@iZ2zee8hlgm9k4t8v59hifZ docker]# ls
builder buildkit containers image network overlay2 plugins runtimes swarm tmp trust volumes


图 7-3 查看当前目录文件

containers 存放的是我们启动的容器实例，每启动一个容器就会在该目录下生成一个；image 存放的是我们容器实例的数据目录；network 存放的主要是 docker 存放的网关、容器的 IP 地址等信息；volumes 存放的是卷管理，可以使容器以及容器产生的数据分离开，这样当一个容器被删除时，其容器应用产生的数据不会被删除，而且该数据还可以被其他容器挂载和使用。数据卷的使用方便了用户对容器应用产生数据的管理，可以方便地进行查看、备份、数据共享等。执行如下命令进入 docker 安装目录：

```
cd /var/lib/docker
```

执行如下命令启动我们的 docker 服务：

```
systemctl enable docker
systemctl start docker
```

执行如下命令查看启动结果，结果如图 7-4 所示。

```
systemctl status docker
```

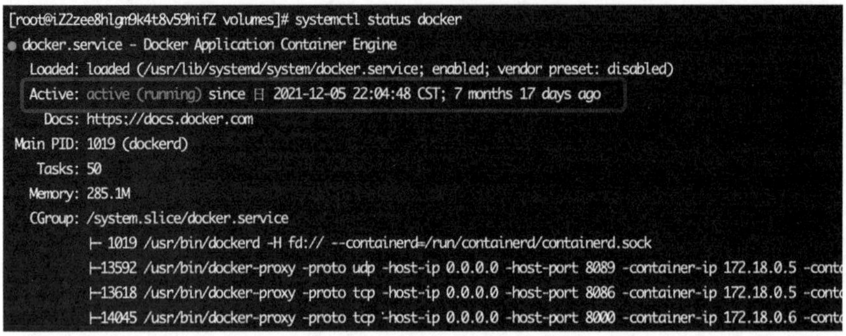


图 7-4　docker 启动状态

(3)　安装　docker swarm。

docker swarm init 命令用于初始化一个集群(Swarm)。此命令所针对的 Docker 引擎成为新创建的单节点集群中的管理器。可在控制台任意目录下输入，如图 7-5 所示。

```
docker swarm init
```

图 7-5　初始化集群

(4)　安装 docker-compose。

Docker-Compose 项目是 Docker 官方的开源项目，负责实现对 Docker 容器集群的快速编排。

Compose 允许用户通过一个单独的 docker-compose.yml 模板文件(YAML 格式)来定义一组相关联的应用容器为一个项目(project)，如图 7-6 所示。

```
sudo curl -L
"https://get.daocloud.io/docker/compose/releases/download/1.29.2/docker-com
pose-$(uname -s)-$(uname -m)" -o /usr/local/bin/docker-compose
sudo chmod +x /usr/local/bin/docker-compose
```

图 7-6　安装 Docker-Compose

(5) 安装 Git。

Git 是一个开源的分布式版本控制系统，可以有效、高速地处理从很小到非常大的项目版本管理。Git 是 Linus Torvalds 为了帮助管理 Linux 内核而开发的一个开放源码的版本控制软件，如图 7-7 所示。

```
yum -y install git
```

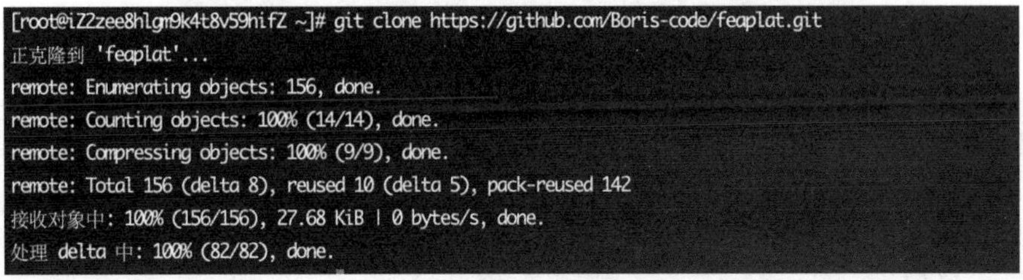


图 7-7　安装 Git

(6) 拉取管理平台代码。

依旧在/var/lib/docker 目录下执行。

```
git clone https://github.com/Boris-code/feaplat.git
```

(7) 运行。输入如下命令进入到 feaplat 目录。

```
cd feaplat
```

执行如下命令。

```
docker-compose up -d
```

首次拉取镜像比较慢，等待所有镜像拉取完成即可，如图 7-8 所示。

图 7-8　拉取镜像

(8) 启动 Redis。

在拉取管理平台时，Redis 其实也有了，不需要再单独去安装。我们可以在 feapder 目录，使用如下命令查看：

```
more dokcer-compose.yaml
```

按任意键可下拉至图 7-9 处，设置的默认端口为 6379、密码为 feapderYYDS。

使用如下命令查找当前 redis 所运行的容器 ID，如图 7-10 所示。

```
docker ps
```

进入该容器：

```
docker exec -it 5ebf4abdc9a8 /bin/bash
```

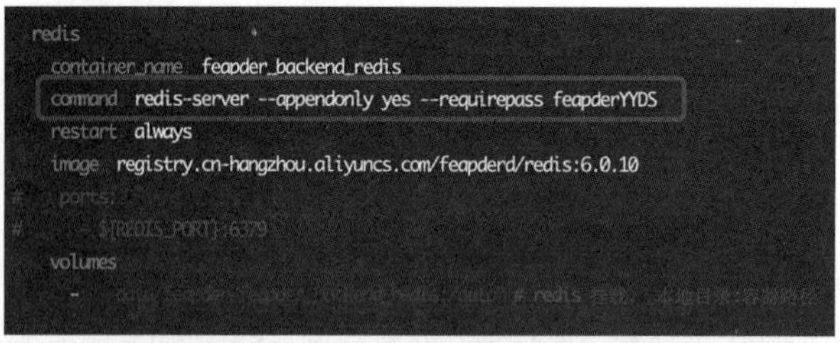


图 7-9　查看容器里的 Redis 信息

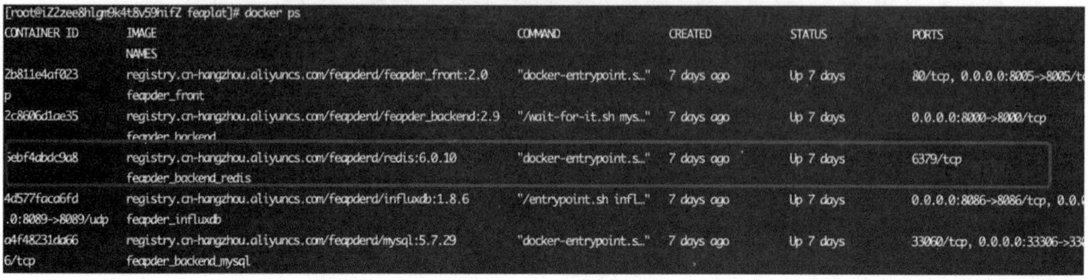


图 7-10　进入容器

到容器环境后进入相应目录：

```
/usr/local/bin
```

使用如下命令查找我们的 redis 客户端连接工具，结果如图 7-11 所示。

```
ls
```

[root@iZ2zee8hlgn9k4t8v59hifZ feaplat]# docker exec -it 5ebf4abdc9a8 /bin/bash
root@5ebf4abdc9a8:/data# cd /usr/local/bin
root@5ebf4abdc9a8:/usr/local/bin# ls
docker-entrypoint.sh gosu redis-benchmark redis-check-aof redis-check-rdb redis-cli redis-sentinel redis-server


图 7-11　查看 Redis 目录文件

使用如下命令执行启动，结果如图 7-12 所示。

```
./redis-cli -h localhost -p 6379 -a feapderYYDS
```

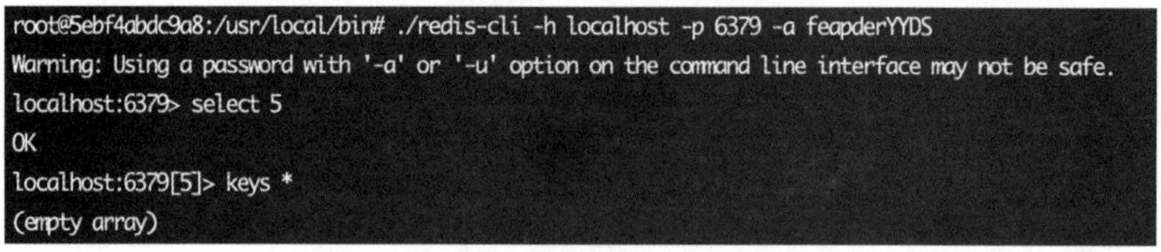

root@5ebf4abdc9a8:/usr/local/bin# ./redis-cli -h localhost -p 6379 -a feapderYYDS
Warning: Using a password with '-a' or '-u' option on the command line interface may not be safe.
localhost:6379> select 5
OK
localhost:6379[5]> keys *
(empty array)


图 7-12　启动容器 Redis 的客户端

**提示**　后面使用 redis，如果 redis 安装在本地环境可以直接连接 127.0.0.1:6370，如果是在服务器环境可以连接公网 ip:6379 来使用我们的 redis。

(9)　运行爬虫管理平台。

在浏览器输入服务器 IP 地址——80，打开管理平台，如图 7-13 所示。

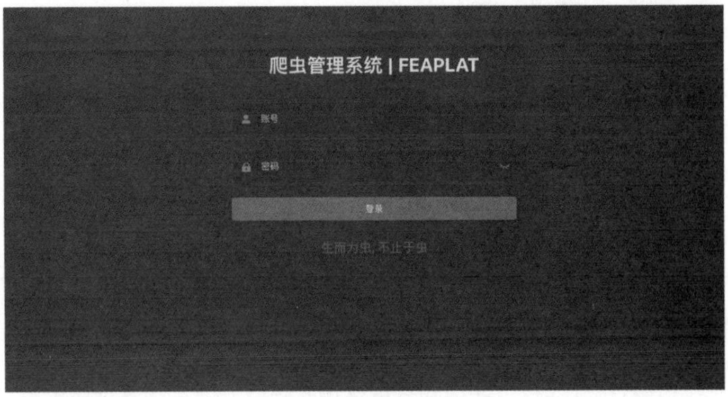


图 7-13　登录界面

(10) 登录。

默认账户密码，admin/admin，如图 7-14 所示。

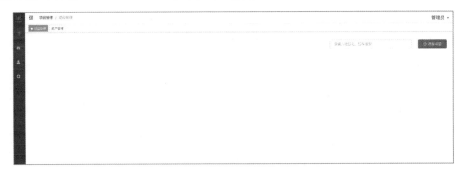


图 7-14　进入到爬虫管理平台的界面

## 任务检查与评价

完成任务实施后，进行任务检查与评价，具体检查评价表如表 7-1 所示。

表 7-1　任务检查评价表

<table>
<tr><td colspan="2">项目名称</td><td colspan="3">企业项目部署与应用</td></tr>
<tr><td colspan="2">任务名称</td><td colspan="3">开发环境的准备和搭建</td></tr>
<tr><td colspan="2">评价方式</td><td colspan="3">可采用自评、互评、老师评价等方式</td></tr>
<tr><td colspan="2">说明</td><td colspan="3">主要评价学生在学习项目过程中的操作技能、理论知识、学习态度、课堂表现、学习能力等</td></tr>
<tr><td colspan="5">评价内容与评价标准</td></tr>
<tr><td>序号</td><td>评价内容</td><td>评价标准</td><td>分值</td><td>得分</td></tr>
<tr><td rowspan="4">1</td><td rowspan="4">知识运用<br>(20%)</td><td>掌握相关理论知识；理解本次任务要求；制订详细计划，计划条理清晰、逻辑正确(20 分)</td><td rowspan="4">20 分</td><td rowspan="4"></td></tr>
<tr><td>理解相关理论知识，能根据本次任务要求制订合理计划(15 分)</td></tr>
<tr><td>了解相关理论知识，有制订计划(10 分)</td></tr>
<tr><td>没有制订计划(0 分)</td></tr>
</table>

续表

| 序号 | 评价内容 | 评价标准 | 分值 | 得分 |
|---|---|---|---|---|
| 2 | 专业技能(40%) | 结果验证全部满足(40 分) | 40 分 | |
| | | 结果验证只有一个功能不能实现，其他功能全部实现(30 分) | | |
| | | 结果验证只有一个功能实现，其他功能全部没有实现(20 分) | | |
| | | 结果验证功能均未实现(0 分) | | |
| 3 | 核心素养(20%) | 具有良好的自主学习能力和分析解决问题的能力，任务过程中有指导他人(20 分) | 20 分 | |
| | | 具有较好的学习能力和分析解决问题的能力，任务过程中没有指导他人(15 分) | | |
| | | 能够主动学习并收集信息，有请教他人帮助解决问题的能力(10 分) | | |
| | | 不主动学习(0 分) | | |
| 4 | 课堂纪律(20%) | 设备无损坏，无干扰课堂秩序言行(20 分) | 20 分 | |
| | | 无干扰课堂秩序言行(10 分) | | |
| | | 有干扰课堂秩序言行(0 分) | | |

## 任务小结

在本次任务中，我们学习了 Docker 的安装、自带 redis 的启动、爬虫管理平台的部署及登录。学生可通过学习以上内容来进行后续项目部署实践。

## 任务拓展

Linux 指令的练习。

# 任务二　爬虫管理和部署

7.2 爬虫管理和部署

## 职业能力目标

**项目部署**

将开发完成的爬虫项目部署至服务器。

## 任务描述与要求

**部署爬虫项目**

经过任务一的学习，已经对 FEAPLAT 爬虫管理系统有了初步的认识。在本任务中，我们将把开发好的爬虫项目部署至服务器运行，并查看运行中的状态。

# 知识储备

## 一、使用说明

添加项目，如图 7-15 所示。

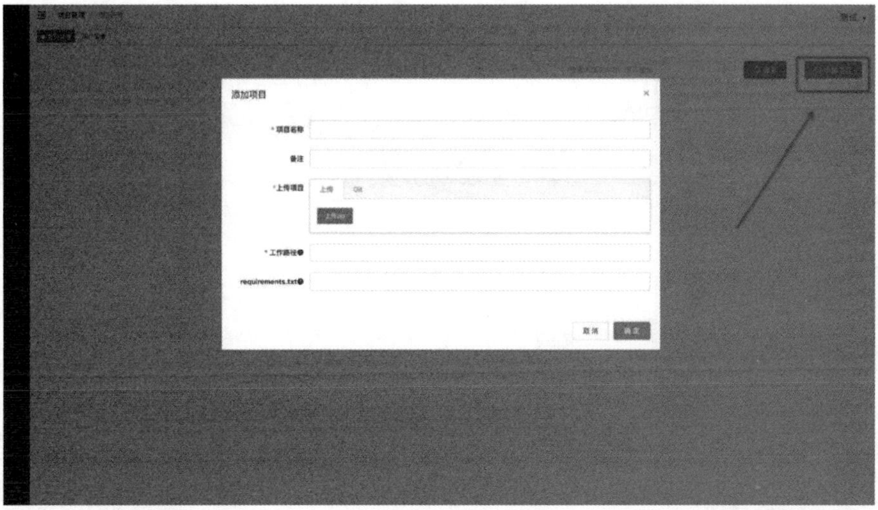


图 7-15　添加项目

(1) 使用 git 方式上传项目时，需要使用 SSH 协议，若拉取私有项目，可在 FEAPLAT 的设置页面添加 SSH 密钥。使用 git 方式，每次运行前会拉取默认分支最新的代码。

(2) 项目会被放到爬虫 worker 容器的根目录下，即/项目文件。

(3) 工作路径：是指你的项目路径。如图 7-16 所示的项目结构，工作路径为 /spider-project，feaplat 会进入这个目录，后续的代码执行命令都是在这个路径下运行的。

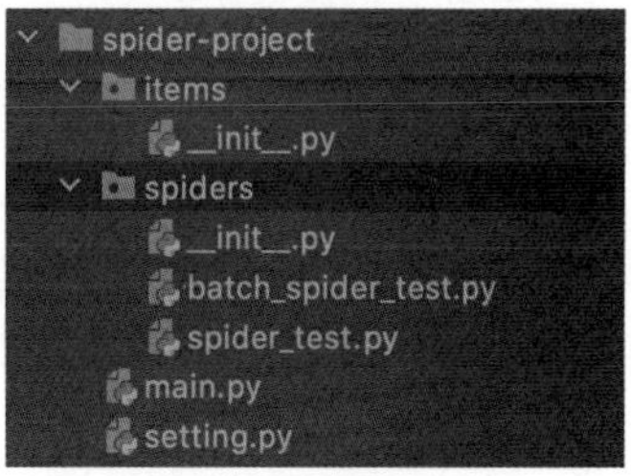


图 7-16　项目路径

(4) requirements.txt：用于安装依赖包，填写依赖包的绝对路径。

## 二、项目运行

(1) 启动命令：启动命令是在你添加项目时配置的工作路径下执行的。

(2) 定时类型：①cron：crontab 表达式，参考 https://tool.lu/crontab/；②interval：时间间隔；③date：指定日期；④once：立即运行，且只运行一次。

## 三、示例演示

(1) 准备项目，项目结构如图 7-17 所示。

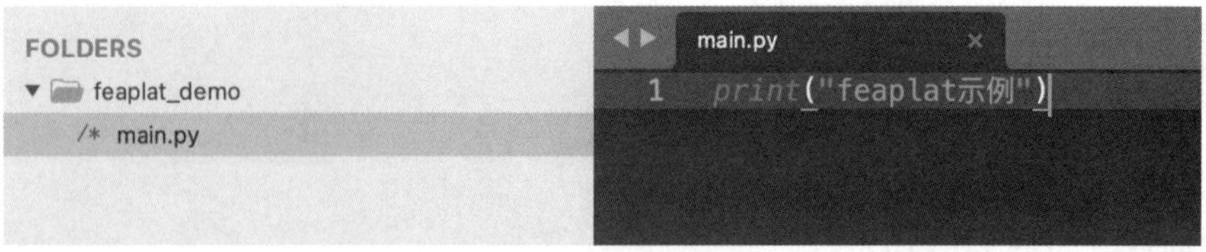


图 7-17　爬虫入口

(2) 将文件(夹)压缩后再上传，如图 7-18 所示。

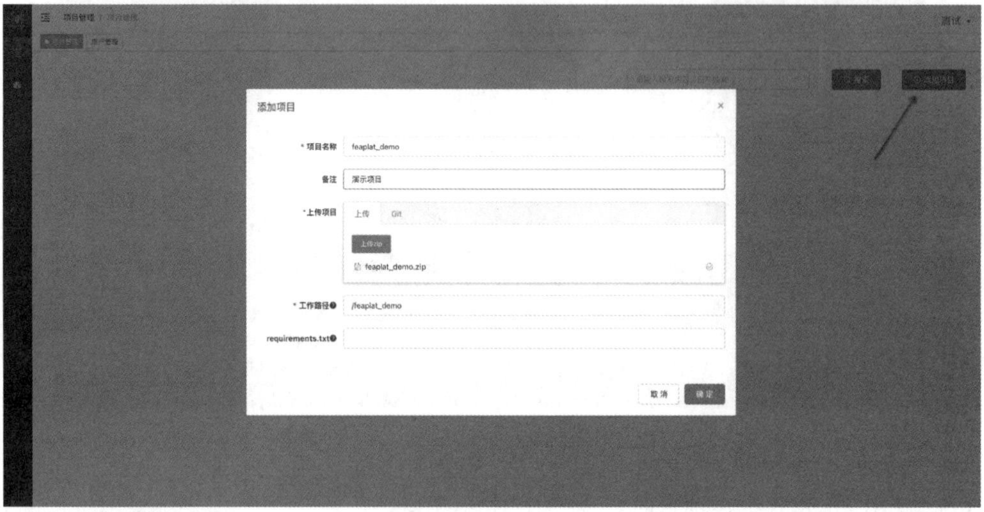


图 7-18　上传项目

① 工作路径：上传的项目会被放到 docker 里的根目录下(跟你本机项目路径没关系)，然后解压运行。因为 feapder_demo.zip 解压后为 feapder_demo，所以工作路径配置为/feapder_demo。

② 本项目没依赖，可以不配置 requirements.txt。

③ 若需要第三方库，则在项目下创建 requirements.txt 文件，把依赖库写进去，然后路径指向这个文件即可，如/feaplat_demo/requirements.txt。

(3) 单击项目进入任务列表，添加任务，如图 7-19 所示。

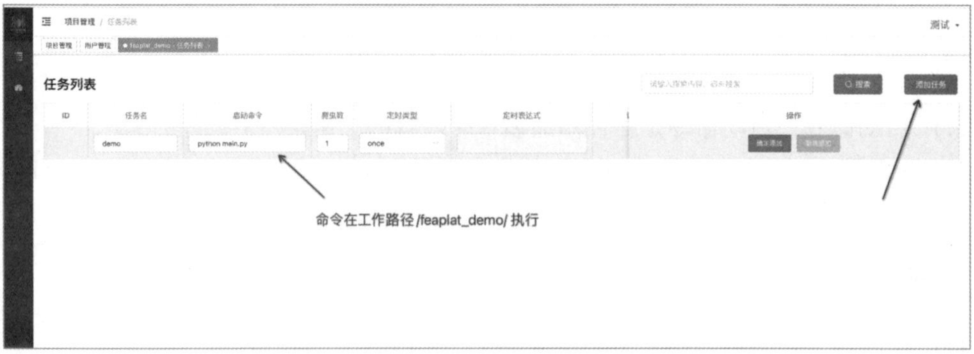


图 7-19　添加爬虫任务

启动命令是在上面配置的工作路径下执行的，定时类型为 once 时单击确认添加会自动执行。

(4) 查看任务实例，如图 7-20 所示。

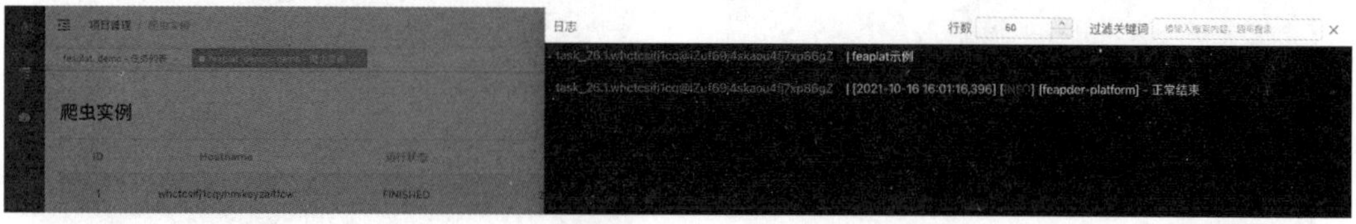

图 7-20 查看启动的任务

可以看到已经运行完毕。

## 任务计划与决策

我们需要部署开发好的爬虫项目，将开发好的爬虫项目部署到服务器上的 FEAPLAT 爬虫管理平台上，并在平台上运行爬虫。这主要包含以下两个方面：修改 setting.py；启动爬虫。

根据所学相关知识，请制订完成本次任务的实施计划。

## 任务实施

我们本次以之前写好的爬虫项目 distributed_spider 来完成部署。

(1) 修改 setting.py，如图 7-21 所示。

修改 mysql 连接信息：

```
 # MYSQL
MYSQL_IP = "xxxxx"  #修改成你 mysql 的连接 IP
MYSQL_PORT = 3306  #修改成你 mysql 的端口
MYSQL_DB = "xxx"  #修改成你 mysql 的数据库
MYSQL_USER_NAME = "xxx"  #修改成你数据库的账号
MYSQL_USER_PASS = "xxx"  #修改成你数据库的密码
```

修改 redis 连接信息：

```
REDISDB_IP_PORTS = "localhost:6379"  #填写你 redis 的 IP 及端口
REDISDB_USER_PASS = ""  #有密码就填上
REDISDB_DB = 0
```

(2) 修改爬虫启动入口 main.py，如图 7-22 所示。

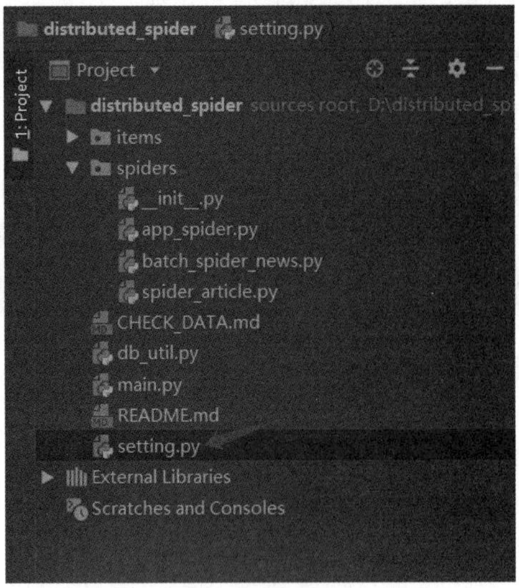

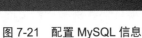

图 7-21　配置 MySQL 信息

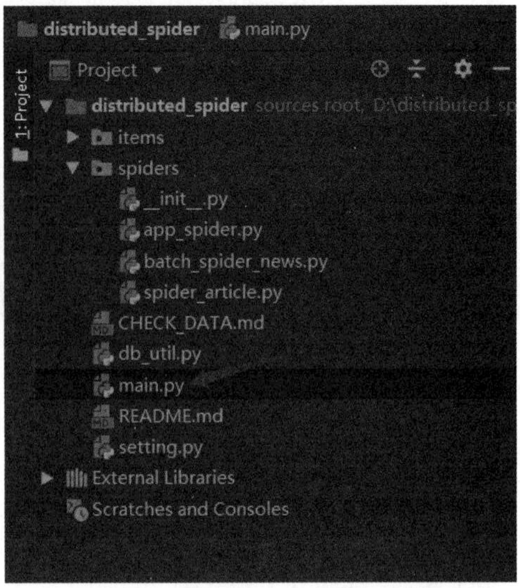


图 7-22　修改 main.py 爬虫入口

main.py 中的完整代码如下：

```
# -*- coding: utf-8 -*-

from feapder import ArgumentParser

from spiders import *

def crawl_app_movie():
    """
    AirSpider 爬虫   抓取 App 电影
    """
    spider = app_spider.AppSpider()
    spider.start()

def crawl_article():
    """
    Spider 爬虫 抓取基金网站
    """
    spider = spider_article.SpiderArticle(redis_key="spider:Article")
    spider.start()


def crawl_news(args):
    """
    BatchSpider 爬虫 抓取天气网站
    """
    spider = batch_spider_news.BatchSpiderNews(
        redis_key="spider:news",  # redis 中存放任务等信息的根 key,自己定义的
        task_table="batch_spider_task",  # MySQL 中的任务表,也就是我们刚刚入库的种子
任务表
        task_keys=["id", "url"],  # 需要获取任务表里的字段名，可添加多个
        task_state="state",  # MySQL 中的任务状态字段
        batch_record_table="news_batch_record",  # MySQL 中的批次记录表
```

```
        batch_name="天气新闻批次爬虫",  # 批次名字
        batch_interval=1,  # 批次周期。以天为单位；若为小时，可写为 1/24
    )

    if args == 1:
        spider.start_monitor_task()
    elif args == 2:
        spider.start()
    elif args == 3:
        spider.init_task()


if __name__ == "__main__":
    parser = ArgumentParser(description="爬虫练习")

    parser.add_argument(
        "--crawl_app", action="store_true", help="App 电影爬虫",
function=crawl_app_movie
    )
    parser.add_argument(
        "--crawl_article", action="store_true", help="基金爬虫",
function=crawl_article
    )
    parser.add_argument(
        "--crawl_news",
        type=int,
        nargs=1,
        help="天气爬虫",
        choices=[1, 2, 3],
        function=crawl_news,
    )

    parser.start()

    # main.py 作为爬虫启动的统一入口，提供以命令行的方式启动多个爬虫；若只有一个爬虫，可不
编写 main.py
    # 将上面的 xxx 修改为自己实际的爬虫名
    # 查看运行命令 python main.py --help
    # AirSpider 与 Spider 爬虫运行方式 python main.py --crawl_xxx
    # BatchSpider 运行方式
    # 1. 下发任务：python main.py --crawl_xxx 1
    # 2. 采集：python main.py --crawl_xxx 2
    # 3. 重置任务：python main.py --crawl_xxx 3
```

(3) 项目压缩。

需要将项目压缩为.zip 格式，右击项目，在弹出的快捷菜单中选择命令压缩成 ZIP 文档，如图 7-23 所示。

压缩结果如图 7-24 所示。

(4) 部署。使用默认账号、密码登录，如图 7-25 所示。

登录后，单击右侧的添加项目来到如图 7-26 所示的界面。

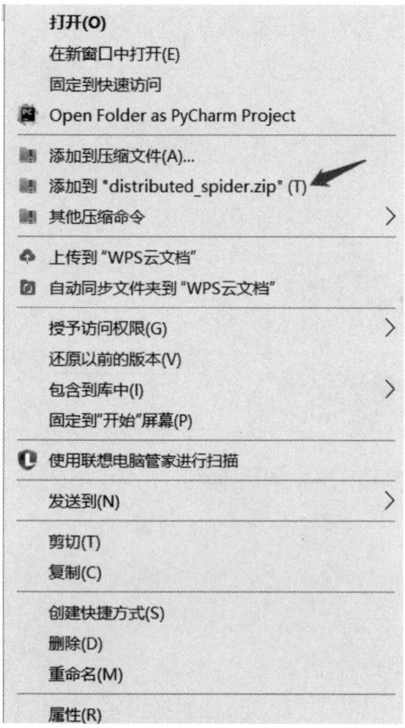


图 7-23　压缩项目的 zip

图 7-24　压缩完成的项目

图 7-25　登录系统

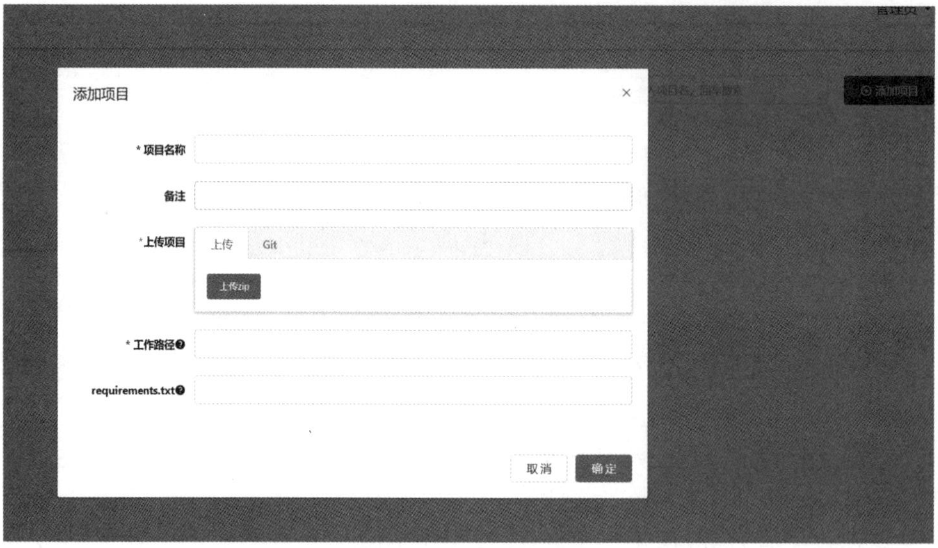


图 7-26　上传项目

编辑完项目内容后，单击“确定”按钮，如图 7-27 所示。

项目添加完成的界面如图 7-28 所示。

(5)　创建任务。

单击项目进入后，再单击添加任务，如图 7-29 所示。

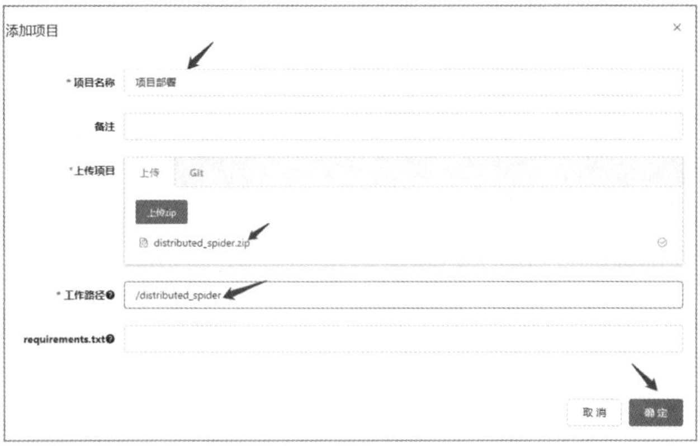


图 7-27　确定上传

图 7-28　上传完成

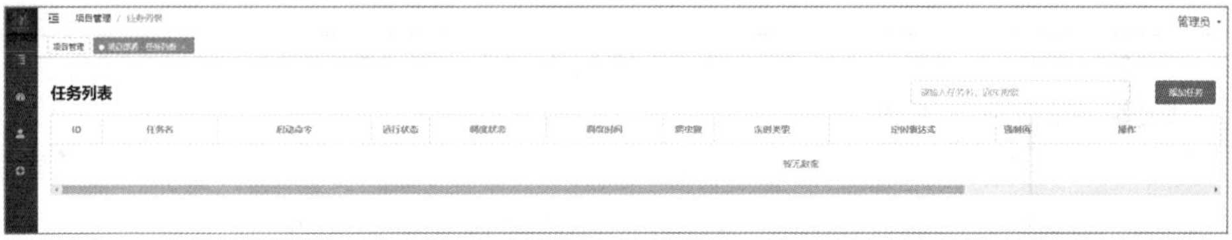


图 7-29　添加任务

创建 App 采集任务，定时类型有 4 种，我们可按照自身需求来决定。cron：设置定时表达式；interval：设置每隔多长时间执行一次；date：设置某个时间点触发执行；once：一次性任务。这里我们执行一次，所以选择 once，如图 7-30 所示。

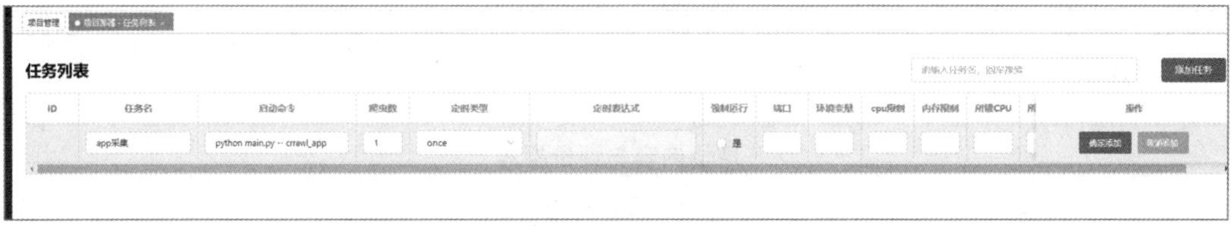


图 7-30　设置任务执行类型

创建基金采集任务，如图 7-31 所示。

图 7-31　创建基金采集任务

创建天气采集任务，master 端的情况如图 7-32 所示。

图 7-32　创建天气采集任务 master 端

worker 端的情况如图 7-33 所示。

图 7-33　创建天气采集作任务 worker 端

所有任务创建好的界面如图 7-34 所示。

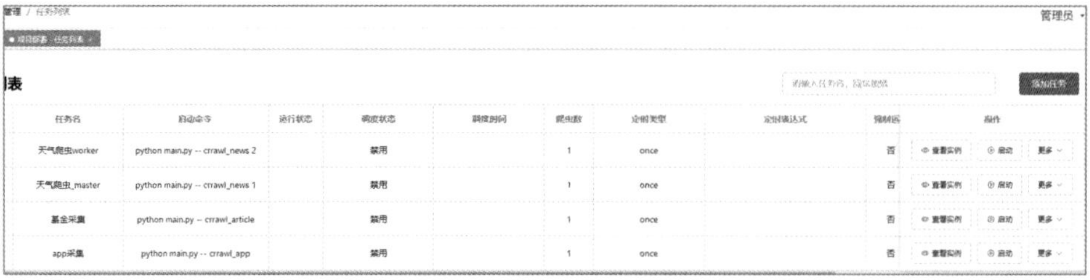


图 7-34　创建完成

到此我们的项目部署就已经完成。

## 任务检查与评价

完成任务实施后，进行任务检查与评价，具体检查评价表如表 7-2 所示。

表 7-2　任务检查评价表

<table>
<tr><td>项目名称</td><td colspan="4">企业项目部署与应用</td></tr>
<tr><td>任务名称</td><td colspan="4">爬虫管理和部署</td></tr>
<tr><td>评价方式</td><td colspan="4">可采用自评、互评、老师评价等方式</td></tr>
<tr><td>说明</td><td colspan="4">主要评价学生在学习项目过程中的操作技能、理论知识、学习态度、课堂表现、学习能力等</td></tr>
<tr><td colspan="5">评价内容与评价标准</td></tr>
<tr><td>序号</td><td>评价内容</td><td>评价标准</td><td>分值</td><td>得分</td></tr>
<tr><td rowspan="4">1</td><td rowspan="4">知识运用<br>(20%)</td><td>掌握相关理论知识；理解本次任务要求；制订详细计划，计划条理清晰、逻辑正确(20 分)</td><td rowspan="4">20 分</td><td rowspan="4"></td></tr>
<tr><td>理解相关理论知识，能根据本次任务要求制订合理计划(15 分)</td></tr>
<tr><td>了解相关理论知识，有制订计划(10 分)</td></tr>
<tr><td>没有制订计划(0 分)</td></tr>
<tr><td rowspan="4">2</td><td rowspan="4">专业技能<br>(40%)</td><td>结果验证全部满足(40 分)</td><td rowspan="4">40 分</td><td rowspan="4"></td></tr>
<tr><td>结果验证只有一个功能不能实现，其他功能全部实现(30 分)</td></tr>
<tr><td>结果验证只有一个功能实现，其他功能全部没有实现(20 分)</td></tr>
<tr><td>结果验证功能均未实现(0 分)</td></tr>
</table>

续表

| 序号 | 评价内容 | 评价标准 | 分值 | 得分 |
| --- | --- | --- | --- | --- |
| 3 | 核心素养(20%) | 具有良好的自主学习能力和分析解决问题的能力，任务过程中有指导他人(20 分) | 20 分 | |
| | | 具有较好的学习能力和分析解决问题的能力，任务过程中没有指导他人(15 分) | | |
| | | 能够主动学习并收集信息，有请教他人帮助解决问题的能力(10 分) | | |
| | | 不主动学习(0 分) | | |
| 4 | 课堂纪律(20%) | 设备无损坏，无干扰课堂秩序言行(20 分) | 20 分 | |
| | | 无干扰课堂秩序言行(10 分) | | |
| | | 有干扰课堂秩序言行(0 分) | | |

## 任务小结

在本次任务中，学生需要使用 FEAPLAT 爬虫管理平台对爬虫项目进行部署及启动爬虫。通过该任务的学习，可以使学生了解从开发到部署再到爬虫管理的整套流程。

## 任务拓展

由于我们任务二是单独创建的一个项目，只写了一个爬虫。那么我们是不是可以把它移植到 distributed_spider 项目里呢？因为这样更方便管理。同学们可以运用我们所学习的知识来操作一下。

**提示** (1) 可以把 spider 及 item 文件复制到对应的目录里，但是必须添加在 init.py 里，不然程序会执行失败找不到该文件。

(2) 运用学习到的知识重新生成 spider、item 进行编写。